"十三五"国家重点出版物出版规划项目

卓越工程能力培养与工程教育专业认证系列规划教材

（电气工程及其自动化、自动化专业）

控 制 电 机

第 3 版

王建民　朱常青　王兴华　编著

李光友　主审

机 械 工 业 出 版 社

本书是在第 2 版基础上修订而成的。全书共分为 8 章，系统阐述了直流伺服电动机、交流感应伺服电动机、无刷永磁伺服电动机、步进电动机、测速发电机、自整角机、旋转变压器和超声波电机等自动控制系统中常用的控制电机的结构特点、工作原理、运行特性、工程应用、产品选择和使用等内容。书后附录收录了坐标变换和三相感应电动机的动态数学模型。

本书可作为普通高等学校电气工程类专业的教学用书，也可供有关工程技术人员参考。

图书在版编目（CIP）数据

控制电机/王建民，朱常青，王兴华编著 . —3 版 . —北京：机械工业出版社，2020.9（2025.1 重印）

"十三五"国家重点出版物出版规划项目 卓越工程能力培养与工程教育专业认证系列规划教材 . 电气工程及其自动化、自动化专业

ISBN 978-7-111-65972-3

Ⅰ.①控… Ⅱ.①王… ②朱… ③王… Ⅲ.①微型控制电机−高等学校−教材 Ⅳ.①TM383

中国版本图书馆 CIP 数据核字（2020）第 115385 号

机械工业出版社（北京市百万庄大街 22 号 邮政编码 100037）
策划编辑：于苏华 责任编辑：于苏华 聂文君
责任校对：李 婷 封面设计：鞠 杨
责任印制：邹 敏
三河市国英印务有限公司印刷
2025 年 1 月第 3 版第 8 次印刷
184mm×260mm · 14.75 印张 · 359 千字
标准书号：ISBN 978-7-111-65972-3
定价：39.80 元

电话服务　　　　　　　　　　　网络服务
客服电话：010-88361066　　　机 工 官 网：www.cmpbook.com
　　　　　010-88379833　　　机 工 官 博：weibo.com/cmp1952
　　　　　010-68326294　　　金 书 网：www.golden-book.com
封底无防伪标均为盗版　　机工教育服务网：www.cmpedu.com

"十三五"国家重点出版物出版规划项目

卓越工程能力培养与工程教育专业认证系列规划教材
（电气工程及其自动化、自动化专业）
编审委员会

主任委员

郑南宁　中国工程院 院士，西安交通大学 教授，中国工程教育专业认证协会电子信息与电气工程类专业认证分委员会 主任委员

副主任委员

汪槱生　中国工程院 院士，浙江大学 教授
胡敏强　东南大学 教授，教育部高等学校电气类专业教学指导委员会 主任委员
周东华　清华大学 教授，教育部高等学校自动化类专业教学指导委员会 主任委员
赵光宙　浙江大学 教授，中国机械工业教育协会自动化学科教学委员会 主任委员
章　兢　湖南大学 教授，中国工程教育专业认证协会电子信息与电气工程类专业认证分委员会 副主任委员
刘进军　西安交通大学 教授，教育部高等学校电气类专业教学指导委员会 副主任委员
戈宝军　哈尔滨理工大学 教授，教育部高等学校电气类专业教学指导委员会 副主任委员
吴晓蓓　南京理工大学 教授，教育部高等学校自动化类专业教学指导委员会 副主任委员
刘　丁　西安理工大学 教授，教育部高等学校自动化类专业教学指导委员会 副主任委员
廖瑞金　重庆大学 教授，教育部高等学校电气类专业教学指导委员会 副主任委员
尹项根　华中科技大学 教授，教育部高等学校电气类专业教学指导委员会 副主任委员
李少远　上海交通大学 教授，教育部高等学校自动化类专业教学指导委员会 副主任委员
林　松　机械工业出版社 编审 副社长

委员（按姓氏笔画排序）

于海生　青岛大学 教授
王　超　天津大学 教授
王志华　中国电工技术学会
　　　　教授级高级工程师
王美玲　北京理工大学 教授
艾　欣　华北电力大学 教授
吴在军　东南大学 教授
吴美平　国防科技大学 教授
汪贵平　长安大学 教授
张　涛　清华大学 教授
张恒旭　山东大学 教授
黄云志　合肥工业大学 教授
穆　钢　东北电力大学 教授

王　平　重庆邮电大学 教授
王再英　西安科技大学 教授
王明彦　哈尔滨工业大学 教授
王保家　机械工业出版社 编审
韦　钢　上海电力大学 教授
李　炜　兰州理工大学 教授
吴成东　东北大学 教授
谷　宇　北京科技大学 教授
宋建成　太原理工大学 教授
张卫平　北方工业大学 教授
张晓华　大连理工大学 教授
蔡述庭　广东工业大学 教授
鞠　平　河海大学 教授

序

工程教育在我国高等教育中占有重要地位，高素质工程科技人才是支撑产业转型升级、实施国家重大发展战略的重要保障。当前，世界范围内新一轮科技革命和产业变革加速进行，以新技术、新业态、新产业、新模式为特点的新经济蓬勃发展，迫切需要培养、造就一大批多样化、创新型卓越工程科技人才。目前，我国高等工程教育规模世界第一。我国工科本科在校生约占我国本科在校生总数的1/3，近年来我国每年工科本科毕业生约占世界工科本科毕业生总数的1/3以上。如何保证和提高高等工程教育质量，如何适应国家战略需求和企业需要，一直受到教育界、工程界和社会各方面的关注。多年以来，我国一直致力于提高高等教育的质量，组织并实施了多项重大工程，包括卓越工程师教育培养计划（以下简称卓越计划）、工程教育专业认证和新工科建设等。

卓越计划的主要任务是探索建立高校与行业企业联合培养人才的新机制，创新工程教育人才培养模式，建设高水平工程教育教师队伍，扩大工程教育的对外开放。计划实施以来，各相关部门建立了协同育人机制。卓越计划要求试点专业要大力改革课程体系和教学形式，依据卓越计划培养标准，遵循工程的集成与创新特征，以强化工程实践能力、工程设计能力与工程创新能力为核心，重构课程体系和教学内容；加强跨专业、跨学科的复合型人才培养；着力推动基于问题的学习、基于项目的学习、基于案例的学习等多种研究性学习方法，加强学生创新能力训练，"真刀真枪"做毕业设计。卓越计划实施以来，培养了一批获得行业认可、具备很好的国际视野和创新能力、适应经济社会发展需要的各类型高质量人才，教育培养模式改革创新取得突破，教师队伍建设初见成效，为卓越计划的后续实施和最终目标的达成奠定了坚实基础。各高校以卓越计划为突破口，逐渐形成各具特色的人才培养模式。

2016年6月2日，我国正式成为工程教育"华盛顿协议"第18个成员，标志着我国工程教育真正融入世界工程教育，人才培养质量开始与其他成员达到了实质等效，同时，也为以后我国参加国际工程师认证奠定了基础，为我国工程师走向世界创造了条件。专业认证把以学生为中心，以产出为导向和持续改进作为三大基本理念，与传统的内容驱动、重视投入的教育形成了鲜明对比，是一种教育范式的革新。通过专业认证，把先进的教育理念引入了我国工程教育，有力地推动了我国工程教育专业教学改革，逐步引导我国高等工程教育实现从课程导向向产出导向转变、从以教师为中心向以学生为中心转变，从质量监控向持续改进转变。

在实施卓越计划和开展工程教育专业认证的过程中，许多高校的电气工程及其自动化、自动化专业结合自身的办学特色，引入先进的教育理念，在专业建设、人才培养模式、教学内容、教学方法、课程建设等方面积极开展教学改革，取得了较好的效果，建设了一大批优质课程。为了将这些优秀的教学改革经验和教学内容推广给广大高校，中国工程教育专业认证协会电子信息与电气工程类专业认证分委员会、教育部高等学校电气类专业教学指导委员会、教育部高等学校自动化类专业教学指导委员会、中国机械工业教育协会自动化学科教学委员会、中国机械工业教育协会电气工程及其自动化学科教学委员会联合组织规划了"卓越工程能力培养与工程教育专业认证系列规划教材（电气工程及其自动化、自动化专业）"。

本套教材通过国家新闻出版广电总局的评审，入选了"十三五"国家重点图书。本套教材密切联系行业和市场需求，以学生工程能力培养为主线，以教育培养优秀工程师为目标，突出学生工程理念、工程思维和工程能力的培养。本套教材在广泛吸纳相关学校在"卓越工程师教育培养计划"实施与工程教育专业认证过程中的经验和成果的基础上，针对目前同类教材存在的内容滞后、与工程脱节等问题，紧密结合工程应用和行业企业需求，突出实际工程案例，强化学生工程能力的教育培养，积极进行教材内容、结构、体系和展现形式的改革。

经过全体教材编审委员会委员和编者的努力，本套教材陆续跟读者见面了。由于时间紧迫，各校相关专业教学改革推进的程度不同，本套教材还存在许多问题。希望各位老师对本套教材多提宝贵意见，以使教材内容不断完善提高。也希望通过本套教材在高校的推广使用，促进我国高等工程教育教学质量的提高，为实现高等教育的内涵式发展贡献一份力量。

卓越工程能力培养与工程教育专业认证系列规划教材
（电气工程及其自动化、自动化专业）
编审委员会

前　言

本书第 1 版于 2009 年出版，第 2 版于 2015 年出版，分别是普通高等教育电气工程与自动化类"十一五""十二五"规划教材。本书自出版以来深受广大读者的好评，被国内数十所高校选用。本次修订是在保留上版书原有特色和总体结构的前提下，根据各兄弟院校反馈的意见和建议，以及本书作者自己的教学实践，结合控制电机领域的最新发展，对书的内容进行了充实和改进。

本书共分 8 章，阐述了直流伺服电动机、交流感应伺服电动机、无刷永磁伺服电动机、步进电动机、测速发电机、自整角机、旋转变压器和超声波电机的结构特点、工作原理、运行特性、工程应用、产品选择和使用等内容。书后附录收录了坐标变换和三相感应电动机的动态数学模型。本书可作为普通高等学校电气工程类专业的教学用书，也可供有关工程技术人员参考。

本次修订由王建民教授、朱常青副教授、王兴华副教授共同完成。其中王建民修订第 2、3 章和附录；朱常青修订绪论、第 6、7、8 章；王兴华修订第 1、4、5 章。

本书第 1 版、第 2 版的作者李光友教授和孙雨萍教授因已退休，主动提出不再参加本版书的修订工作，也不再署名，但仍对本次修订提出了许多宝贵意见。同时李光友教授还承担了本书的审稿工作。在此，本版书的全体作者向李光友教授和孙雨萍教授致以崇高的敬意，并表示衷心的感谢。

本书在编写和修订过程中参考了大量的相关资料和研究成果，在此对相关作者表示衷心的感谢。

限于作者水平，书中难免存在不妥和错误之处，欢迎广大读者批评指正。

作者

2020 年 3 月

主要符号表

a	并联支路对数	K_m	机械特性非线性度
B	磁通密度	K_t	转矩系数
B_f	励磁磁密	K_v	调节特性非线性度
B_m	磁密幅值	K_w	绕组系数
B_d	直轴磁密	K_α	波纹系数
B_q	交轴磁密	L	电感
B_r	转子磁密	L_a	电枢电感
B_δ	气隙磁密	l	长度
C	电容，常数	m	相数
C_t	转矩常数	M	互感
C_e	电动势常数	N	绕组匝数，电枢导体总数，拍数
D_a	电枢外径	N_c	控制绕组匝数
E, e	电动势（有效值，瞬时值）	N_f	励磁绕组匝数
E_a, e_a	电枢电动势	N_2	输出绕组匝数
E_f	励磁绕组电动势	n	转速
E_s	正弦绕组电动势	n_{dz}	不灵敏区
E_c	余弦绕组电动势，控制绕组电动势	n_{max}	最高线性工作转速
E_i	电源电动势	n_N	额定转速
E_r	转子电动势	n_s	同步转速
E_0	空载电动势	n_0	理想空载转速
E_2	输出绕组电动势	P	功率
e_r	运动电动势	P_e	电磁功率
e_L	电抗电动势	p	极对数，微分算子
F	磁动势，力	p_n	极对数
F_a	电枢磁动势	R	电阻
f	频率	R_a	电枢回路总电阻
f_{st}	起动频率	R_i	电源内阻
f_{ru}	运行频率	R_L	负载电阻
I, i	电流（有效值，瞬时值）	R_{Lmin}	最小负载电阻
I_a, i_a	电枢电流（有效值，瞬时值）	R_m	铁耗电阻
I_{av}	平均电流	r_r	转子电阻
I_c	控制电流	R_s	定子电阻
I_d	直轴电流，直流电流	R_W	电枢电阻
I_f	励磁电流	s	转差率
I_k	堵转电流	s_m	临界转差率
I_q	交轴电流	T	转矩，周期
I_r	转子电流	T_e	电磁转矩
I_2	输出电流	T_L	负载转矩
J	转动惯量	T_k	堵转转矩
K, k	各种系数，比值	T_N	额定转矩
K_{as}	输出特性不对称度	T_{max}	最大转矩
K_e	电动势系数	T_r	转子绕组时间常数

符号	含义	符号	含义
T_s	总阻转矩	β	角度
T_{st}	起动转矩	δ	气隙长度，失调角
T_{sm}	最大静态转矩	δ_l	线性误差
T_0	空载转矩	δ_{sc}	正余弦函数误差
T_θ	比整步转矩	ΔU_b	电刷接触压降
t	时间	$\Delta\varphi$	相位误差
t_D	阻尼时间	$\Delta\theta_q$	交轴误差
t_{on}	导通时间	$\Delta\theta_s$	静态误差
t_Z	齿距	$\Delta\theta_0$	零位误差
U, u	电压（有效值，瞬时值）	$\Delta\gamma_e$	电气误差
U_a, u_a	电枢电压（有效值，瞬时值）	$\Delta\gamma_v$	速度误差
U_{a0}	始动电压	Φ, ϕ	磁通
U_c	控制电压	Φ_c	控制绕组磁通
U_{Ca}	电容电压	Φ_f	励磁绕组磁通
U_d	直流电压	Φ_d	直轴磁通
U_N	额定电压	Φ_m	励磁磁通，主磁通，磁通幅值
U_f	励磁电压	Φ_q	交轴磁通
U_r	剩余电压	Φ_2	输出绕组磁通
U_s, U_1	电源电压	φ	输出相位移，相位角
U_0	零位电压	Λ	磁导
U_2	输出电压	λ	气隙比磁导
U_θ	比电压	θ	旋转坐标系空间位置角
v	速度	θ_e	失调角
W_m	磁场储能	θ_r	稳定裕度，转子位置角
X	电抗	θ_s	步距角
X_d	直轴同步电抗	θ_{se}	用电角度表示的步距角
X_m	励磁电抗	θ_t	齿距角
X_q	交轴同步电抗	θ_{te}	用电角度表示的齿距角
X_s	定子漏电抗	τ	时间常数
X_r	转子漏电抗	τ_m	机电时间常数
Z	阻抗，齿数	τ_e	电气时间常数
Z_L	负载阻抗	ω	电角速度，角频率
Z_m	励磁阻抗	ω_{sl}	转差角速度
Z_r	转子漏阻抗，转子齿数	ω_r	转子电角速度
Z_s	定子漏阻抗，定子齿数	ω_s	同步电角速度
α	信号系数，占空比	Ω	机械角速度
α_e	有效信号系数	Ψ, ψ	磁链

目　　录

绪　　论

1. 控制电机在现代化建设和自动控制系统中的作用

控制电机是一种机电元件，它在各类自动控制系统中具有执行、检测和解算的功能。从基本的电磁感应原理来说，控制电机与普通旋转电机没有本质上的差别，但后者着重于对电机力能指标的要求，而前者更注重于对稳定性、高精度和快速响应方面的要求，以及满足系统对它提出的特殊要求。

随着现代科学技术的高度发展，各领域都大量地应用现代化新技术，尤其是各种类型的自动控制系统、遥测装置和解算装置。控制电机已经成为现代工业自动化系统、现代军事装备和其他科技领域中不可缺少的重要元件。它的应用范围十分广泛，从照相机、摄像机、钟表、洗衣机等与生活密切相关的家电用品到打印机、复印机、传真机以及计算机外围设备等办公机械的自动控制系统；从机床加工过程的自动控制和自动显示、阀门的遥控到火炮、船舰、飞机的自动操作等都需要用到各种各样的控制电机类元件及其机电结合体。一枚洲际导弹或一架飞机就需要用几百台控制电机。在一台火炮指挥仪中就要用几十台控制电机。因此，控制电机在自动控制系统中是不可缺少的重要元件。

传统的控制电机是一种微电机，机座外径约在几毫米至几十毫米之间，容量在几十毫瓦至几百瓦之间。随着科学技术的不断发展，自动化水平的不断提高，大功率控制系统的需求日益增多，目前控制电机的功率已达数十千瓦。从控制电机完成的任务来看，各种电机又不相同，有的用来带动控制系统的机构运行，有的用来测量机械转角或转速，有的可以进行三角函数的运算、微积分运算等。可以说，电机虽小，用途广泛。

控制电机是我国国民经济和国防现代化建设中不可缺少的基础工业产品。近年来，随着控制电机下游应用领域的快速发展，我国已经成为全球控制电机的生产和出口大国。据统计，2015 年生产控制电机 124 亿台，预计到 2020 年产量接近 170 亿台，5 年年均复合增长率在 6.5% 左右；我国控制电机的产量在全球占比从 2015 年的 70.9% 将升至 2020 年的73.9%。未来随着传统应用领域市场逐渐饱和，需求放缓，控制电机的主要增长动力将来自新能源汽车、可穿戴设备、机器人、无人机、智能家居等新兴领域。

2. 控制电机的分类

由于自动化技术的不断发展，系统对控制电机提出了各种各样的要求，因此出现了各种用途的控制电机。根据它们在自动控制系统中的作用，可以分为以下两类：

1）执行元件（功率元件）。它包括直流伺服电动机、交流伺服电动机、步进电动机、力矩式自整角接收机和超声波电机等。这些控制电机的任务是将电信号转换成轴上的角速度、线速度和角位移，并带动控制对象运动。因向控制对象输出机械功率，所以此类控制电机又称为功率元件。

2）测量元件（信号元件）。它包括直流测速发电机、交流测速发电机、控制式自整角机、旋转变压器等。这些电机的任务是将机械转速、转角和转角差转换成为电压信号，一般在自动控制系统中作为敏感元件和校正元件使用。由于它们能够测量机械转速、转角和转角

1

差，所以称为测量元件。因为它们是把机械量转换为电压信号送入自动控制系统中，所以又称为信号元件。

3. 自动控制系统对控制电机的基本要求

控制电机作为控制系统中的重要控制元件，其性能好坏将直接影响到整个控制系统的工作性能。如果控制电机的性能不佳或使用不当，那么整个控制系统的性能就难以保证。可见控制电机与自动控制系统是局部和整体的关系，作为从事自动控制系统工作的工程技术人员，不但要了解控制系统的整体与控制系统中各个元件之间的关系，而且还要熟悉系统对控制电机提出的性能要求。只有这样，才能恰当地选择满足系统要求的控制电机，并正确地使用各种控制电机。现代化控制系统对控制电机除了要求其体积小、重量轻、耗电少以外，还要求它们具有高可靠性、高精度和快速响应性能。

1）高可靠性。控制电机的工作可靠性对保证自动控制系统的正常工作极为重要。在宇宙航行系统、军事装备和一些现代化生产系统中，对所用控制电机的可靠性总是提出第一位的要求。如采用自动化程序生产的炼钢车间，一旦伺服机构中的控制电机发生故障，就会造成停产事故，甚至还会损坏炼钢设备。据统计，在控制电机的故障中约有 90% 是发生在电刷、集电环或换向器、轴承等方面。显然，有刷产品的接触不可靠是一个普遍存在的问题。一般有刷直流电动机的寿命仅为 350～400h，而无刷直流电动机的寿命可长达 2000h。尽管无刷电动机的成本较高，但它不需要经常维修，对电子设备无干扰，也不会发生由火花引起的可燃性气体爆炸事故，这些优点使系统的可靠性大大提高。

2）高精度。在军事设备、无线电导航、无线电定位、位置指示、自动记录、远程控制、机床加工、自动控制等系统中，对精度要求越来越高。因而上述系统中所使用的控制电机在精度方面也提出了更高的要求，有时它们的精度对系统起着决定性的作用。常见的角位测试系统，其精度要求是几角分，有的则达几角秒。控制电机的精度主要是对信号元件而言，它包括静态误差、动态误差及使用环境的温度变化、电源频率和电压变化等所引起的漂移。从广义而言，也适用于功率元件，如伺服电动机特性的线性度和失灵区，步进电机的步距精度等，这些也都直接影响到控制系统的精度。

3）快速响应。由于自动控制系统中主令信号变化很快，所以要求控制电机特别是功率元件能对信号做出快速响应。表征快速响应的主要指标是机电时间常数和灵敏度，这些又直接影响系统的动态误差、振荡频率和振荡时间。

4. 控制电机的发展趋势

随着电子技术、计算机技术、新材料技术、自动控制技术以及生物工程技术等在控制电机中的不断应用，以及自动控制系统对控制电机在质量和数量上的要求不断提高，国内外控制电机总的发展趋势是，产品向永磁化、无刷化、智能化、高性能化、短小轻薄化和组合化、机电一体化方向发展。

● **控制电机产品向小型、轻量、薄型化方向发展**

电机的小型、轻量、薄型化是为了满足其应用机器的小型化、薄型化的要求。随着办公自动化、家用电器与医疗器械的小型化，各类用户越来越期望厂商能提供体积小的电机。

● **新型材料的应用**

在控制电机中大量采用可取代金属材料的工程塑料和高性能钕铁硼永磁材料。由于工程塑料具有较高的强度、刚度、韧性与可塑性，重量比金属轻，不需要二次加工与去毛刺、不导电、寿命长等一系列优点，使它日益成为取代金属材料的理想材料，可用于各种微型控制电机中。

近年，永磁材料发展很快，其中尤以 1983 年问世的高性能钕铁硼永磁材料的发展最快，最为引人注目。由于钕铁硼永磁材料具有优异的磁特性，它在电机中的应用颇具吸引力。采用钕铁硼永磁材料制造的电动机具有效率高、比转矩大、动态性能好以及体积小、重量轻等特点，更适应现代化电器与电子设备向短、小、轻、薄以及高效节能方向发展的需要。目前，钕铁硼永磁材料在控制电机中的应用主要在直流电动机与同步电动机领域，在无刷直流电动机与永磁伺服电动机中的应用取得了突破性的发展，在其他类型电动机中的应用也在逐步取得进展。

- **电机及其控制电路向集成化、专用化和机电一体化方向发展**

随着微电子技术和电力电子技术的发展，不能再以传统的电机观念考虑电机的发展，只有把电子技术同电机结合起来，才能开发全新性能的新一代产品。机电一体化就是把传统电机和电子技术有机结合起来，是最终实现智能化功能单元的必由之路。随着控制电机的应用范围不断扩大，从录音机、摄像机、照相机等与生活密切相关的家电产品到打印机、复印机、传真机以及计算机外围设备等都与之密切相关。它们所用的电机类型众多，要对它们进行高性能的驱动控制，实现机电一体化，一般采用包括多个电子元件的集成电路芯片。现在已经开发了一种灵巧功率集成电路，它把低电压、高性能的控制电路与大功率驱动电路一同制作在一个芯片上，用作电机的驱动与控制，一般可以装在电机内部形成一体化装置。如直接驱动电唱机及驱动计算机硬盘主轴电机的集成电路，在同一芯片上有弱信号处理单元，也有输出功率单元。

电机驱动采用集成电路芯片（IC）最大的优点是电路简化，有利于"小型、轻量、薄型化"，还可以使驱动精度和可靠性提高，成本降低，加快新产品开发。如使用专用的速度控制 IC，就没有必要再自行设计特别的电路。最近，微型和小型电机在应用功率 MOSFET 和控制逻辑电路的基础上，进一步按用途把这些元件装成一体，称为智能终端型。采用了这种 IC 后，负载的驱动电路部分更小型化，从而实现整台机器的小型化。最早采用的一个实例是索尼的小型直流放音机用了 Motorola 的 MPC1715FU。另一种主轴电机控制器用一个伺服系统执行改变主轴转速等动态任务，如美国 NS 公司的 LM621/621A 伺服控制器和 Motorola 公司的 MC33030 直流伺服电机控制器/驱动器，LSI 计算机系统公司推出的 LS7263，专用于运动控制，还能对绕组、驱动器、电源提供过电流保护。

- **新型电机的开发**

随着现代科学技术的飞速发展，对控制电机的要求也越来越高。人们开始发现，以往的电机有各种局限性。近年来人们借助微电子技术、精密机械技术、新材料技术、生物技术以及计算机技术等，开发研究出不少新原理的控制电机，一些非电磁原理的控制电机的开发工作也取得了很大的进展，并在各个领域得到广泛的应用。其中最具代表性，并已实用化的是超声波电机。除此之外，其他各种原理的控制电机也在逐渐趋向实用化。

超声波电机是利用驱动部分（压电陶瓷元件的超声波）和移动部分之间的动摩擦力而获得运转力的一种新原理电机。这种电机具有结构简单（没有绕组和磁场部件）、重量轻、单位体积获得的转矩大、响应快和没有电磁噪声等优点，但转换效率低。其转速为 100～200r/min，适应于低速运转的场合。目前，超声波电机在日本已经产品化，如自动聚焦照相机（佳能 EOS）。此照相机在镜头外围配置了外径 77mm 的环状超声波电机，做望远镜头驱动部分的自动聚焦。另外，超声波电机在航空航天、机床设备、机器人、汽车、办公设备、医疗器械等领域具有广阔的应用前景。

静电电机是利用电场和电荷之间动力的一种电机，其实这种电机的设想很早就有，而直到如今才有试制品问世。利用各种微小物质都有静电存在的原理可以制成很小型的超微电机。美国加州大学的理查德·马拉教授试制了一种电机，转子直径为 $60 \sim 120 \mu m$，厚度为 $2\mu m$。一个试制品有 12 个定子电极作圆形配置，定子中央设置十字形转子，采用光刻方法在 Si、Si_3N_4、SiO_2、PSG 等部件依次重叠制成。用 200V 电压能达到 150r/min 转速，应用实例是使用显微镜进行显微手术。

光热电机是利用一种特殊的磁性材料（$NdCO_5$ 或添加 Al、Fe 等物质）其磁化方向会随着温度变化而变化的原理而制作的电机。日本安川电机制作所的光热电机，当用 117W 红外线聚光灯加热时，转速达 450r/min，用 40W 灯时，转速为 270r/min。试制品的能量效率只有 1% 左右。但用太阳能或工厂余热时，这种电机还是有利用价值的。

5. 如何学习"控制电机"这门课程

本课程的任务是学习和掌握主要控制电机的基本原理、分析方法、基本性能和使用方法。与此同时，巩固、加深和拓宽"电机学"所学过的理论和知识。控制电机的种类很多，可以列举出数十种。随着科学技术的迅猛发展，各种新型电机以及应用于电机的新技术更是层出不穷。因此，我们不可能从该课程中学习所有类型的控制电机，只能加强控制电机基本理论和分析研究方法的学习，掌握电机内部的基本电磁关系，并注意了解控制电机发展的最新趋势，从而在遇到新技术、新问题时，有能力通过自学去理解和分析。

多数控制电机的原理都是建立在基本电磁规律基础之上，因此在基本特性上有许多共同之处，但它们各自又具有与众不同的特点。在学习时也要使用辩证的观点，抓住主要矛盾，集中精力掌握基本规律和主要理论，将各种电机联系起来，在分析与掌握一些共同规律的同时，注意每种电机所具有的特殊结构和性能。

对于电气工程及其自动化、自动化等专业的学生来说，今后的主要任务是正确使用控制电机，所以学习本课程的目的主要是学习控制电机的特性以及掌握其使用方法。

第1章 直流伺服电动机

1.1 概述

1. 伺服电动机的概念

伺服电动机又称为执行电动机。在自动控制系统中作为执行元件，把输入的电压信号变换成转轴的角位移或角速度输出。输入的电压信号又称为控制信号或控制电压，改变控制电压可以改变伺服电动机的转速及转向。

2. 伺服电动机的分类

伺服电动机按其使用的电源性质不同，可分为直流伺服电动机和交流伺服电动机两大类。由于直流伺服电动机具有良好的调速性能、较大的起动转矩及快速响应等优点，使其在自动控制系统中获得广泛应用。传统的交流伺服电动机主要是指采用幅值或相位控制的两相感应伺服电动机，虽然具有结构简单、运行可靠、维护方便等优点，但由于受性能限制，主要应用于几十瓦以下的小功率场合。近年来，随着电机控制技术的发展，采用矢量控制的三相感应电动机或三相永磁同步电动机构成的高性能交流伺服系统在高性能控制领域应用日益广泛，并已占据了国际市场的主导地位。本章仅讨论直流伺服电动机，交流感应伺服电动机和交流永磁伺服电动机将分别在第2、3章予以介绍。

直流伺服电动机实质上就是一台他励式直流电动机，其工作原理及内部电磁关系都和普通他励直流电动机相同，而且传统型直流伺服电动机在结构上也和普通直流电动机基本相同，只是由于用途不同，它们的工作状态和工作性能差别很大。近年来，应用范围的日益扩展和应用要求的不断提高，促使伺服电动机有了很大发展，出现了许多新型结构。

因系统对电动机快速响应的要求越来越高，使各种低惯量伺服电动机相继出现，如空心杯电枢直流电动机、印制绕组直流电动机和电枢绕组直接绕在铁心表面的无槽电枢直流电动机等。

为了适应高精度、低速度伺服系统的要求，又研制出直流力矩电动机，它能够长期在低速或堵转状态下稳定运行，而且不需经齿轮减速直接驱动负载。

此外，为了满足高精度直线伺服系统的需要，还研制了直线伺服电动机，它把控制电压直接转换为直线运动。由于省去了中间环节，控制精度和最大加速度明显提高。

3. 控制系统对伺服电动机的基本要求

伺服电动机虽然种类很多，用途也非常广泛，但自动控制系统对它们的基本要求可归纳为如下几点：

1）宽广的调速范围。即要求伺服电动机的转速随着控制电压的改变能在宽广的范围内连续调节。

2）机械特性和调节特性均为线性。伺服电动机的机械特性是指控制电压一定时，转速随转矩的变化关系；调节特性是指电动机的转矩一定时，转速随控制电压的变化关系。线性的机械特性和调节特性有利于提高自动控制系统的动态精度。

3）无"自转"现象。即要求伺服电动机在控制电压降到零时能立即自行停转。

4）快速响应。即电动机的机电时间常数要小，这样，电机的转速才能随着控制电压的改变而迅速变化。相应地，伺服电动机要有较大的堵转转矩和较小的转动惯量。

此外，还有一些其他的要求，如希望伺服电动机的控制功率要小，以便使放大器的尺寸减小，尤其是在航天、航空上使用的伺服电动机还特别要求重量轻、体积小。

1.2　直流伺服电动机的控制方式和运行特性

1.2.1　控制方式

前已述及，直流伺服电动机的电磁关系和普通直流电动机相同。由直流电动机的电压平衡方程和电动势公式 $U_a = E_a + I_a R_a$ 及 $E_a = C_e \Phi n$ 可得

$$n = \frac{U_a - I_a R_a}{C_e \Phi} \tag{1-1}$$

式中，U_a 为电枢电压；E_a 为电枢电动势；I_a 为电枢电流；R_a 为电枢回路总电阻；n 为转速；Φ 为每极主磁通；$C_e = pN/(60a)$ 为电动势常数，其中 p 为极对数，N 为电枢导体总数，a 为电枢绕组并联支路对数。

式（1-1）表明：改变电枢电压 U_a 和改变励磁磁通 Φ 都可以改变电动机的转速。因而直流伺服电动机的控制方式有两种：一是把控制信号作为电枢电压 U_a 来控制电动机的转速，这种方式称为电枢控制；另一种是把控制信号加在励磁绕组上，通过控制磁通 Φ 来控制电动机的转速，这种控制方式称为磁场控制。

1. 电枢控制

如图1-1所示，在励磁回路上加恒定不变的励磁电压 U_f，以保证控制过程中磁通 Φ 不变，电枢绕组加控制电压信号。当电动机的负载转矩 T_L 不变时，升高电枢电压 U_a，电动机的转速就升高；降低电枢电压，转速就降低；在 $U_a = 0$ 时，电动机不转。当电枢电压改变极性时，电动机实现反转。因此把电枢电压作为控制信号，就可实现对电动机的转速和转向控制。

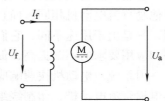

图1-1　电枢控制原理图

下面分析改变电枢电压 U_a 时，电动机转速变化的物理过程。

起始状态，电动机所加的电枢电压为 U_{a1}，转速为 n_1，其产生的反电动势为 E_{a1}，电枢电流为 I_{a1}，根据电压平衡方程式

$$U_{a1} = E_{a1} + I_{a1} R_a = C_e \Phi n_1 + I_{a1} R_a \tag{1-2}$$

此时，电动机产生的电磁转矩 $T_e = C_t \Phi I_{a1}$。由于电动机处于稳态，电磁转矩 T_e 和电动机轴上的总阻转矩 T_s 相平衡，即 $T_e = T_s$。总阻转矩 T_s 为负载转矩 T_L 和由空载损耗引起的空载阻转矩 T_0 之和，即 $T_s = T_L + T_0$，由于负载转矩 T_L 不变，因此可近似认为 T_s 也不变。

当电枢电压升高到 U_{a2} 时，起初由于电动机的惯性，电机转速不能跃变，仍为 n_1，因而反电动势仍为 E_{a1}。由式（1-2）可知，为保持电压平衡，电枢电流由 I_{a1} 增加到 I_{a2}，因此电磁转矩也相应地由 $T_e = C_t \Phi I_{a1}$ 增加到 $T'_e = C_t \Phi I_{a2}$。于是电磁转矩 T'_e 大于轴上的总阻转矩 T_s，

使电动机加速。随着转速升高，电枢电动势 E_a 增加。为了保持电压平衡关系，电枢电流和电磁转矩都要下降，直到电枢电流恢复到原值 I_{a1}，于是电磁转矩和总阻转矩又重新平衡，电动机达到新的稳态。此时是在更高转速 n_2 时的新平衡状态。这就是电动机的转速 n 随电枢电压 U_a 升高而升高的物理过程。同理，电枢电压降低时，电动机转速 n 下降。

2. 磁场控制

磁场控制时，电枢绕组加恒定电压 U_a，励磁回路加控制电压信号。尽管磁场控制也可达到改变控制电压来改变转速的高低和旋转方向的目的，但因随着控制信号减弱其机械特性变软，调节特性也是非线性的，故少用。

1. 2. 2　运行特性

伺服电动机的运行特性包括机械特性和调节特性。

对于直流伺服电动机，在电枢控制方式下，励磁电压 U_f 保持不变。机械特性是指电枢电压保持不变时，电动机转速随电磁转矩的变化关系，即 $U_a = C$（常数）时，$n = f(T_e)$；调节特性是指电磁转矩保持不变时，电动机转速随电枢电压变化的关系，即 $T_e = C$ 时，$n = f(U_a)$。

1. 机械特性

把 $T_e = C_t \Phi I_a$ 代入式（1-1）得

$$n = \frac{U_a}{C_e \Phi} - \frac{T_e R_a}{C_e C_t \Phi^2} = n_0 - kT_e \tag{1-3}$$

式中，n_0 为理想空载转速，$n_0 = \dfrac{U_a}{C_e \Phi}$；$k = \dfrac{R_a}{C_e C_t \Phi^2}$。

式（1-3）为一直线方程，即直流伺服电动机的机械特性是一条直线，k 为直线的斜率。图 1-2 为该方程所表达的机械特性。显然，只要找到直线上的两个点，便可得到表达该机械特性的直线。观察两个特殊点，理想空载点 $(0, n_0)$ 和堵转点 $(T_k, 0)$。理想空载转速 n_0 为纵坐标上的截距，堵转转矩 T_k 为横坐标上的截距。知道 n_0 和 T_k 便可做出对应于电枢电压 U_a 时的一条机械特性。下面分别说明 n_0、T_k、k 的物理意义：

1）由式（1-3）可知，n_0 是电磁转矩 $T_e = 0$ 时的转速。由于电动机本身在空载时就具有空载损耗所引起的空载阻转矩 T_0，因此，即使空载（即负载转矩 $T_L = 0$）时，电动机的电磁转矩也不为零，只有在理想条件下，即电动机本身没有空载损耗时，才可能有 $T_e = 0$，所以对应于 $T_e = 0$ 时的转速 $n_0 = \dfrac{U_a}{C_e \Phi}$ 称之为理想空载转速。

2）T_k 是转速 $n = 0$ 时的电磁转矩，所以 T_k 叫作电动机的堵转转矩。$T_k = C_t \Phi U_a / R_a$，它是电动机处在堵转状态时所产生的电磁转矩。

3）k 为机械特性的斜率，k 前面的负号表示直线是下倾的。k 的大小可用 $\Delta n / \Delta T$ 表示，如图 1-2 所示。因此 k 的大小直接表示了电动机电磁转矩变化所引起的转速变化程度。k 大则对应于同样的转矩变化、转速变化大，这时电动机的机械特性软；反之机械特性就硬。如在天线速度控制中，如果电动机的转速受负载转矩的影响小，则对其控制系统调节作用的要求就低，系统的性能就能提高。因此在自动控制系统中，总希望电动机的机械特性硬些。

以上讨论的是在某一电枢电压 U_a 时，电动机的机械特性。改变电枢电压，电动机的机械特性就发生变化。从理想空载转速 n_0 和堵转转矩 T_k 的表达式可以看出，n_0 和 T_k 都与电枢

电压 U_a 成正比，而斜率 k 则与 U_a 无关。所以对应于不同的电枢电压 U_a，可以得到一组相互平行的机械特性，如图 1-3 所示。随着电枢电压的降低，特性曲线平行地向原点移动，但机械特性的斜率不变，即机械特性硬度不变，这是电枢控制的优点之一。

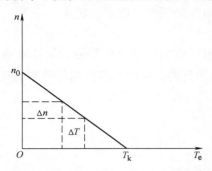

图 1-2　直流伺服电动机的机械特性

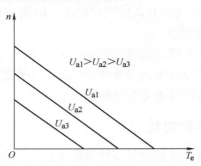

图 1-3　不同控制电压时的机械特性

当直流伺服电动机应用于自动控制系统时，其电枢电压 U_a 是由系统中的放大器供给的，放大器有一定大小的输出电阻，此时对电动机来讲，放大器可以等效为一个电动势源 E_i 与其内阻 R_i 串联。由于 R_i 的存在将使直流伺服电动机的机械特性变软，这是在实践中值得注意的。

2. 调节特性

当负载转矩 T_L 保持不变时，电动机轴上的总阻转矩 $T_s = T_L + T_0$ 也不变，因此电动机稳态运行时，其电磁转矩 $T_e = T_s$ 为常数。

由式（1-3）得

$$n = \frac{U_a}{C_e\Phi} - \frac{T_e R_a}{C_e C_t \Phi^2} = \frac{U_a}{C_e\Phi} - \frac{T_s R_a}{C_e C_t \Phi^2} = k_1 U_a - A \tag{1-4}$$

式中，k_1 为调节特性的斜率，$k_1 = \dfrac{1}{C_e\Phi}$；A 为由负载转矩决定的常数，$A = \dfrac{T_s R_a}{C_e C_t \Phi^2}$。

当 $T_s = C$ 时，式（1-4）所表达的是一直线方程。图 1-4 为该方程所表达的调节特性，调节特性为一上翘的直线。决定这条直线的要素为：起动点（U_{a0}，0）和斜率 $k_1 = \dfrac{1}{C_e\Phi}$，即知道 U_{a0} 和 k_1 便可做出对应于某一阻转矩 T_s 时的一条调节特性。下面分别说明 U_{a0} 和 k_1 的物理意义。

U_{a0} 称为始动电压，是电动机处在待动而又未动的临界状态时的控制电压。由式（1-4），当 $n = 0$ 时，便可求得

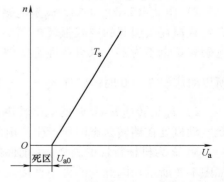

图 1-4　直流伺服电动机的调节特性

$$U_a = U_{a0} = \frac{R_a}{C_t\Phi}T_s$$

由于 $U_{a0} \propto T_s$，即负载转矩越大，始动电压越高。而且控制电压在 0 到 U_{a0} 这段范围内，电动机不转动，故把此区域称为电动机的死区。负载越重，死区也越大。

可见，在 $U_a < U_{a0}$ 时，电机的转速 n 始终为 0，因为此时电机的电磁转矩始终小于总阻转矩。当 $U_a = U_{a0}$ 时电磁转矩与总阻转矩相等，电机处在从静止到转动的临界状态，此时只要稍微增加 U_a，电动机就转动起来。

调节特性的斜率 $k_1 = \dfrac{1}{C_e \Phi}$，是由电机本身参数决定的常数，与负载无关。

以上讨论的是对应于某一负载时电动机的调节特性。当电动机的负载转矩不同时，其对应的 U_{a0} 也不同，随着负载转矩增大，U_{a0} 升高，但特性斜率 k_1 保持不变。因此对应于不同的负载转矩 T_{s1}、T_{s2}、T_{s3}、…，可以得到一组相互平行的调节特性，如图 1-5 所示。

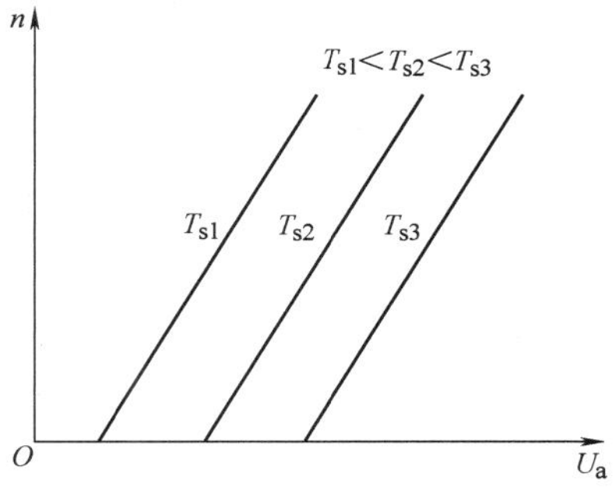

图 1-5　不同负载时的调节特性

3. 直流伺服电动机低速运转的不稳定性

从电动机理想的调节特性来看，只要控制电压 $U_a > U_{a0}$，电机便可以在很低的转速下运行。实际上，当电动机转速很低时，其转速不均匀，会出现时快、时慢，甚至暂时停一下的现象，这种现象称为直流伺服电动机低速运转的不稳定性。产生这个现象的原因是：

1）电枢齿槽的影响。低速时，电枢电动势的平均值很小，因而电枢齿槽效应等引起电动势脉动的影响增大，导致电磁转矩波动比较明显。

2）电刷接触压降的影响。低速时，控制电压很低，电刷和换向器之间的接触压降开始不稳定，影响电枢上有效电压的大小，从而导致输出转矩不稳定。

3）电刷和换向器之间摩擦的影响。低速时，电刷和换向器之间的摩擦转矩不稳定，造成电机本身的阻转矩 T_0 不稳定，因而导致总阻转矩不稳定。

直流伺服电动机低速运转的不稳定性将在控制系统中造成误差。当系统要求电动机在这样低的转速下运行时，就必须在系统的控制线路中采取措施，使其转速平稳。也可以选用低速稳定性好的直流力矩电动机。

直流伺服电动机在电枢控制条件下，其机械特性和恒负载时的调节特性都是一组平行的直线。这是直流伺服电动机很可贵的特点，也是交流伺服电动机所不及的。

1.3　直流伺服电动机的动态特性

直流伺服电动机的动态特性是指在电枢控制条件下，在电枢绕组上加阶跃电压时，电机转速 n 和电枢电流 i_a 随时间变化的规律。这是属于过渡过程中的动态问题。

当电机的运行工况发生变化时，总存在着一个过渡过程，即电机从一种工况过渡到另一种工况时，总需要经历一段时间才能完成。

产生过渡过程的原因主要是电机中存在两种惯性：机械惯性和电磁惯性。在机械方面，由于电机本身和负载都存在转动惯量，当电枢电压突然改变时，电机转速不能突变，需要有一个渐变过程，才能使转速达到新的稳态，因此转动惯量是造成机械过渡过程的主要因素。在电磁方面，由于电枢绕组具有电感，电枢电压突变时，电枢电流不能突变，也需要有一个渐变过程，才能使电流达到新稳态，所以电感是造成电磁过渡过程的主要因素。机械过渡过程和电磁过渡过程是相互影响的，这两种过渡过程交织在一起形成了电机总的过渡过程。但是一般来说，电磁过渡过程所需要的时间比机械过渡过程短得多。因此在许多场合，可以只考虑机械过渡过程，而忽略电磁过渡过程，从而使分析问题和解决问题的过程大为简化。

1.3.1 过渡过程中的电机方程

研究电机过渡过程的方法，首先是根据基本定律建立运动方程，确定初始条件，然后求解方程，找出各物理量与时间的函数关系。

首先利用直流电动机在动态下的四个关系式，建立转速对时间的微分方程。

在过渡过程中，电机内部的基本电磁关系并不发生变化，只是各电磁量和机械量随时间变化，都是时间的函数。因而在电枢控制方式下，除磁通 Φ 仍为常数外，其余量都用瞬时值，以小写字母表示。这四个关系式是：

1）感应电动势 $\qquad\qquad e_a = C_e \Phi n$

2）电磁转矩 $\qquad\qquad T(t) = C_t \Phi i_a$

3）电压平衡方程式 $\qquad\qquad L_a \dfrac{di_a}{dt} + i_a R_a + e_a = U_a$ $\qquad\qquad$ (1-5)

4）转矩平衡方程式 $\qquad\qquad T(t) = T_s + J \dfrac{d\Omega}{dt}$

注意：因为电枢绕组具有电感 L_a，在过渡过程中电枢电流随时间变化，所以电枢回路中将产生电抗电压降 $L_a \dfrac{di_a}{dt}$；由于电机转子和负载具有转动惯量 J，在过渡过程中电机的角速度 Ω 处在变化之中，所以转轴上还存在一个惯性转矩 $J \dfrac{d\Omega}{dt}$。

由于在小功率的随动系统中选择电动机时，总是使电动机的额定转矩远大于轴上的总阻转矩 T_s。也就是说，在动态过程中，电磁转矩主要用来克服惯性转矩，以加速过渡过程。因此，为了推导方便，可以先假定 $T_s = 0$，这样 $T(t) = J \dfrac{d\Omega}{dt}$。由 $\Omega = \dfrac{2\pi n}{60}$ 和 $T(t) = C_t \Phi i_a$ 可得

$$i_a = \frac{T(t)}{C_t \Phi} = \frac{J}{C_t \Phi} \frac{d\Omega}{dt} = \frac{2\pi J}{60 C_t \Phi} \frac{dn}{dt}$$

把 i_a 和 $e_a = C_e \Phi n$ 代入式（1-5），两边乘以 $\dfrac{1}{C_e \Phi}$ 得

$$L_a \frac{2\pi J}{60 C_e C_t \Phi^2} \frac{d^2 n}{dt^2} + \frac{2\pi J R_a}{60 C_e C_t \Phi^2} \frac{dn}{dt} + n = \frac{U_a}{C_e \Phi}$$

令 $\tau_m = \dfrac{2\pi J R_a}{60 C_e C_t \Phi^2}$，$\tau_e = \dfrac{L_a}{R_a}$，$n_0 = \dfrac{U_a}{C_e \Phi}$，则上式可化为

$$\tau_m \tau_e \frac{d^2 n}{dt^2} + \tau_m \frac{dn}{dt} + n = n_0 \qquad\qquad (1-6)$$

式中，τ_m 为机电时间常数；τ_e 为电气时间常数；n_0 为理想空载转速。

对已制成的电机而言，τ_m 和 τ_e 是常数。电枢电压一定时，n_0 也是常数。因此式（1-6）是转速的二阶微分方程。

1.3.2 转速随时间的变化规律

式（1-6）是一个典型的二阶常系数非齐次常微分方程，可求解。对式（1-6）进行拉

普拉斯变换得

$$\tau_{\mathrm{m}}\tau_{\mathrm{e}}p^2n(p) + \tau_{\mathrm{m}}pn(p) + n(p) = \frac{n_0}{p}$$

其特征方程及其两个根为

$$\tau_{\mathrm{m}}\tau_{\mathrm{e}}p^2 + \tau_{\mathrm{m}}p + 1 = 0$$

$$p_{1,2} = -\frac{1}{2\tau_{\mathrm{e}}}\left(1 \pm \sqrt{1 - \frac{4\tau_{\mathrm{e}}}{\tau_{\mathrm{m}}}}\right)$$

所以转速的解为

$$n = n_0 + A_1 \mathrm{e}^{p_1 t} + A_2 \mathrm{e}^{p_2 t} \tag{1-7}$$

按初始条件确定积分常数 A_1 和 A_2。当 $t = 0$ 时，转速 $n = 0$，加速度 $\dfrac{\mathrm{d}n}{\mathrm{d}t} = 0$，故有

$$A_1 + A_2 + n_0 = 0, \qquad A_1 p_1 + A_2 p_2 = 0$$

由此解得

$$A_1 = \frac{p_2}{p_1 - p_2}n_0, \qquad A_2 = -\frac{p_1}{p_1 - p_2}n_0$$

将 A_1、A_2 代入式（1-7）得转速随时间的变化规律为

$$n = n_0 + \frac{n_0}{2\sqrt{1 - 4\tau_{\mathrm{e}}/\tau_{\mathrm{m}}}}\left[(1 - \sqrt{1 - 4\tau_{\mathrm{e}}/\tau_{\mathrm{m}}})\mathrm{e}^{p_1 t} - (1 + \sqrt{1 - 4\tau_{\mathrm{e}}/\tau_{\mathrm{m}}})\mathrm{e}^{p_2 t}\right]$$

用同样的分析方法，可找出过渡过程中电枢电流 i_{a} 随时间的变化规律

$$i_{\mathrm{a}} = \frac{U_{\mathrm{a}}/R_{\mathrm{a}}}{\sqrt{1 - 4\tau_{\mathrm{e}}/\tau_{\mathrm{m}}}}(\mathrm{e}^{p_2 t} - \mathrm{e}^{p_1 t})$$

1.3.3　过渡过程曲线

1）当 $4\tau_{\mathrm{e}} < \tau_{\mathrm{m}}$ 时，p_1 和 p_2 两个根都为负实数。此时电机在过渡过程中转速和电流随时间的变化规律如图 1-6 所示，是非周期的过渡过程。这是在电机的电枢电感 L_{a} 较小、电枢电阻 R_{a} 较大、转动惯量 J 较大的条件下出现的情况。

2）当 $4\tau_{\mathrm{e}} > \tau_{\mathrm{m}}$ 时，p_1 和 p_2 两个根是共轭复数。这时过渡过程是周期性的，如图 1-7 所示。可见，当电枢回路电阻 R_{a} 及转动惯量 J 都很小，而电枢电感 L_{a} 很大时，就可能出现这种振荡现象。

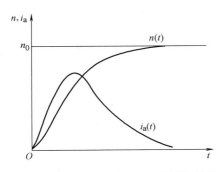

图 1-6　在 $4\tau_{\mathrm{e}} < \tau_{\mathrm{m}}$ 时 n、i_{a} 的过渡过程

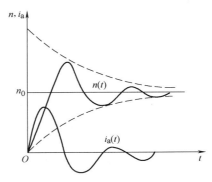

图 1-7　在 $4\tau_{\mathrm{e}} > \tau_{\mathrm{m}}$ 时 n、i_{a} 的过渡过程

3）当 $4\tau_e \ll \tau_m$ 时（多数情况满足这一条件），τ_e 很小，可以忽略不计，于是式（1-6）可简化为一阶微分方程

$$\tau_m \frac{dn}{dt} + n = n_0 \qquad (1-8)$$

其解为
$$n = n_0(1 - e^{-t/\tau_m}) \qquad (1-9)$$

同样可得
$$i_a = \frac{U_a}{R_a} e^{-t/\tau_m} \qquad (1-10)$$

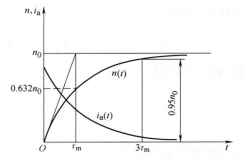

图 1-8 在 $4\tau_e \ll \tau_m$ 时 n、i_a 的过渡过程

此时转速 n 和电流 i_a 的过渡过程如图 1-8 所示。n 为按指数上升的曲线，i_a 为按指数下降的曲线。

4）关于机电时间常数 τ_m。把 $t = \tau_m$ 代入式（1-9），可得 $n = 0.632n_0$，于是机电时间常数 τ_m 可定义为：电机在空载状态下，励磁绕组加额定励磁电压，电枢加阶跃额定控制电压时，转速从零升到理想空载转速的 63.2% 所需的时间。但实际上电机的理想空载转速是无法测量的，因此为了能通过试验确定机电时间常数，实用上 τ_m 被定义为在上述同样条件下，转速从零升到空载转速的 63.2% 所需的时间。若再把 $t = 3\tau_m$ 代入式（1-9），则 $n = 0.95n_0$。因此，过渡过程基本结束，所以 $3\tau_m$ 为过渡过程时间。

1.3.4 机电时间常数 τ_m 与电机参数的关系

由上述可知，电机过渡过程时间的长短主要是由机电时间常数 τ_m 来决定的。现在我们进一步讨论机电时间常数 τ_m 与电机参数的关系。

已知

$$\tau_m = \frac{2\pi J R_a}{60 C_e C_t \Phi^2} \qquad (1-11)$$

该式表明，机电时间常数与旋转部分的转动惯量 J 及电枢回路的电阻 R_a 成正比。

还可以把电动机机械特性的硬度和机电时间常数的大小联系起来。如果式（1-11）的分子、分母同乘以电动机的堵转电流 I_{aK}，则 τ_m 变为

$$\tau_m = \frac{2\pi J R_a I_{aK}}{60 C_e C_t \Phi^2 I_{aK}} = \frac{2\pi J}{60} \frac{n_0}{T_K} = \frac{2\pi J}{60} k \qquad (1-12)$$

式（1-12）表明了机电时间常数与机械特性的斜率 k 是正比关系的，即机械特性的斜率越小，特性越硬，机电时间常数越小，过渡过程越短；反之就越长。

由于机电时间常数表示了过渡过程时间的长短，反映了电机转速跟随控制信号变化的快慢程度，所以是伺服电动机的一项重要动态性能指标。一般直流伺服电动机的机电时间常数在十几毫秒到几十毫秒之间。

当直流伺服电动机用于自动控制系统，由放大器供给控制电压并带负载运行时，机电时间常数还受到系统放大器内阻和负载转动惯量的影响。

1.4 直流伺服电动机的驱动电源

如 1.2 节所述，直流伺服电动机主要采用电枢电压控制方式，即通过改变直流伺服电动

机电枢电压的高低、极性来控制电动机转速和转向，因此直流伺服电动机的驱动电源应该是一个可控直流电源。随着电力电子技术的发展，目前直流伺服电动机通常使用由电力电子器件组成的静止式可控直流电源作为驱动电源，主要有两大类：晶闸管相控整流器和直流脉宽调制（PWM）变换器。以晶闸管相控整流器作为驱动电源给直流伺服电动机供电时，由于电源内阻较高、电磁时间常数大、谐波较多，限制了直流伺服电动机的控制性能。而由直流PWM变换器作为驱动电源的直流伺服系统与前者相比具有一系列优点：主电路简单，开关频率高、谐波少，效率高，系统频带宽，稳速精度高等。因此其应用日益广泛，特别是在中、小容量系统中，目前已完全取代了晶闸管相控整流器。本节主要讨论直流PWM变换器的原理、分类及其工作特性。

PWM变换器有多种电路形式，可以分为不可逆和可逆两类，可逆变换器又有双极式、单极式和受限单极式等多种控制方式。下面分别介绍它们的工作原理和运行特性。

1.4.1　不可逆 PWM 变换器

1. 简单不可逆 PWM 变换电路

图 1-9a 是简单不可逆 PWM 变换器的主电路原理图，其中电力电子开关器件为 IGBT（也可用其他全控型开关器件）。电源电压 U_s 一般由不可控整流电源提供，并采用大电容滤波，二极管 VD_1 在 VT_1 关断时为电枢回路提供释放电感储能的续流回路。VT_1 的栅极由脉宽可调的脉冲电压 U_g 驱动。如图 1-9b 所示。在一个开关周期 T 内，t_{on} 时段，U_g 为正，VT_1 导通，电源电压 U_s 通过 VT_1 加到电动机电枢绕组两端；在 t_{off} 时段，U_g 为 0，VT_1 截止，电枢绕组失去电源，电流 i_d 经二极管 VD_1 续流。电枢绕组的平均端电压为

$$U_d = \frac{t_{on}}{T} U_s = \alpha U_s \tag{1-13}$$

式中，α 是 PWM 导通占空比，$\alpha = t_{on}/T$。

若令 $\gamma = U_d/U_s$ 为 PWM 电压系数，则对于上述不可逆 PWM 变换器 $\gamma = \alpha$，改变 α（$0 \leqslant \alpha \leqslant 1$）即可改变电枢绕组电压。

图 1-9b 中绘出了稳态时电枢绕组的脉冲端电压、电枢平均电压 U_d、电枢绕组感应电动势 E 和电枢电流 i_d 的波形。由图可见，稳态电流 i_d 是脉动的。由于 VT_1 在一个周期内具有开和关两种状态，电路电压的平衡方程式也分为以下两个阶段：

在 t_{on} 时段

$$U_s = Ri_d + L\frac{di_d}{dt} + E \tag{1-14}$$

在 t_{off} 时段

$$0 = Ri_d + L\frac{di_d}{dt} + E \tag{1-15}$$

式中，R、L 为电枢绕组的电阻和电感；E 为电动机绕组感应电动势。

由于开关频率较高，电流脉动的幅值不会很大，其对转速 n 和感应电动势 E 的影响就更小，为了突出主要问题，可忽略不计，视 n 和 E 为恒值。

由图 1-9b 电流波形可见，简单不可逆电路中电枢电流 i_d 不能反向，因此电动机不能产生制动转矩，只能做单象限运行。

2. 带制动功能的 PWM 不可逆变换电路

若电动机需要制动，必须具有反向电流 $-i_d$ 的通路，因此应该设置控制反向通路的

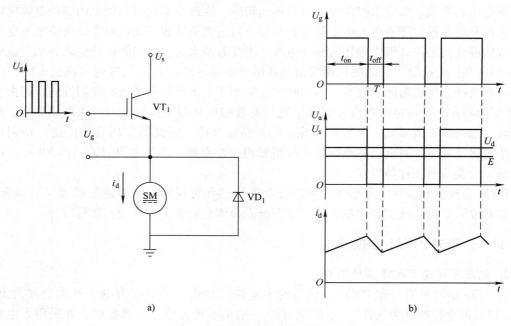

图 1-9 简单不可逆 PWM 变换器

a）原理图 b）电压、电流波形

IGBT，形成两个 IGBT VT_1 和 VT_2 交替开关的电路，如图 1-10a 所示。这种电路组成的 PWM 调速系统可使直流电动机在一、二两个象限中运行。

VT_1 和 VT_2 在一个 PWM 周期中交替施加导通和关断信号，即 $U_{g1} = \overline{U}_{g2}$。当电动机在电动状态下运行时，电枢绕组平均电流应为正值，一个 PWM 周期 T 内分为两段：①在 $0 \leqslant t < t_{on}$ 期间（t_{on} 为 VT_1 导通时间），U_{g1} 为正，VT_1 导通；U_{g2} 为 0，VT_2 截止。此时，电源电压

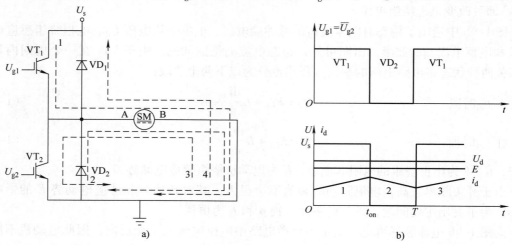

图 1-10 有制动电流通路的不可逆 PWM 变换器

a）原理图 b）电动状态的电压、电流波形

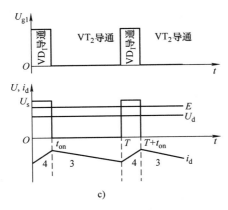
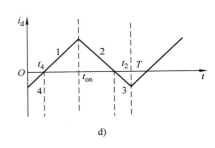

图 1-10　有制动电流通路的不可逆 PWM 变换器（续）

c）制动状态的电压、电流波形　d）轻载电动状态的电压、电流波形

U_s 加到电枢绕组两端，电流 i_d 沿图中的回路 1 流通。②在 $t_{on} \leqslant t < T$ 期间，U_{g1} 和 U_{g2} 都变换极性，VT_1 截止，但 VT_2 却不能导通，因为 i_d 沿回路 2 经二极管 VD_2 续流，在 VD_2 两端产生的压降（其极性示于图 1-10a）给 VT_2 施加反压，使它失去导通的可能。因此，实际上是 VT_1、VD_2 交替导通，而 VT_2 始终不通，其电压和电流波形如图 1-10b 所示。虽然多了一个 IGBT VT_2，但它并没有被用上，波形和图 1-9b 的情况完全相同。

如果在电动运行中要降低转速，应使 U_{g1} 的正脉冲变窄，从而使平均电枢电压降低，但由于惯性作用，电动机转速和绕组感应电动势还来不及立刻变化，造成 $E > U_d$ 的状况，这时 VT_2 在使电动机制动过程中发挥作用。首先分析 $t_{on} \leqslant t < T$ 这一阶段，如图 1-10a 所示，由于 U_{g2} 变正，VT_2 导通，$E - U_d$ 产生的反向电流 $-i_d$ 沿回路 3 通过 VT_2 流通，产生能耗制动，直到 $t = T$ 为止。在 $T \leqslant t < T + t_{on}$（也就是 $0 \leqslant t < t_{on}$）期间，VT_2 截止，$-i_d$ 沿回路 4 通过 VD_1 续流，对电源 u_s 回馈制动，同时在 VD_1 上的压降使 VT_1 不能导通。可见，在整个制动状态中，VT_2、VD_1 轮流导通，而 VT_1 始终截止，绕组电压和电流波形如图 1-10c 所示。反向电流的制动作用使电动机转速下降，直到新的稳态。

还有一种特殊情况，在轻载电动状态中，负载电流较小，以致当 VT_1 关断后电流 i_d 很快就衰减到零，如图 1-10d 中 $t_{on} \sim T$ 期间的 t_2 时刻。这时二极管 VD_2 两端的压降也降为零，使 VT_2 得以导通，感应电动势 E 沿回路 3 流过反向电流 $-i_d$，产生局部时间的能耗制动作用。到了 $t = T$（相当于 $t = 0$），VT_2 关断，$-i_d$ 又开始沿回路 4 经 VD_1 续流，直到 $t = t_4$ 时 $-i_d$ 衰减到零，VT_1 才开始导通。这种在一个开关周期内 VT_1、VD_2、VT_2、VD_1 四个管子轮流导通的电流波形如图 1-10d 所示。

1.4.2　可逆 PWM 变换器

可逆 PWM 变换器主电路的结构形式有 H 形、T 形等，本节主要讨论常用的 H 形变换器，它是由 4 个 IGBT 和 4 个续流二极管组成的桥式电路。H 形变换器在控制方式上分双极式、单极式和受限单极式 3 种。下面重点分析双极式 H 形 PWM 变换器，然后简要说明其他方式的工作特点。

1. 双极式可逆 PWM 变换器

图 1-11 中绘出了双极式 H 形可逆 PWM 变换器的电路原理图。4 个 IGBT 的栅极驱动电

压分为两组，VT_1 和 VT_4 同时导通和关断，其驱动电压 $U_{g1} = U_{g4}$；VT_2 和 VT_3 同时动作，其驱动电压 $U_{g2} = U_{g3}$，并且两组功率开关交替导通和关断。相关波形如图 1-12 所示。

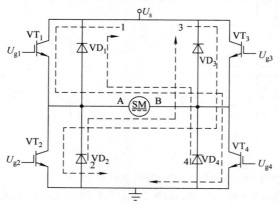

图 1-11　双极式 H 形 PWM 变换器电路

在一个开关周期 T 内，当 $0 \leqslant t < t_{on}$ 时，U_{g1} 和 U_{g4} 为正，VT_1 和 VT_4 导通；而 U_{g2} 和 U_{g3} 为 0，VT_2 和 VT_3 截止。这时，电源 $+U_s$ 加在电枢绕组 AB 两端，$U_{AB} = U_s$，电枢电流 i_d 沿回路 1 流通。当 $t_{on} \leqslant t < T$ 时，U_{g1} 和 U_{g4} 变为 0，VT_1 和 VT_4 截止；U_{g2}、U_{g3} 变正，但 VT_2、VT_3 并不能立即导通，因为在电枢电感释放储能的作用下，i_d 沿回路 2 经 VD_2、VD_3 续流，在 VD_2、VD_3 上的压降使 VT_2 和 VT_3 承受反压，这时，$U_{AB} = -U_s$。电枢绕组电压 U_{AB} 的极性在一个周期内正负相间，这是双极式 PWM 变换器的特征，其电压、电流波形如图 1-12 所示。

由于电枢电压 U_{AB} 的正负变化，使电流波形存在两种情况，如图 1-12 中 i_{d1} 和 i_{d2} 波形所示。i_{d1} 相当于电动机负载较重的情况，这时平均负载电流大，在续流阶段电流仍维持正方向，电动机始终工作在第一象限的电动状态。i_{d2} 相当于负载很轻的情况，平均电流小，在续流阶段电流很快衰减到零，于是 VT_2 和 VT_3 的两端失去反压，在负的电源电压（$-U_s$）和电枢感应电动势的合成作用下导通，电枢电流反向，沿回路 3 流通，电动机处于制动状态。与此相仿，在 $0 \leqslant t < t_{on}$ 期间，当负载轻时，电流也有一次反向。

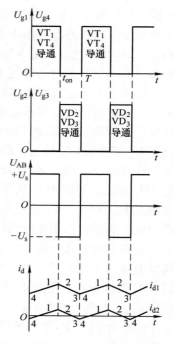

图 1-12　双极式 PWM 变换器
电压和电流波形

由此看来，双极式可逆 PWM 变换器的电流波形和有制动电流通路的不可逆 PWM 变换器相似，可怎样才能反映出"可逆"的作用呢？这要视正、负脉冲电压的宽窄而定。当正脉冲较宽时，$t_{on} > T/2$，则电枢两端的平均电压为正，在电动运行时电动机正转。当正脉冲较窄时，$t_{on} < T/2$，平均电压为负，电动机反转，即实现 PWM 变换器的可逆运行。如果正、负脉冲宽度相等，即 $t_{on} = T/2$，平均电压为零，则电动机停止。图 1-12 所示的电压、电流波形都是在电动机正转时的情况。

双极式可逆 PWM 变换器电枢平均端电压公式表示为

$$U_d = \frac{t_{on}}{T}U_s - \frac{T - t_{on}}{T}U_s = \left(\frac{2t_{on}}{T} - 1\right)U_s = (2\alpha - 1)U_s \tag{1-16}$$

可见，在双极式可逆 PWM 变换器中，PWM 电压系数 γ 与导通占空比 α 的关系与前面不同，现在为

$$\gamma = 2\alpha - 1 \tag{1-17}$$

调速时，当 α 在 $0 \sim 1$ 范围内变化时，γ 的变化范围为 $-1 \sim 1$。当 γ 为正值时，电动机正转；γ 为负值时，电动机反转；$\gamma = 0$ 时，电动机停止。在 $\gamma = 0$ 时，虽然电动机不动，电枢两端的瞬时电压和瞬时电流却都不是零，而是交变的。这个交变电流平均值为零，不产生平均转矩，却徒然增大电动机损耗，但它可使电动机带有高频的微振，起着所谓"动力润滑"的作用，消除正、反向时的静摩擦死区。

双极式 PWM 变换器的优点为：①电流一定连续；②可使电动机在四象限中运行；③电动机静止时有微振电流，能消除静摩擦死区；④低速时，每个功率开关的驱动脉冲仍较宽，有利于保证器件可靠导通；⑤低速平稳性好，调速范围可达 2000 左右。

双极式 PWM 变换器的缺点是：在工作过程中，4 个功率开关都一直处于开关状态，开关损耗大，而且容易发生上下两管直通（即同时导通）的事故，降低了装置可靠性。为了防止上下两管直通，在一个管关断和另一个管导通的驱动脉冲之间，应设置死区时间。

2. 单极式可逆 PWM 变换器

为了克服双极式变换器的上述缺点，对于静、动态性能要求低一些的系统，可采用单极式 PWM 变换器。其电路图仍和双极式的一样（见图 1-11），不同之处仅在于驱动信号。在单极式变换器中，左边两个管子的驱动脉冲 $U_{g1} = \overline{U_{g2}}$，具有和双极式一样的 PWM 脉冲波形，使 VT_1 和 VT_2 交替导通。右边 VT_3 和 VT_4 的驱动信号就不同了，改成因电动机的转向而施加不同的直流控制信号。当电动机正转时，使 U_{g3} 恒为 0，U_{g4} 恒为正，则 VT_3 截止而 VT_4 常通。希望电动机反转时，则 U_{g3} 恒为正而 U_{g4} 恒为 0，使 VT_3 常通而 VT_4 截止。这种驱动信号的变化显然会使不同阶段各 IGBT 的开关情况和电流流通的回路与双极式变换器相比有所不同。为了便于比较理解两者的关系，表 1-1 中列出了当负载较重，电流方向连续不变时，两种工况下各功率开关的通断状态和电枢电压状况，以进行比较。负载较轻时，电流在一个周期内也会来回变向，这时各管导通和截止的变化还要多些，读者可以自行分析。

表 1-1　双极式和单极式可逆 PWM 变换器的比较（当负载较重时）

控制方式	电动机转向	$0 \leq t < t_{on}$		$t_{on} \leq t < T$		PWM 电压系数调节范围
		开关状况	U_{AB}	开关状况	U_{AB}	
双极式	正 转	VT_1、VT_4 导通 VT_2、VT_3 截止	$+U_s$	VT_1、VT_4 截止 VD_2、VD_3 续流	$-U_s$	$0 \leq \gamma \leq 1$
	反 转	VD_1、VD_4 续流 VT_2、VT_3 截止	$+U_s$	VT_1、VT_4 截止 VT_2、VT_3 导通	$-U_s$	$-1 \leq \gamma \leq 0$
单极式	正 转	VT_1、VT_4 导通 VT_2、VT_3 截止	$+U_s$	VT_4 导通、VD_2 续流 VT_1、VT_3 截止，VT_2 不通	0	$0 \leq \gamma \leq 1$
	反 转	VT_3 导通、VD_1 续流，VT_2、VT_4 截止、VT_1 不通	0	VT_2、VT_3 导通 VT_1、VT_4 截止	$-U_s$	$-1 \leq \gamma \leq 0$

表 1-1 中单极式变换器的 U_{AB} 一栏表明，在电动机朝一个方向旋转时，PWM 变换器只在一个阶段中输出某一极性的脉冲电压，在另一阶段中 $U_{AB}=0$，这是它所以称作"单极式"变换器的原因。正因为如此，它的输出电压波形和 PWM 电压系数的公式又与不可逆变换器一样了。

由于单极式变换器的 VT_3 和 VT_4 二者之中有一个常通、一个常截止，运行中无需交替导通，因此和双极式变换器相比，开关损耗可降低，装置的可靠性有所提高。

3. 受限单极式可逆 PWM 变换器

单极式变换器在减少开关损耗和提高可靠性方面要比双极式变换器好，但还是有一对 IGBT VT_1 和 VT_2 交替导通和关断，仍有电源直通的危险。研究表 1-1 中各器件的开关状况可以发现，当电动机正转时，在 $0 \leqslant t < t_{on}$ 期间，VT_2 是截止的，在 $t_{on} \leqslant t < T$ 期间，由于经过 VD_2 续流，则 VT_2 也不通。既然如此，不如让 U_{g2} 恒为 0，使 VT_2 一直截止。同样，当电动机反转时，让 U_{g1} 恒为 0，VT_1 一直截止。这样，就不会产生 VT_1、VT_2 直通的故障了。这种控制方式称作受限单极式。

受限单极式可逆变换器在电动机正转时 U_{g2} 恒为 0，VT_2 一直截止，在电动机反转时，U_{g1} 恒为 0，VT_1 一直截止，其他驱动信号和一般单极式变换器相同。如果负载较重，故电流 i_d 在一个方向内连续变化，所有的电压、电流波形都与一般单极式变换器一样。但是当负载较轻时，由于有两个 IGBT 一直处于截止状态，不可能导通，因而不会出现电流改变方向的情况，在续流期间电流衰减到零时（$t=t_d$ 时刻），波形便中断了，这时电枢两端电压跳变到 $U_{AB}=E$，如图 1-13 所示。这种轻载电流断续的现象将使变换器的外特性变软。它使 PWM 调速系统的静、动态性能变差，换来的好处则是可靠性的提高。

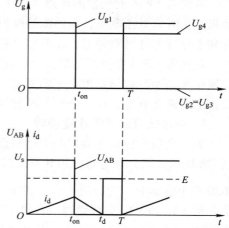

图 1-13 受限单极式 PWM 调速系统轻载时的电压、电流波形

1.5 特种直流伺服电动机

直流伺服电动机有许多优点，如起动转矩大、调速范围广、机械特性和调节特性线性度好、控制方便等，因此获得了广泛的应用。但是，由于直流伺服电动机转子铁心的存在，加上铁心有齿有槽，因而带来性能上的缺陷，如转动惯量大、机电时间常数较大、灵敏度差；低速转矩波动较大、转动不平稳；换向火花大、寿命短、无线电干扰大等，使应用上受到一定的限制。目前国内外已在普通直流伺服电动机的基础上开发出直流力矩电动机和低惯量直流伺服电动机。

1.5.1 直流力矩电动机

在某些自动控制系统中，被控对象的运动速度相对来说是比较低的。例如某种防空雷达天线的最高旋转速度为 90°/s，也就是 15r/min。一般直流伺服电动机的额定转速为 1500r/min 或 3000r/min，甚至 6000r/min，这时就需要用齿轮减速后再去拖动天线旋转。但是齿轮之间的间隙对提高自动控制系统的性能指标不利，它会引起系统在小范围内的振荡和降低系统的刚度。因此，我们希望有一种低转速、大转矩的电动机来直接带动被控对象。

直流力矩电动机就是为满足类似上述这种低转速大转矩负载的需要而设计制造的。这种电动机能够长期在堵转或低速状态下运行，因而不需经过齿轮减速而直接带动负载。它具有反应速度快、转矩和转速波动小、能在低转速下稳定运行、机械特性和调节特性线性度好等优点，特别适用于在位置伺服系统和低速伺服系统中作为执行元件，也适用于需要转矩调节、转矩反馈和需要一定张力的场合。目前直流力矩电动机的转矩已能达到几千 N·m，空载转速为 10r/min 左右。

直流力矩电动机的工作原理和普通直流伺服电动机相同，只是在结构和外形尺寸的比例上有所不同。一般直流伺服电动机为了减少其转动惯量，大部分做成细长的圆柱形。而直流力矩电动机为了能在相同的体积和电枢电压下，产生比较大的转矩和低的转速，一般做成圆盘状，电枢长度和直径之比一般为 0.2 左右。从结构合理性来考虑，一般做成永磁多极式。为了减少转矩和转速的波动，选取较多的槽数、换向片数和串联导体数。

由电枢电动势 E_a 和电磁转矩 T_e 的表达式

$$E_a = \frac{pN}{60a}\Phi n = \left(\frac{\Phi}{60a}\right)(pN)n \tag{1-18}$$

$$T_e = \frac{pN}{2\pi a}\Phi I_a = \left(\frac{\Phi}{\pi}\frac{I_a}{2a}\right)(pN) \tag{1-19}$$

可以看出：在电枢电压 U_a、电枢电动势 E_a、每极磁通 Φ 和导体电流 $i_a = \dfrac{I_a}{2a}$ 相同的条件下，只有增加导体数 N 和极对数 p，才能使转速 n 降低、电磁转矩 T_e 增大。增加电枢直径 D_a，可以使电枢槽面积变大，以便把更多的导体放入槽内。同时电枢直径 D_a 的增加，使电动机定子内径变大，可以放置更多的磁极。这是直流力矩电动机通常做成盘状的原因。

图 1-14 为永磁式直流力矩电动机结构示意图。图中定子 1 是一个用软磁材料制成的带槽的环，在槽中镶入永久磁钢作为主磁场源，这样在气隙中形成了分布较好的磁场。电枢铁心 2 由硅钢片叠压而成，槽中放有电枢绕组 3；槽楔 4 由铜板做成，并兼做换向片，槽楔两端伸出槽外，一端作为电枢绕组接线用，另一端作为换向片；电刷 5 装在电刷架 6 上。

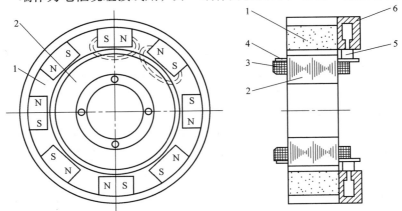

图 1-14　直流力矩电动机结构示意图
1—定子　2—电枢铁心　3—电枢绕组　4—槽楔　5—电刷　6—电刷架

1.5.2 低惯量直流伺服电动机

1. 杯形转子直流伺服电动机

杯形转子直流伺服电动机又称动圈式直流伺服电动机，其结构如图 1-15 所示。这种电机的杯形电枢绕组是用导线绕在绕线模上，然后用环氧树脂定形做成的。杯形转子内外两侧有内外定子构成磁路。由于转子内外侧都需要有足够的气隙，所以气隙大、磁阻大、磁动势利用率低。采用高性能永磁材料可以缩小电动机直径、减小体积，发挥其优势。

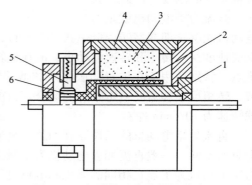

图 1-15 杯形转子直流伺服电动机
1—内磁轭 2—电枢绕组 3—永久磁钢
4—机壳（外磁轭） 5—电刷 6—换向器

这种电机的特点是：

1）低惯量。由于转子无铁心，且薄壁细长、惯量极低，有超低惯量电动机之称。

2）灵敏度高。因转子绕组散热条件好，绕组的电流密度可取到 $30A/mm^2$，并且永久磁钢磁能积大，可提高气隙的磁通密度，所以力矩大。因而转矩与转动惯量之比很大，电动机的机电时间常数很小（最小在 1ms 以下），灵敏度高、快速性好。其始动电压在 100mV 以下，可完成 250 个/s 起 – 停循环。

3）损耗小，效率高。因转子中无磁滞和涡流造成的铁耗，所以效率可达 80% 或更高。

4）力矩波动小，低速转动平稳，噪声很小。由于绕组在气隙中均匀分布，不存在齿槽效应，因此力矩传递均匀，波动小，故运行时噪声小，低速运转平稳。

5）换向性能好，寿命长。直流电动机的换向元件中存在着方向相同的自感电动势 e_L 和电枢反应电动势 e_a，它们在换向元件中产生附加电流 i_K。当换向元件即将结束换向离开电刷时，该附加电流被迫中断，此时换向元件放出电磁能 $Li_K^2/2$（L 是换向元件的自感）使电刷下产生火花，犹如拉断开关产生电弧一样。由于杯形转子无铁心，换向元件电感很小，几乎不产生火花，换向性能好，因此大大提高了电动机的寿命。据有关资料介绍，这种电动机的寿命可达 3000 ~ 5000h，甚至高于 10000h。由于换向火花很小，可大大减少对无线电的干扰。

杯形转子直流伺服电动机在国外已系列化生产，输出功率从零点几瓦至 5kW，多用于高精度自动控制系统及测量装置等设备中，如电视摄像机、各种录音机、X – Y 函数记录仪、机床控制系统等。其用途日益广泛，是今后直流伺服电动机的发展方向。

2. 印制绕组直流伺服电动机

印制绕组直流伺服电动机的结构如图 1-16 所示。其转子呈薄片圆盘状，厚度一般为 1.5 ~ 2mm，转子的绝缘基片是环氧玻璃布胶板。胶合在基片两侧的铜箔用印制电路制成双面电枢绕组，电枢导体还兼作换向片。定子由永久磁钢和前后盘状轭铁组成，轭铁兼作前后端盖。组成多极的磁钢胶合在轭铁一侧，在电机中形成轴向的平面气隙。印制绕组直流电动机特点是：

1）电机结构简单，制造成本低。

2）起动转矩大。由于电枢绕组全部在气隙中，散热良好，其绕组电流密度比一般普通直流伺服电动机高 10 倍以上，因此允许的起动电流大，起动转矩也大。

3）力矩波动很小、低速运行稳定、调速范围广而平滑，能在 1:20 的速比范围内可靠平稳运行。这主要是由于这种电动机没有齿槽效应以及电枢元件数、换向片数很多的缘故。

4）换向性能好。电枢由非磁性材料组成，换向元件电感小，所以换向火花小。

5）电枢转动惯量小、反应快，机电时间常数一般为 10～15ms，属于中等低惯量伺服电动机。

印制绕组直流伺服电动机由于气隙大，主磁极漏磁大，磁动势利用率不高，因而效率不高；而且电枢直径大，限制了机电时间常数进一步降低。为此美国设计了一种空心圆筒形的印制绕组直流伺服电动机（先在一长方形的绝缘板上布置好印制绕组，然后卷成圆筒形），实际上它是一种印制绕组杯形电动机，也有内外定子。显然，它的性能比圆盘式印制绕组电动机好，尤其是时间常数可以显著降低，它适用于高灵敏度伺服系统中。

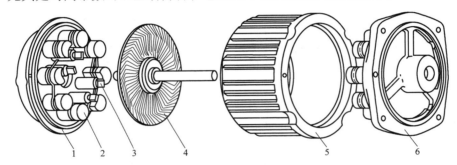

图 1-16　印制绕组直流伺服电动机

1—后轭铁（端盖）　2—永久磁钢　3—电刷　4—印制绕组　5—机壳　6—前轭铁（端盖）

3. 无槽电枢直流伺服电动机

无槽电枢直流伺服电动机的结构和普通直流伺服电动机的差别仅仅是电枢铁心是光滑、无槽的圆柱体。电枢的制造是将绕组敷设在光滑电枢铁心表面，用环氧树脂固化成形并与铁心粘结在一起，其气隙尺寸比较大，比普通的直流伺服电动机大 10 倍以上，定子励磁一般采用高磁能的永久磁钢。

由于无槽电枢直流伺服电动机在磁路上不存在齿部磁通密度饱和的问题，因此就可能大大提高电动机的气隙磁通密度和减小电枢的外径。这种电动机的气隙磁通密度可达 1T 以上，是普通直流伺服电动机的 1.5 倍左右；电枢的长度与外径之比大于 5。所以，无槽电枢伺服电动机具有转动惯量低、起动转矩大、反应快、起动灵敏度高、转速平稳、低速运行均匀、换向性能良好等优点。目前电动机的输出功率在几十瓦～10kW，机电时间常数为 5～10ms，主要用于要求快速动作、功率较大的系统，例如数控机床和雷达天线驱动等方面。

1.6　直线直流电动机

直线直流电动机是把直流电压转换为直线位移或速度的一种新颖电动机，广泛应用于工业检测、自动控制、信息系统等技术领域。直线直流电动机按励磁方式可分为永磁式和电磁式两大类。前者多用于驱动功率较小的场合，如自动控制仪器、仪表等；后者则用于驱动功率较大的场合。

1.6.1 永磁式直线直流电动机

永磁式直线直流电动机的磁极由永久磁钢做成。按照它的结构特征可分为动圈型和动铁型两种。

动圈型在实际中用得较多，其原理结构如图1-17所示。永久磁钢在气隙中产生磁场，当可移动线圈中通入直流电流时，便产生电磁力。只要电磁力大于滑轨上的静摩擦阻力，线圈就沿着滑轨做直线运动，其运动的方向可由左手定则确定。改变线圈中直流电流的大小和方向，即可改变电磁力的大小和方向。电磁力的大小为

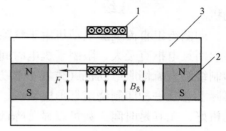

图1-17 动圈型直线永磁直流
电动机原理结构图
1—移动线圈 2—永久磁钢 3—软铁

$$F = B_\delta l N I_a \qquad (1-20)$$

式中，B_δ 为线圈边所在空间的磁通密度；l 为线圈每匝导体在磁场中的平均有效长度；N 为线圈匝数；I_a 为线圈中的电流。

图1-18 和图1-19 给出了两种动圈型直线直流电动机的典型实用结构。图1-18 为带有平面矩形磁钢的直线电动机，它结构简单，但线圈总体没有得到充分利用；在小气隙中，活动系统的定位较困难；漏磁通大，即磁钢未得到充分利用。图1-19 是带有环形磁钢的直线电动机，其结构主要是圆筒形的，导体的有效长度能得到充分利用。

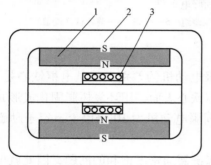

图1-18 矩形磁钢动圈型永磁式直线直流电动机
1—矩形磁钢 2—软铁 3—移动线圈

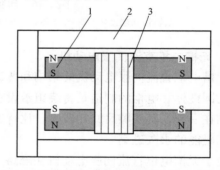

图1-19 环形磁钢动圈型永磁式直线直流电动机
1—环形磁钢 2—圆筒形导磁体 3—移动线圈

这种磁场固定、线圈可动的结构及原理类似于扬声器，因此又称为音圈电动机。它具有体积小、效率高、成本低等优点。

动铁型永磁式直线直流电动机的结构如图1-20所示，在一个软铁框架上套有线圈，该线圈的长度要包括整个行程。显然，当这种结构形式的线圈流过电流时，不工作的部分要白白消耗能量。为了降低电能的消耗，可将绕组的外表面进行加工使导体裸露出来，通过安装在磁极上的

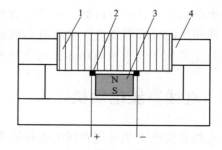

图1-20 动铁型永磁式直线直流电动机
1—固定线圈 2—电刷 3—永久磁钢 4—软铁

电刷把电流引入线圈中。这样，当磁钢移动时，电刷跟着滑动，只让线圈的工作部分通电，电动机的运行效率可以提高。但由于电刷存在磨损，降低了电动机的可靠性和寿命。另外，它的电枢较长，电枢线圈用铜量较大。优点是电动机行程可做得很长，还可做成无接触式直线直流电动机。

1.6.2 电磁式直线直流电动机

电磁式直线直流电动机也有动圈型和动铁型两种。图 1-21 所示为动圈型直线直流电动机的结构示意图。励磁线圈通电后产生磁通与移动线圈的通电导体相互作用产生电磁力，克服滑轨上的静摩擦力，移动线圈便做直线运动。

对于动圈型直线直流电动机，电磁式的成本要比永磁式低。因为永磁式所用的永磁材料在整个行程上都存在，而电磁式只用一般材料的励磁线圈即可；永磁材料质硬，机械加工费用大。电磁式可通过串、并联励磁线圈和附加补偿绕组等方式改善电动机的性能，灵活性较强。但与永磁式相比，电磁式多了一项励磁损耗。

动铁型电磁式直线直流电动机通常做成多极式，如图 1-22 所示。当环形励磁线圈通电时，便产生磁通，径向穿过气隙和电枢线圈。径向气隙磁场与通电的电枢线圈相互作用产生轴向电磁力，推动磁极做直线运动。电刷安装在磁极上随磁极运动。电刷在剥出漆皮的电枢线圈表面滑动就相当于电刷在换向器上移动，以保证在某极下电枢线圈的电流方向在运动中始终不变，从而保证电枢始终受到一定方向的电磁力。

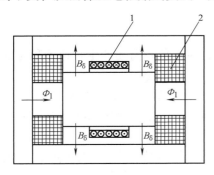

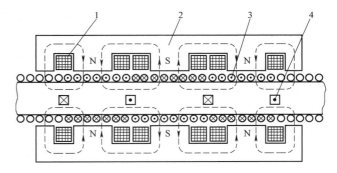

图 1-21 动圈型电磁式直线直流电动机
1—移动线圈 2—励磁线圈

图 1-22 动铁型电磁式多极直线直流电动机
1—励磁线圈 2—软铁 3—电枢线圈 4—电刷

思考题与习题

1. 一台直流电动机，其额定电压为 110V、额定电枢电流为 0.4A、额定转速为 3600r/min、电枢电阻为 50Ω、空载阻转矩 $T_0 = 0.015\text{N} \cdot \text{m}$。试问电动机的额定负载转矩是多少？

2. 一台型号为 55SZ54 的直流伺服电动机，其额定电压为 110V、额定电枢电流为 0.46A、额定转矩为 0.093N·m、额定转速为 3000r/min。忽略电动机本身的空载阻转矩 T_0，试求电机在额定运行状态时的反电动势 E_a 和电枢电阻 R_a。

3. 伺服电动机的型号为 70SZ54，其额定数据为：$P_N = 55\text{W}$，$U_N = U_f = 110\text{V}$，效率 $\eta_N = 62.5\%$，$n_N = 3000\text{r/min}$，空载阻转矩 $T_0 = 0.0714\text{N} \cdot \text{m}$。试求额定运行时电动机的电

枢电流 I_{aN}、电磁转矩 T_e、反电动势 E_{aN} 和电枢电阻 R_a。

4. 由两台完全相同的直流电机组成的电动机–发电机组，它们的励磁电压均为 110V，电枢绕组电阻均为 75Ω。当发电机空载时，电动机电枢加 110V 电压，电枢电流为 0.12A，机组的转速为 4500r/min。试求：

（1）发电机空载时的输出电压为多少？

（2）电动机仍加 110V 电压，发电机负载电阻为 $1k\Omega$ 时，机组的转速为多少？

5. 试用分析电枢控制时的类似方法，推导出电枢绕组加恒定电压，而励磁绕组加控制电压时直流伺服电动机的机械特性和调节特性。并说明这种控制方式有哪些缺点？

6. 若直流伺服电动机的励磁电压下降，对电动机的机械特性和调节特性将会产生哪些影响？

7. 电枢控制的直流伺服电动机，当控制电压和励磁电压都不变时，电动机轴上的负载转矩减小，试问这时电动机控制电流 I_a、电磁转矩 T_e 和转速 n 都会有哪些变化？并说明由原来的稳态到达新稳态的物理过程。

8. 直流伺服电动机的机械特性为什么是一条下倾的直线？为什么放大器的内阻越大，机械特性就越软？

9. 直流伺服电动机在不带负载时，其调节特性有无死区？调节特性死区的大小与哪些因素有关？

10. 当直流伺服电机运行在电动机、发电机、反接制动、能耗制动四个状态时，电磁转矩与转速的方向成什么关系？它们的能量流向有什么特点？

11. 试述机电时间常数的物理意义。

12. 直流伺服电动机，当转速很低时会出现转速不稳定现象。简述产生转速不稳定的原因及其对控制系统产生的影响。

13. 一台直流伺服电动机带动恒转矩负载（即负载转矩保持不变），测得始动电压 $U_{a0} = 4V$，当电枢电压为 50V 时，其转速为 1500r/min。若要求转速达到 3000r/min，试问要加多高的电枢电压？

14. 一台直流伺服电动机，其额定电枢电压和励磁电压都为 110V，额定电枢电流为 0.46A，额定转速为 3000r/min，额定转矩为 $0.09N \cdot m$，忽略空载阻转矩 T_0。要求：

（1）绘出电枢电压为 110V 和 80V 时的机械特性曲线；

（2）当负载转矩为 $0.08N \cdot m$、电枢电压为 80V 时电动机的转速；

（3）对应于该负载和电压下的堵转转矩 T_k 和始动电压 U_{a0}。

15. 已知一台直流伺服电动机的电枢电压 $U_a = 110V$，空载电流 $I_{a0} = 0.055A$，空载转速 $n_0' = 4600r/min$，电枢电阻 $R_a = 80\Omega$。试求：

（1）当电枢电压 $U_a = 67.5V$ 时的理想空载转速 n_0 和堵转转矩 T_k；

（2）该电动机若用放大器控制，放大器的内阻 $R = 80\Omega$、开路电压 $U_i = 67.5V$。求这时的理想空载转速 n_0 和堵转转矩 T_k。

第2章　交流感应伺服电动机

传统的交流伺服电动机是指两相感应伺服电动机，由于受性能限制，主要应用于几十瓦以下的小功率场合。近年来，随着电机理论、电力电子技术、计算机控制技术及自动控制理论等学科领域的发展，三相感应电动机及永磁同步电动机的伺服性能大为改进，采用三相感应电动机及永磁同步电动机的交流伺服系统在高性能领域应用日益广泛。本章首先对传统的两相感应伺服电动机进行较详细的讨论，最后对三相感应电动机矢量控制技术及其伺服控制系统进行介绍。永磁同步伺服电动机将在第3章予以讨论。

2.1　两相感应伺服电动机的结构特点与控制方式

2.1.1　概述

两相感应伺服电动机的基本结构和工作原理与普通感应电动机相似，从结构上看，其由定子和转子两大部分构成。定子铁心中安放多相交流绕组，转子绕组为自行闭合的多相对称绕组。运行时定子绕组通入交流电流，产生旋转磁场，在闭合的转子绕组中感应电动势，产生转子电流，转子电流与磁场相互作用产生电磁转矩。只是为了控制方便，在这里定子为两相绕组，它们在空间相差90°电角度。其中一相绕组为励磁绕组，运行时接至电压为 U_f 的交流电源上；另一相则为控制绕组，施加与 U_f 同频率、大小或相位可调的控制电压 U_c，通过 U_c 控制伺服电动机的起、停及运行转速。值得注意的是，由于励磁绕组电压 U_f 固定不变，而控制电压 U_c 是变化的，故通常情况下两相绕组中的电流不对称，电动机中的气隙磁场也不是圆形旋转磁场，而是椭圆形旋转磁场。

与直流伺服电动机一样，两相感应伺服电动机在控制系统中也被用作执行元件，自动控制系统对它的基本要求主要有以下几个方面：

1）伺服电动机的转速能随着控制电压的变化在宽广的范围内连续调节。

2）整个运行范围内的机械特性应接近线性，以保证伺服电动机运行的稳定性，并有利于提高控制系统的动态精度。

3）无"自转"现象。即当控制电压为零时，伺服电动机应立即停转。

4）伺服电动机的机电时间常数要小，动态响应要快。为此，要求伺服电动机的堵转转矩大，转动惯量小。

为了满足上述要求，在具体结构和参数上两相感应伺服电动机与普通感应电动机相比有着不同的特点。

2.1.2　两相感应伺服电动机在结构和参数上的特点

1. 两相感应伺服电动机的转子结构

两相感应伺服电动机就转子结构形式而言通常有三种：笼型转子、非磁性空心杯转子和铁磁性空心杯转子。由于铁磁性空心杯转子应用较少,下面仅就前两种结构进行介绍。

（1）笼型转子

这种转子在结构上与普通笼型感应电动机的转子相似,只是为了减少转动惯量,需做的细而长。转子笼的导条和端环可以用铜（通常采用高电阻率的黄铜或青铜等）制造,也可以采用铸铝转子。

（2）非磁性空心杯形转子

非磁性空心杯形转子两相感应伺服电动机的结构如图 2-1 所示。它的定子分为外定子和内定子两部分,内外定子铁心通常均由硅钢片叠成。外定子铁心槽中放置空间相距90°电角度的两相交流绕组,内定子铁心中一般不放绕组,仅作为磁路的一部分,以减少主磁通磁路的磁阻。在内、外定子之间有细长的空心转子,空心转子做成杯子形状,所以称为空心杯形转子。空心杯由非磁性材料铝或铜制成,它的杯壁极薄,一般在 0.3mm 左右,杯形转子套在内定子铁心外,一端与转轴相连,通过轴可以在内、外定子之间的气隙中自由转动,而内、外定子是不动的。

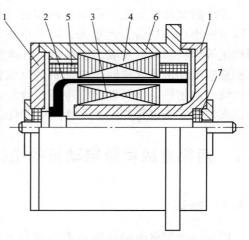

图 2-1　杯形转子两相感应伺服电动机
1—端盖　2—杯形转子　3—内定子铁心
4—外定子铁心　5—定子绕组　6—机壳　7—轴承

杯形转子和笼型转子虽然外表形状看起来不一样,但本质上是一样的,因为杯形转子可以看作是导条数目非常多、导条与导条之间紧靠在一起、两端自行短路的笼型转子。

与笼型转子相比,非磁性杯形转子转动惯量小,轴承摩擦阻转矩小。由于它的转子没有齿和槽,所以定、转子间没有齿槽粘合现象,转矩不会随转子位置不同而发生变化,恒速旋转时,转子一般不会有抖动现象,运转平稳。但由于它内、外定子间的气隙较大（杯壁的厚度加上杯壁两边的气隙）,所以励磁电流大,功率因数低,降低了电动机的利用率,因而在相同的体积与重量下,在一定的功率范围内,杯形转子伺服电动机比笼型转子伺服电动机所产生的转矩和输出功率都小。另外,杯形转子伺服电动机的结构与制造工艺都比较复杂。因此,目前广泛应用的是笼型转子伺服电动机,只有在要求转动惯量小、反应快,以及要求转动非常平稳的某些特殊场合下（如积分电路等）,才采用非磁性空心杯形转子伺服电动机。

2. 两相感应伺服电动机的转子电阻

两相感应伺服电动机除了在转子结构上与普通感应电动机有所不同之外,为了得到尽可能接近线性的机械特性,并实现无"自转"现象,必须具有足够大的转子电阻,这是其与普通感应电动机相比的另外一个重要特点。

普通感应电动机的机械特性曲线如图 2-2 中曲线 1 所示。由电机学原理可知,它带恒转矩负载时的稳定运行区间仅在转差率 s 从 0 到 s_m 这一范围内。普通感应电动机由于转子电阻 r_2' 较小,临界转差率 s_m 约为 0.1~0.2,所以其转速可调范围很小。考虑到 s_m 与转子电阻成正比,而最大转矩与转子电阻无关,随着转子电阻的增大,机械特性曲线变化情况如图 2-2

所示。可见，若转子电阻足够大，可使 $s_m \geqslant$ 1，此时机械特性如图 2-2 曲线 3、4 所示，电磁转矩峰值已移到第二象限，因此在 $0 < s$ $\leqslant 1$ 的范围内呈现出下垂的机械特性，相应地电动机在从零到同步速的整个转速范围内均能稳定运行。

此外，由图 2-2 还可以看到，随着转子电阻的增大，机械特性也更接近于线性。

除了扩大电动机的稳定运行转速范围和使机械特性接近线性之外，增大转子电阻也是为了满足无"自转"现象的要求。对于两相感应伺服电动机，取消控制电压后，即 $U_c = 0$ 时，只有励磁绕组通电，成为单相感

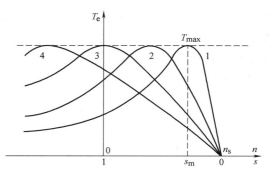

图 2-2　不同转子电阻时的感应电动机机械特性

$$r'_{r4} > r'_{r3} > r'_{r2} > r'_{r1}$$

1—对应于 r'_{r1} 的机械特性　2—对应于 r'_{r2} 的机械特性
3—对应于 r'_{r3} 的机械特性　4—对应于 r'_{r4} 的机械特性

应电动机运行。励磁绕组产生的气隙磁场为脉振磁场，该脉振磁场可以分解成大小相等、转速相同、转向相反的两个圆形旋转磁场，分别称为正向旋转磁场和反向旋转磁场，正、反向旋转磁场均会在转子绕组中感应电流并产生电磁转矩。如果电动机的同步转速为 n_s，转子转速为 n，则转子相对于正向旋转磁场的转差率为 $s_+ = (n_s - n)/n_s = s$，正向旋转磁场与转子感应电流相互作用产生的电磁转矩 $T_1 = f(s_+)$ 如图 2-3 中 T_1 所示。而转子相对于反向旋转磁场的转差率为

$$s_- = \frac{n_s + n}{n_s} = \frac{2n_s - (n_s - n)}{n_s} = 2 - s_+ = 2 - s$$

相应地，反向旋转磁场产生的电磁转矩 $T_2 = f(s_-)$ 如图 2-3 中的 T_2 所示。电动机的总电磁转矩为这两个转矩之差，即 $T_e = T_1 - T_2$，注意这里 T_2 是以反向转矩为正值。T_e 与转差率 s 的关系如图 2-3 中实线所示，这便是单相脉振磁场作用下的机械特性。

由于每一圆形旋转磁场单独作用所产生机械特性的形状与转子电阻大小有关，显然，由正向和反向圆形旋转磁场合成的单相脉振磁场作用下的机械特性，其形状也必然与转子电阻大小有关。

转子电阻较小时，单相运行的机械特性如图 2-3a 所示，在电机作为电动机运行的转差范围内（即 $0 < s < 1$ 时），由于 $T_1 > T_2$，合成转矩 $T_e = T_1 - T_2 > 0$（转速接近同步转速 n_s 时除外）。若电动机所带负载为一恒转矩负载 T_L，有控制电压（$U_c \neq 0$）的机械特性为 $T'_e = f(s)$，则电动机运行在两者相交的 A 点。当突然切除控制电压，即令 $U_c = 0$ 时，因单相脉振磁场对应的机械特性 $T_e = f(s)$ 上的最大转矩 $T_{em} > T_L$，二者将交于 B 点，所以电动机不能停止转动，而是以转差率 s_1 稳定运行于 B 点。可见，若转子电阻较小，无控制信号时电动机也可能继续旋转，造成失控，这种现象就是所谓的"自转"现象。

增大转子电阻，正、反向旋转磁场产生最大转矩所对应的临界转差率将增大，相应的 T_1、T_2 及合成转矩 T_e 如图 2-3b 所示，可见电动机的合成转矩随之减少。但由于在 $0 < s < 1$ 的范围内，T_e 仍大部分为正值，如果最大转矩 T_{em} 仍大于 T_L，则电动机将稳定运行于 C 点，仍存在自转现象，只是转速较低。

如果转子电阻足够大，致使正向旋转磁场产生最大转矩对应的转差率 $s_{m+} > 1$，则可使

单相运行时电动机的合成电磁转矩在电动机运行范围内均为负值，即在 $0 < s < 1$ 的范围内均有 $T_e < 0$，如图 2-3c 所示。这样当控制电压消失后，由于电磁转矩为制动性转矩，在电磁转矩和负载转矩的共同作用下电动机将迅速停止旋转。可见在这种条件下，电动机不会产生自转现象。因此，增大转子电阻也是克服两相感应伺服电动机"自转"现象的有效措施。

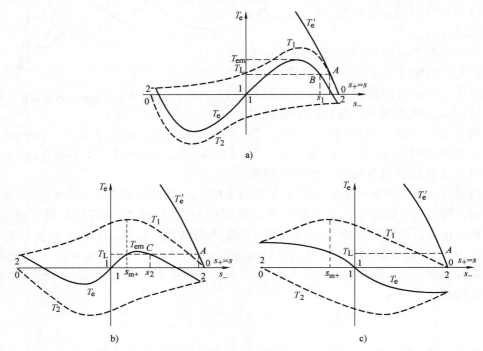

图 2-3　自转现象与转子电阻的关系

a）转子电阻较小时　b）增大转子电阻但 $s_{m+} < 1$　c）增大转子电阻至 $s_{m+} > 1$

2.1.3　两相感应伺服电动机的控制方式

前已述及，两相感应伺服电动机运行时，其励磁绕组接到电压为 U_f 的交流电源上，通过改变控制绕组电压 U_c 控制伺服电动机的起、停及运行转速。由电机学原理可知，不论改变控制电压的大小还是它与励磁绕组电压之间的相位角，都能使两相绕组在电动机气隙中产生的旋转磁场的椭圆度发生变化，从而改变电机的转矩 - 转速特性及一定负载转矩下的转速。因此两相感应伺服电动机的控制方式有三种：①幅值控制；②相位控制；③幅值 - 相位控制。

1. 幅值控制

采用幅值控制时，励磁绕组电压始终保持额定值不变，且控制电压 $\dot{U}_c$ 与励磁电压 $\dot{U}_f$ 之间的相位角 β 始终保持 $90°$ 电角度，仅通过调节控制绕组电压的大小来改变电动机的转速。其原理电路和电压相量图如图 2-4 所示，图中用 α 表示控制电压的大小，$\alpha = U_c / U_1$。当控制电压 $\dot{U}_c = 0$ 时，电动机停转。

2. 相位控制

采用相位控制时，控制绕组和励磁绕组的电压大小均保持额定值不变，仅通过调节控

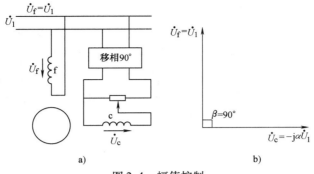

图 2-4　幅值控制

a）原理电路图　b）电压相量图

制电压的相位，即改变控制电压与励磁电压之间的相位角 β，实现对电动机的控制。相位控制时的原理电路和电压相量图如图 2-5 所示。当 $\beta = 0°$ 时，两相绕组产生的气隙合成磁场为脉振磁场，电动机停转。

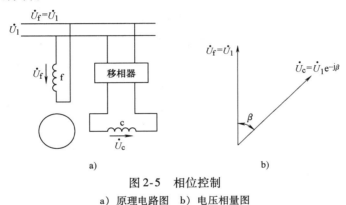

图 2-5　相位控制

a）原理电路图　b）电压相量图

3. 幅值 – 相位控制

幅值 – 相位控制也称电容控制。这种控制方式是将励磁绕组串联电容器 C_a 之后，接到交流电源 $\dot{U}_1$ 上，而控制绕组电压 $\dot{U}_c$ 的相位始终与 $\dot{U}_1$ 相同，通过调节控制电压 $\dot{U}_c$ 的幅值来改变电动机的转速，其原理电路如图 2-6a 所示。

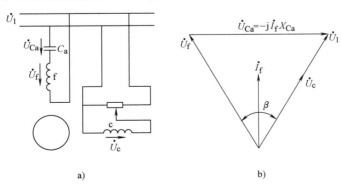

图 2-6　幅值 – 相位控制

a）原理电路图　b）电压相量图

采用幅值－相位控制时，励磁绕组电压 $\dot{U}_f = \dot{U}_1 - \dot{U}_{Ca}$，电压相量图如图 2-6b 所示，图中 X_{Ca} 为电容器 C_a 的容抗。当调节控制绕组电压的幅值改变电动机的转速时，由于转子绕组的耦合作用，励磁绕组电流 $\dot{I}_f$ 发生变化，从而使励磁绕组电压 $\dot{U}_f$ 及串联电容上的电压 $\dot{U}_{Ca}$ 也随之改变。可见在这种控制方式下控制绕组电压 $\dot{U}_c$ 和励磁绕组电压 $\dot{U}_f$ 的大小及它们之间的相位角 β 都是变化的，故称为幅值－相位控制。这种控制方式不需要复杂的移相装置，利用串联电容就能在单相交流电源上获得控制电压和励磁电压的分相，所以设备简单、成本较低，是实际应用中最常见的一种控制方式。

2.2 两相感应伺服电动机的理论分析

两相感应伺服电动机的定子两相绕组轴线在空间相差 90° 电角度，但实际电动机中两相绕组的有效匝数并不一定相同，即定子绕组不一定是两相对称绕组；在电动机运行时，为了调节电动机的转速，控制电压的大小或相位又是变化的，因此通常情况下两相感应伺服电动机是一种在两相不对称绕组上施加两相不对称电压运行的感应电动机。对这种不对称运行的两相感应电动机进行分析时，可以采用正、反转磁场法，也可以采用对称分量法。所谓的正、反转磁场法是把电动机两相绕组产生的椭圆形旋转磁场分解成正转和反转两个圆形旋转磁场进行分析。而对称分量法则是把电动机两相绕组的不对称磁动势分解为两组对称的磁动势来研究。其中一组对称磁动势的相序与外施电压的相序一致，称为正序分量；另一组对称磁动势的相序与外施电压相序相反，称为负序分量。利用电机学中的感应电动机原理，可以方便地得到正、负序分量分别作用时的等效电路，进而导出有关计算公式。本章将采用对称分量法来分析两相感应伺服电动机的运行特性。

2.2.1 两相感应伺服电动机的对称分量法

设电动机控制绕组电流为 $\dot{I}_c$，产生磁动势为 $\dot{F}_c$，励磁绕组电流为 $\dot{I}_f$，产生磁动势为 $\dot{F}_f$，则磁动势 $\dot{F}_c$ 和 $\dot{F}_f$ 构成一个两相不对称系统。如图 2-7 所示，采用对称分量法时，我们将 $\dot{F}_f$ 分解成两个分量 $\dot{F}_{f1}$ 和 $\dot{F}_{f2}$，将 $\dot{F}_c$ 分解成 $\dot{F}_{c1}$ 和 $\dot{F}_{c2}$，其中 $\dot{F}_{f1}$ 与 $\dot{F}_{c1}$ 大小相等，相位上 $\dot{F}_{c1}$ 滞后 $\dot{F}_{f1}$ 90° 电角度，因此 $\dot{F}_{f1}$ 和 $\dot{F}_{c1}$ 为磁动势的正序分量；而 $\dot{F}_{f2}$ 和 $\dot{F}_{c2}$ 大小相等，相位上 $\dot{F}_{c2}$ 领先 $\dot{F}_{f2}$ 90° 电角度，为磁动势的负序分量。

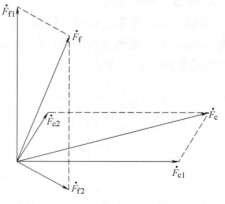

图 2-7 两相感应伺服电动机的对称分量法

据此，磁动势 $\dot{F}_f$、$\dot{F}_c$ 及其各个分量之间应有如下关系：

$$\left.\begin{aligned} \dot{F}_f &= \dot{F}_{f1} + \dot{F}_{f2} \\ \dot{F}_c &= \dot{F}_{c1} + \dot{F}_{c2} \end{aligned}\right\} \tag{2-1}$$

$$\left.\begin{array}{l} \dot{F}_{\mathrm{f1}} = \mathrm{j}\dot{F}_{\mathrm{c1}} \\ \dot{F}_{\mathrm{f2}} = -\mathrm{j}\dot{F}_{\mathrm{c2}} \end{array}\right\} \tag{2-2}$$

根据式（2-1）和式（2-2），由磁动势 $\dot{F}_{\mathrm{f}}$ 和 $\dot{F}_{\mathrm{c}}$ 可求得其各分量如下：

$$\left.\begin{array}{l} \dot{F}_{\mathrm{f1}} = \dfrac{1}{2}(\dot{F}_{\mathrm{f}} + \mathrm{j}\dot{F}_{\mathrm{c}}) \\[2mm] \dot{F}_{\mathrm{f2}} = \dfrac{1}{2}(\dot{F}_{\mathrm{f}} - \mathrm{j}\dot{F}_{\mathrm{c}}) \\[2mm] \dot{F}_{\mathrm{c1}} = \dfrac{1}{2}(-\mathrm{j}\dot{F}_{\mathrm{f}} + \dot{F}_{\mathrm{c}}) \\[2mm] \dot{F}_{\mathrm{c2}} = \dfrac{1}{2}(\mathrm{j}\dot{F}_{\mathrm{f}} + \dot{F}_{\mathrm{c}}) \end{array}\right\} \tag{2-3}$$

这样，正序分量 $\dot{F}_{\mathrm{f1}}$ 和 $\dot{F}_{\mathrm{c1}}$ 在电动机气隙中形成正向旋转的圆形旋转磁场，负序分量 $\dot{F}_{\mathrm{f2}}$ 和 $\dot{F}_{\mathrm{c2}}$ 形成反向旋转的圆形旋转磁场，通过分别分析它们的作用结果，叠加后即可得到不对称运行条件下两相感应伺服电动机的运行特性。

考虑到两相感应伺服电动机中两相绕组的有效匝数可能不等，会给分析、计算带来不便，为便于分析，常将励磁绕组各量归算到控制绕组。

设控制绕组有效匝数为 $N_{\mathrm{c}}k_{\mathrm{wc}}$，励磁绕组有效匝数为 $N_{\mathrm{f}}k_{\mathrm{wf}}$，则控制绕组每极每相基波磁动势为

$$\dot{F}_{\mathrm{c}} = 0.9\,\frac{N_{\mathrm{c}}k_{\mathrm{wc}}}{p}\dot{I}_{\mathrm{c}} \tag{2-4}$$

式中，p 为极对数。

励磁绕组每极每相基波磁动势为

$$\dot{F}_{\mathrm{f}} = 0.9\,\frac{N_{\mathrm{f}}k_{\mathrm{wf}}}{p}\dot{I}_{\mathrm{f}} = 0.9\,\frac{N_{\mathrm{c}}k_{\mathrm{wc}}}{p}\,\frac{\dot{I}_{\mathrm{f}}}{\dfrac{N_{\mathrm{c}}k_{\mathrm{wc}}}{N_{\mathrm{f}}k_{\mathrm{wf}}}} \tag{2-5}$$

$$= 0.9\,\frac{N_{\mathrm{c}}k_{\mathrm{wc}}}{p}\,\frac{\dot{I}_{\mathrm{f}}}{k_{\mathrm{cf}}} = 0.9\,\frac{N_{\mathrm{c}}k_{\mathrm{wc}}}{p}\dot{I}'_{\mathrm{f}}$$

式中，k_{cf} 为控制绕组和励磁绕组的有效匝数比，$k_{\mathrm{cf}} = \dfrac{N_{\mathrm{c}}k_{\mathrm{wc}}}{N_{\mathrm{f}}k_{\mathrm{wf}}}$；$\dot{I}'_{\mathrm{f}}$ 为励磁绕组电流归算值，$\dot{I}'_{\mathrm{f}} = \dfrac{\dot{I}_{\mathrm{f}}}{k_{\mathrm{cf}}}$。

将式（2-4）和式（2-5）代入式（2-1）~式（2-3），可得

$$\left.\begin{array}{l} \dot{I}'_{\mathrm{f}} = \dot{I}'_{\mathrm{f1}} + \dot{I}'_{\mathrm{f2}} \\ \dot{I}_{\mathrm{c}} = \dot{I}_{\mathrm{c1}} + \dot{I}_{\mathrm{c2}} \end{array}\right\} \tag{2-6}$$

$$\left.\begin{array}{l} \dot{I}'_{\mathrm{f1}} = \mathrm{j}\dot{I}_{\mathrm{c1}} \\ \dot{I}'_{\mathrm{f2}} = -\mathrm{j}\dot{I}_{\mathrm{c2}} \end{array}\right\} \tag{2-7}$$

$$\left.\begin{aligned}
\dot{I}'_{f1} &= \frac{1}{2}(\dot{I}'_f + j\dot{I}_c) \\
\dot{I}'_{f2} &= \frac{1}{2}(\dot{I}'_f - j\dot{I}_c) \\
\dot{I}_{c1} &= \frac{1}{2}(-j\dot{I}'_f + \dot{I}_c) \\
\dot{I}_{c2} &= \frac{1}{2}(j\dot{I}'_f + \dot{I}_c)
\end{aligned}\right\}$$

(2-8)

式中，$\dot{I}_{c1}$、$\dot{I}_{c2}$ 分别为控制绕组电流的正序分量和负序分量；$\dot{I}'_{f1}$、$\dot{I}'_{f2}$ 分别为励磁绕组电流正序分量和负序分量的归算值。

2.2.2 等效电路

应用对称分量法对电动机性能进行分析时，为了计算两相绕组外施电压一定时的绕组电流及其正、负序分量，必须分别建立正、负序磁动势单独作用时的等效电路。为了使所得结果具有普遍意义，下面以图 2-8 所示励磁绕组串联电容器 C_a 的幅值 – 相位控制电路为例进行讨论，若令电容器的容抗 $X_{Ca} = 0$，即为幅值控制或相位控制时的电路。

由感应电动机原理可知，当正序分量单独作用时控制绕组和励磁绕组的等效电路分别如图 2-9a 和图 2-9b 所示。图中励磁绕组各量均已归算到控制绕组，并且为了简化分析，略去了电动机的铁心损耗，励磁支路上只有励磁电抗 X_{mc}。

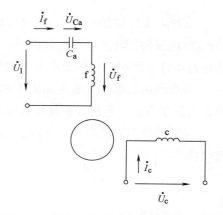

图 2-8　两相感应伺服电动机原理电路图

这里还有一点需要说明，电机学中分析三相电动机时，由于三相绕组对称，在圆形旋转磁场作用下各相绕组的电压、电流等也是对称的，故只需建立一相的等效电路，对一相进行分析计算即可。而对于两相感应伺服电动机而言，由于两相绕组不对称，故需分别建立它们的等效电路。

当负序分量单独作用时，考虑到转子相对反向旋转磁场的转差率 $s_- = 2 - s$，控制绕组和励磁绕组的负序等效电路分别如图 2-9c 和图 2-9d 所示。

图 2-9 中，R_{sc}、X_{sc} 分别为控制绕组的电阻和漏抗；r'_r、X'_r 为转子绕组电阻和漏抗归算到控制绕组的归算值；R'_{sf}、X'_{sf} 为励磁绕组电阻和漏抗归算到控制绕组的归算值，$R'_{sf} = k^2_{cf}R_{sf}$，$X'_{sf} = k^2_{cf}X_{sf}$；X'_{Ca} 为电容器容抗的归算值，$X'_{Ca} = k^2_{cf}X_{Ca}$；$\dot{U}_{c1}$、$\dot{U}_{c2}$ 为控制绕组电压的正、负序分量；$\dot{U}'_{11}$、$\dot{U}'_{12}$ 和 $\dot{U}'_{f1}$、$\dot{U}'_{f2}$ 分别为归算到控制绕组的外施电压 $\dot{U}'_1$ 和励磁绕组电压 $\dot{U}'_f$ 的正、负序分量。

通常情况下，两相感应伺服电动机的励磁绕组和控制绕组所占槽数及绕组型式完全相同，且两绕组在槽中的铜线面积也基本相等，所以归算后两绕组的电阻和漏抗分别近似相等，即有

$$R'_{sf} = k_{cf}^2 R_{sf} \approx R_{sc}$$
$$X'_{sf} = k_{cf}^2 X_{sf} \approx X_{sc}$$

(2-9)

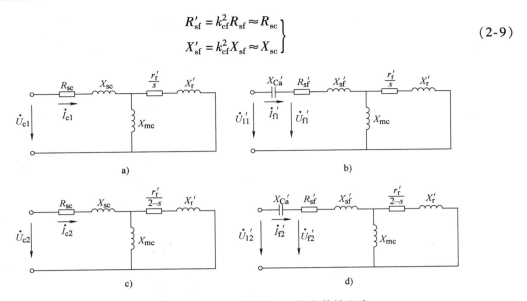

图 2-9 两相感应伺服电动机的正、负序等效电路

a）控制绕组正序等效电路　b）励磁绕组正序等效电路
c）控制绕组负序等效电路　d）励磁绕组负序等效电路

若将图 2-9 中各等效电路的励磁支路和转子支路并联，可得图 2-10 所示的等效电路。其中

$$R'_{rm1} = \frac{X_{mc}^2 \frac{r'_r}{s}}{\left(\frac{r'_r}{s}\right)^2 + (X_{mc} + X'_r)^2} = \frac{X_{mc}^2 r'_r s}{r_r'^2 + s^2 (X_{mc} + X'_r)^2}$$

$$X'_{rm1} = \frac{X_{mc}\left(\frac{r'_r}{s}\right)^2 + X_{mc}X'_r(X_{mc} + X'_r)}{\left(\frac{r'_r}{s}\right)^2 + (X_{mc} + X'_r)^2} = \frac{X_{mc}r_r'^2 + s^2 X_{mc}X'_r(X_{mc} + X'_r)}{r_r'^2 + s^2 (X_{mc} + X'_r)^2}$$

$$R'_{rm2} = \frac{X_{mc}^2 \frac{r'_r}{2-s}}{\left(\frac{r'_r}{2-s}\right)^2 + (X_{mc} + X'_r)^2} = \frac{X_{mc}^2 r'_r(2-s)}{r_r'^2 + (2-s)^2 (X_{mc} + X'_r)^2}$$

$$X'_{rm2} = \frac{X_{mc}\left(\frac{r'_r}{2-s}\right)^2 + X_{mc}X'_r(X_{mc} + X'_r)}{\left(\frac{r'_r}{2-s}\right)^2 + (X_{mc} + X'_r)^2} = \frac{X_{mc}r_r'^2 + (2-s)^2 X_{mc}X'_r(X_{mc} + X'_r)}{r_r'^2 + (2-s)^2 (X_{mc} + X'_r)^2}$$

(2-10)

由式（2-10）可见，R'_{rm1}、X'_{rm1}、R'_{rm2}、X'_{rm2} 均为转差率 s 的函数，即这些参数均随电动机转速的变化而变化。

根据图 2-10，控制绕组的正、负序电压方程分别为

$$\dot{U}_{c1} = \dot{I}_{c1}[R_{sc} + R'_{rm1} + j(X_{sc} + X'_{rm1})] = \dot{I}_{c1}(R_{c1} + jX_{c1}) = \dot{I}_{c1}Z_{c1}$$

(2-11)

33

$$\dot{U}_{c2} = \dot{I}_{c2}\left[R_{sc} + R'_{rm2} + j(X_{sc} + X'_{rm2})\right] = \dot{I}_{c2}(R_{c2} + jX_{c2}) = \dot{I}_{c2}Z_{c2} \tag{2-12}$$

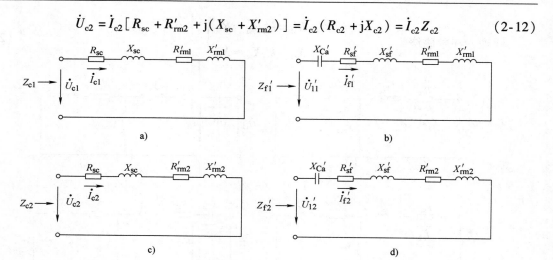

图 2-10 励磁支路与转子支路并联后的等效电路

a) 控制绕组正序等效电路 b) 励磁绕组正序等效电路
c) 控制绕组负序等效电路 d) 励磁绕组负序等效电路

式中，Z_{c1} 和 Z_{c2} 分别为控制绕组的正序阻抗和负序阻抗，有

$$\left.\begin{aligned} Z_{c1} &= R_{c1} + jX_{c1} \\ Z_{c2} &= R_{c2} + jX_{c2} \end{aligned}\right\} \tag{2-13}$$

而

$$\left.\begin{aligned} R_{c1} &= R_{sc} + R'_{rm1} \\ X_{c1} &= X_{sc} + X'_{rm1} \\ R_{c2} &= R_{sc} + R'_{rm2} \\ X_{c2} &= X_{sc} + X'_{rm2} \end{aligned}\right\} \tag{2-14}$$

根据图 2-10，并考虑到式（2-9），对于励磁绕组有

$$\left.\begin{aligned} \dot{U}'_{11} &= \dot{I}'_{f1}(-jX'_{Ca} + Z_{c1}) = \dot{I}'_{f1}Z'_{f1} \\ \dot{U}'_{12} &= \dot{I}'_{f2}(-jX'_{Ca} + Z_{c2}) = \dot{I}'_{f2}Z'_{f2} \end{aligned}\right\} \tag{2-15}$$

式中，Z'_{f1} 和 Z'_{f2} 分别为励磁绕组回路的正序阻抗和负序阻抗，有

$$\left.\begin{aligned} Z'_{f1} &= -jX'_{Ca} + Z_{c1} = R_{c1} + j(-X'_{Ca} + X_{c1}) = R'_{f1} + jX'_{f1} \\ Z'_{f2} &= -jX'_{Ca} + Z_{c2} = R_{c2} + j(-X'_{Ca} + X_{c2}) = R'_{f2} + jX'_{f2} \end{aligned}\right\} \tag{2-16}$$

式中

$$\left.\begin{aligned} R'_{f1} &= R_{c1} = R_{sc} + R'_{rm1} \\ X'_{f1} &= -X'_{Ca} + X_{c1} = -X'_{Ca} + X_{sc} + X'_{rm1} \\ R'_{f2} &= R_{c2} = R_{sc} + R'_{rm2} \\ X'_{f2} &= -X'_{Ca} + X_{c2} = -X'_{Ca} + X_{sc} + X'_{rm2} \end{aligned}\right\} \tag{2-17}$$

2.2.3 控制绕组和励磁绕组中的电流

根据电压平衡关系，在控制绕组回路中有

$$\dot{U}_c = \dot{U}_{c1} + \dot{U}_{c2} = \dot{I}_{c1} Z_{c1} + \dot{I}_{c2} Z_{c2} \tag{2-18}$$

同理，在励磁绕组回路中有

$$\dot{U}'_1 = \dot{U}'_{11} + \dot{U}'_{12} = \dot{I}'_{f1} Z'_{f1} + \dot{I}'_{f2} Z'_{f2} \tag{2-19}$$

式中，$\dot{U}'_1$ 为归算到控制绕组的外施电压，$\dot{U}'_1 = k_{cf} \dot{U}_1$。

由式（2-18）和式（2-19），结合式（2-7），若已知两相感应伺服电动机的正、负序阻抗 Z_{c1}、Z_{c2}、Z'_{f1}、Z'_{f2} 以及外施电压 $\dot{U}_c$ 和 $\dot{U}_1$，即可求出两相绕组中的电流及其正、负序分量。

将式（2-7）代入式（2-19），消去 $\dot{I}'_{f1}$ 和 $\dot{I}'_{f2}$，然后联立求解式（2-18）和式（2-19），得

$$\left. \begin{array}{l} \dot{I}_{c1} = \dfrac{\dot{U}_c Z'_{f2} - \mathrm{j}\,\dot{U}'_1 Z_{c2}}{Z_{c1} Z'_{f2} + Z_{c2} Z'_{f1}} \\[4mm] \dot{I}_{c2} = \dfrac{\dot{U}_c Z'_{f1} + \mathrm{j}\,\dot{U}'_1 Z_{c1}}{Z_{c1} Z'_{f2} + Z_{c2} Z'_{f1}} \end{array} \right\} \tag{2-20}$$

则

$$\left. \begin{array}{l} \dot{I}_c = \dot{I}_{c1} + \dot{I}_{c2} \\[2mm] \dot{I}'_f = \dot{I}'_{f1} + \dot{I}'_{f2} = \mathrm{j}\dot{I}_{c1} - \mathrm{j}\dot{I}_{c2} \end{array} \right\} \tag{2-21}$$

2.2.4　电磁转矩

感应电动机的电磁转矩可以由电磁功率除以同步机械角速度求得，而电磁功率对应于转子电流在等效电路中转子等效电阻 r'_r/s 上所产生的功率。对于两相感应伺服电动机，由于经常工作在不对称运行状态，电动机中既有正序磁动势产生的正向旋转磁场，又有负序磁动势产生的反向旋转磁场。正向旋转磁场将使电动机工作在电动机状态，产生正向电磁转矩 T_1，而反向旋转磁场则使电动机工作在电磁制动状态，产生反向电磁转矩 T_2（见图 2-3），伺服电动机的电磁转矩应为 $T_1 - T_2$。而 T_1 和 T_2 可分别由正序旋转磁场和负序旋转磁场产生的电磁功率求得。

正序旋转磁场产生的电磁功率等于图 2-9 所示控制绕组和励磁绕组正序等效电路中转子电流在转子等效电阻 r'_r/s 上所产生的功率，不难证明，这个功率与图 2-10 中定子电流正序分量流过不计铁耗时励磁支路与转子支路并联后的等效电阻 R'_{rm1} 所产生的电功率相等，因此正向旋转磁场产生的电磁功率为

$$P_{e1} = I_{c1}^2 R'_{rm1} + I_{f1}'^2 R'_{rm1} = 2 I_{c1}^2 R'_{rm1} \tag{2-22}$$

相应的电磁转矩为

$$T_1 = \frac{P_{e1}}{\Omega_s} = \frac{60}{2\pi} \frac{P_{e1}}{n_s} = 9.55 \frac{P_{e1}}{n_s} \tag{2-23}$$

式中，Ω_s 为同步机械角速度，单位为 rad/s；n_s 为同步转速，单位为 r/min。

同理，反向旋转磁场产生的电磁功率对应于图 2-9 所示负序等效电路中转子电流在转子等效电阻 $r'_r/(2-s)$ 上所产生的功率，也等于图 2-10 中定子电流负序分量在等效电阻 R'_{rm2} 上产生的功率，故有

$$P_{e2} = I_{c2}^2 R'_{rm2} + I_{f2}'^2 R'_{rm2} = 2 I_{c2}^2 R'_{rm2} \tag{2-24}$$

$$T_2 = \frac{P_{e2}}{\Omega_s} = \frac{60}{2\pi} \frac{P_{e2}}{n_s} = 9.55 \frac{P_{e2}}{n_s} \tag{2-25}$$

则电动机的总电磁转矩为

$$T_e = T_1 - T_2 = \frac{9.55}{n_s}(P_{e1} - P_{e2}) = \frac{9.55}{n_s}(2I_{c1}^2 R'_{rm1} - 2I_{c2}^2 R'_{rm2}) \tag{2-26}$$

2.3 两相感应伺服电动机的静态特性

两相感应伺服电动机的静态特性主要是指其机械特性和调节特性，随着控制方式不同，其静态特性也存在一定差异，下面分别进行讨论。

2.3.1 幅值控制时的特性

1. 有效信号系数及获得圆形旋转磁场的条件

幅值控制时励磁绕组直接接在电压为 $\dot{U}_1$ 的交流电源上，即 $\dot{U}_f = \dot{U}_1$，控制绕组电压 $\dot{U}_c$ 在相位上滞后 $\dot{U}_1$ 90°电角度，而其大小 U_c 是可调的，若取电源电压 U_1 为电压基值，则控制电压 U_c 的标幺值称为电压的信号系数，常用 α 表示，有

$$\alpha = \frac{U_c}{U_1} \tag{2-27}$$

而将控制电压 U_c 与归算到控制绕组的电源电压 U'_1 之比 α_e 称为幅值控制时的有效信号系数，即有

$$\alpha_e = \frac{U_c}{U'_1} = \frac{U_c}{k_{cf}U_1} = \frac{\alpha}{k_{cf}} \tag{2-28}$$

则

$$\dot{U}_c = -j\alpha \dot{U}_1 = -j\alpha_e \dot{U}'_1 \tag{2-29}$$

由前述分析可知，为使两相感应伺服电动机获得圆形旋转磁场，应使负序电流 $\dot{I}_{c2} = 0$，根据式（2-20），为此应有

$$\dot{U}_c Z'_{f1} + j\dot{U}'_1 Z_{c1} = 0 \tag{2-30}$$

幅值控制时，由于 $X_{Ca} = 0$，根据式（2-16）可知，此时有

$$\left.\begin{array}{l} Z'_{f1} = Z_{c1} \\ Z'_{f2} = Z_{c2} \end{array}\right\} \tag{2-31}$$

将式（2-29）和式（2-31）代入式（2-30），可得

$$\alpha_e = 1 \tag{2-32}$$

即幅值控制时，两相感应伺服电动机获得圆形旋转磁场的条件是有效信号系数等于 1，此时控制电压 $U_c = U_1' = k_{cf}U_1$。

2. 机械特性

将式（2-29）和式（2-31）代入式（2-20），可得幅值控制时控制绕组电流的正序分量 $\dot{I}_{c1}$ 和负序分量 $\dot{I}_{c2}$ 为

$$\left.\begin{array}{l} \dot{I}_{c1} = -j\dfrac{\dot{U}'_1}{2Z_{c1}}(1 + \alpha_e) \\[3mm] \dot{I}_{c2} = j\dfrac{\dot{U}'_1}{2Z_{c2}}(1 - \alpha_e) \end{array}\right\} \tag{2-33}$$

再将式（2-33）代入式（2-26），便可得到电磁转矩

$$T_e = \frac{9.55}{n_s} \frac{U_1'^2}{2} \left[\frac{R_{rm1}'}{Z_{c1}^2} (1 + \alpha_e)^2 - \frac{R_{rm2}'}{Z_{c2}^2} (1 - \alpha_e)^2 \right] \tag{2-34}$$

为了便于分析，常以圆形旋转磁场时的堵转转矩 T_{k0} 作为转矩基值，将上述转矩公式化成标幺值形式。为此需要先求出 T_{k0}。

令式（2-10）中的转差率 $s = 1$，并结合式（2-13）和式（2-14），可得堵转时的阻抗为

$$\left. \begin{array}{l} R_{rmk1}' = R_{rmk2}' = \dfrac{X_{mc}^2 r_r'}{r_r'^2 + (X_{mc} + X_r')^2} = R_{rmk}' \\[3mm] X_{rmk1}' = X_{rmk2}' = \dfrac{X_{mc} r_r'^2 + X_{mc} X_r'(X_{mc} + X_r')}{r_r'^2 + (X_{mc} + X_r')^2} = X_{rmk}' \\[3mm] Z_{ck1} = Z_{ck2} = (R_{sc} + R_{rmk}') + \mathrm{j}(X_{sc} + X_{rmk}') = R_{ck} + \mathrm{j}X_{ck} = Z_{ck} \end{array} \right\} \tag{2-35}$$

式中

$$\left. \begin{array}{l} R_{ck} = R_{sc} + R_{rmk}' \\[2mm] X_{ck} = X_{sc} + X_{rmk}' \end{array} \right\} \tag{2-36}$$

将式（2-34）中的各阻抗换成式（2-35）中相应的短路阻抗，并考虑到获得圆形旋转磁场的条件是 $\alpha_e = 1$，可得圆形旋转磁场时的堵转转矩为

$$T_{k0} = \frac{9.55}{n_s} \frac{2U_1'^2}{Z_{ck}^2} R_{rmk}' \tag{2-37}$$

则以 T_{k0} 为基值的电磁转矩标幺值为

$$T_e^* = \frac{T_e}{T_{k0}} = \frac{Z_{ck}^2 R_{rm1}'}{Z_{c1}^2 R_{rmk}'} \left(\frac{1 + \alpha_e}{2} \right)^2 - \frac{Z_{ck}^2 R_{rm2}'}{Z_{c2}^2 R_{rmk}'} \left(\frac{1 - \alpha_e}{2} \right)^2 \tag{2-38}$$

式（2-38）中，阻抗 Z_{c1}、Z_{c2}、R_{rm1}'、R_{rm2}' 都是转速的函数，所以当控制电压不变，即 $\alpha_e =$ 常数时，它表示了电磁转矩和转速的关系，故式（2-38）就是两相感应伺服电动机幅值控制时的机械特性。

式（2-38）所表达的转矩 T_e^* 与转速的关系十分复杂，实际应用中通常根据电机的参数，由式（2-38）计算出不同 α_e 时的转矩－转速关系，进而做出不同有效信号系数时的机械特性曲线。一台两相感应伺服电动机，当 $\alpha_e = 1$、0.75、0.5、0.25 时的一组机械特性曲线如图 2-11 所示，电机参数为：$k_{cf} = 0.5$，$R_{sc} = 75\Omega$，$X_{sc} = 75\Omega$，$X_{mc} = 150\Omega$，$r_r' = 300\Omega$，$X_r' = 4.5\Omega$。图中转速也采用了标幺值，转速基值取为同步转速 n_s，则转速标幺值 $n^* = n/n_s$。

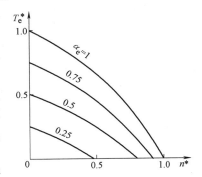

图 2-11　幅值控制时的机械特性

显然，幅值控制时两相感应伺服电动机的机械特性是非线性的。由图 2-11 可以看出，只有当有效信号系数 $\alpha_e = 1$ 时电动机的理想空载转速才等于同步转速，而 $\alpha_e \neq 1$ 时电动机的理想空载转速均低于同步转速。这是因为只有 $\alpha_e = 1$ 时电动机中产生的是圆形旋转磁场，当 $\alpha_e \neq 1$ 时则为椭圆形旋转磁场，此时由于反向旋转磁场的存在，会产生一个制动转矩 T_2

（参见图 2-3），当某转速下正向转矩 T_1 与反向转矩 T_2 正好相等时，合成转矩 $T_e = T_1 - T_2 = 0$，这一转速即为该 α_e 下的理想空载转速。有效信号系数 α_e 越小，磁场椭圆度越大，反向转矩越大，理想空载转速就越低。

3. 调节特性

两相感应伺服电动机的调节特性是指电磁转矩一定时转速与控制电压的关系，对幅值控制来说，就是 $T_e^* = $ 常数时，$n^* = f(\alpha_e)$ 的关系曲线。

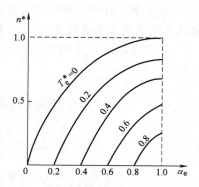

图 2-12 幅值控制时的调节特性

从两相感应伺服电动机的转矩表达式直接推导出其调节特性是相当繁杂的，所以各种控制方式下的调节特性曲线都是根据相应的机械特性曲线用作图法求得。绘制某一转矩值下的调节特性曲线时，可由机械特性曲线找出该转矩值下与不同有效信号系数相对应的转速，并据此绘成曲线。幅值控制时与图 2-11 机械特性相对应的调节特性如图 2-12 所示。

由图 2-12 可见，若负载阻转矩不变，随着控制电压提高，有效信号系数 α_e 增大，电动机转速升高，但调节特性的线性度较差，只在转速很低（转速标幺值很小）时近似于线性关系。为了使伺服电动机能运行在调节特性的线性范围内，应使其始终在较小的转速标幺值下运行，这样，为了提高电动机的实际运行转速，就需提高伺服电动机的工作频率。例如：一台两极伺服电动机，要求其最高运行转速 $n = 2400\,\mathrm{r/min}$，若用 50Hz 的工频电源供电，其同步转速 $n_s = 3000\,\mathrm{r/min}$，最高转速时的标幺值 $n^* = 0.8$；若改用 400Hz 的中频电源，则 $n_s = 24000\,\mathrm{r/min}$，最高转速标幺值 $n^* = 0.1$，这样伺服电动机便可工作在 $n^* = 0 \sim 0.1$ 的线性区段。鉴于此，两相感应伺服电动机常采用 400Hz 的中频电源供电。

4. 机械特性的实用表达式

通常制造厂提供给用户的是对称状态（$\alpha_e = 1$）下的机械特性曲线，在系统设计时，常需用到不对称状态下的机械特性曲线。下面分析如何利用对称状态下的机械特性曲线获得不对称状态下的机械特性曲线。

式（2-34）的电磁转矩公式可以改写成如下形式：

$$T_e = T_{10}\left(\frac{1+\alpha_e}{2}\right)^2 - T_{20}\left(\frac{1-\alpha_e}{2}\right)^2 \tag{2-39}$$

式中

$$\left.\begin{aligned} T_{10} &= \frac{9.55}{n_s} \cdot \frac{2U_1'^2 R_{rm1}'}{Z_{c1}^2} \\[2mm] T_{20} &= \frac{9.55}{n_s} \cdot \frac{2U_1'^2 R_{rm2}'}{Z_{c2}^2} \end{aligned}\right\} \tag{2-40}$$

由式（2-39）不难看出，T_{10} 即为正向对称运行（$\alpha_e = 1$）时的机械特性，而 T_{20} 为 $\alpha_e = -1$ 时，即反向对称运行（磁场为反向圆形旋转磁场）时的机械特性。如图 2-13 所示，由感应电动机运行原理可知，任意转速 n 下 T_{10} 和 T_{20} 之间均存在以下关系：

$$T_{10}(n) = T_{20}(-n) \tag{2-41}$$

这一关系也可以由式（2-40）及式（2-10）和式（2-13）从数学上加以证明。考虑到 $s=\frac{n_s-n}{n_s}$，由式（2-10）知

$$\left.\begin{aligned}R'_{rm1}(n)=R'_{rm2}(-n)\\X'_{rm1}(n)=X'_{rm2}(-n)\end{aligned}\right\}\tag{2-42}$$

进而，根据式（2-13）和式（2-14），有

$$Z_{c1}(n)=Z_{c2}(-n)\tag{2-43}$$

结合式(2-42)、式(2-43) 和式(2-40)，即可得式(2-41)。

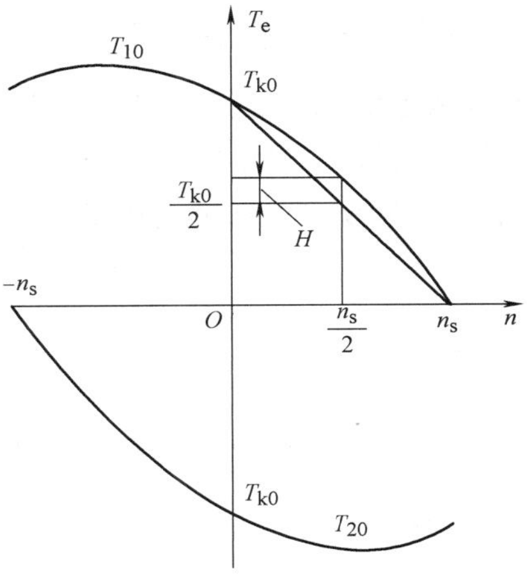

图 2-13　推导机械特性实用表达式的示意图

为便于用数学方法进行处理，可以将 T_{10} 用 n 的高次多项式近似表达，因特性曲线接近直线，通常取前三项已足够精确，即可将 T_{10} 表达为

$$T_{10}=T_{k0}+Bn+An^2\tag{2-44}$$

式中，T_{k0} 为 $\alpha_e=1$ 时的堵转转矩；系数 B、A 可由下面两个条件确定：

1）当 $n=\frac{n_s}{2}$时，$T_{10}=\frac{T_{k0}}{2}+H$ 。

2）当 $n=n_s$时，$T_{10}=0$。

其中，H 为实际特性与线性化特性在 $n=n_s/2$ 处的转矩之差，如图 2-13 所示。

将上述条件代入式（2-44），可求得

$$B=\frac{4H-T_{k0}}{n_s}\tag{2-45}$$

$$A=-\frac{4H}{n_s^2}\tag{2-46}$$

结合式（2-41）和式（2-44），对于 T_{20}应有

$$T_{20}=T_{k0}-Bn+An^2\tag{2-47}$$

将式（2-44）和式（2-47）代入式（2-39），可得

$$\begin{aligned}T_e&=(T_{k0}+Bn+An^2)\left(\frac{1+\alpha_e}{2}\right)^2-(T_{k0}-Bn+An^2)\left(\frac{1-\alpha_e}{2}\right)^2\\&=\alpha_eT_{k0}+\frac{B}{2}(1+\alpha_e^2)n+\alpha_eAn^2\end{aligned}\tag{2-48}$$

式（2-48）就是不对称状态下机械特性的实用表达式。可见，只要知道对称运行状态时的堵转转矩 T_{k0}及 $n_s/2$ 时的转矩，就可以求出不对称运行状态（各种 α_e）时任意转速下的转矩值。

若以 T_{k0}作为转矩基值，n_s作为转速基值，式（2-48）的标幺值形式如下：

$$T_e^*=\alpha_e+\frac{4\mu-1}{2}(1+\alpha_e^2)n^*-4\mu\alpha_en^{*2}\tag{2-49}$$

式中，μ 为机械特性非线性值 H 的相对值，$\mu=H/T_{k0}$。

2.3.2 相位控制时的特性

1. 获得圆形旋转磁场的条件

相位控制时，同样有 $X_{Ca} = 0$，$\dot{U}_f = \dot{U}_1$，只是通常控制电压 $\dot{U}_c$ 的大小 $U_c = U'_1$，而 $\dot{U}_c$ 滞后 $\dot{U}_1$ 的相位角 β 在 $0 \sim 90°$ 电角度之间变化。因此有

$$\left.\begin{array}{l} Z'_{f1} = Z_{c1} \\ Z'_{f2} = Z_{c2} \\ \dot{U}_c = \dot{U}'_1 e^{-j\beta} \end{array}\right\} \tag{2-50}$$

将式（2-50）代入式（2-30），得相位控制时获得圆形旋转磁场的条件为

$$\dot{U}'_1 e^{-j\beta} Z_{c1} + j \dot{U}'_1 Z_{c1} = 0 \tag{2-51}$$

求解上式可得

$$\beta = 90° \tag{2-52}$$

或

$$\sin\beta = 1 \tag{2-53}$$

即相位控制时两相感应伺服电动机获得圆形旋转磁场的条件是控制电压和励磁电压的相位差 $\beta = 90°$ 或 $\sin\beta = 1$。

2. 机械特性和调节特性

应用与幅值控制时类似的方法，将式（2-50）代入式（2-20），可得到相位控制时控制绕组电流的正序分量 $\dot{I}_{c1}$ 和负序分量 $\dot{I}_{c2}$，再将电流 I_{c1} 和 I_{c2} 代入式（2-26），便可得到电磁转矩表达式，即相位控制时的机械特性。因相位控制在实际系统中很少使用，这里不作详细推导。图2-14给出了根据实际电动机参数计算所得的机械特性曲线。图2-15为用作图法得到的其调节特性曲线。需要说明的是，相位控制时通常以 $\sin\beta$ 作为信号系数。

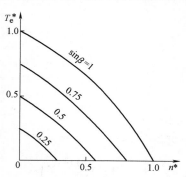

图 2-14　相位控制时的机械特性

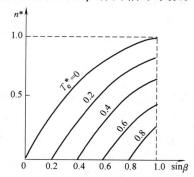

图 2-15　相位控制时的调节特性

2.3.3 幅值 – 相位控制

1. 获得圆形旋转磁场的条件

幅值 – 相位控制时，励磁绕组串联电容后接电源电压 $\dot{U}_1$，而控制绕组电压 $\dot{U}_c$ 与 $\dot{U}_1$ 始终同相位，但电压大小可调。由式（2-16），此时励磁绕组阻抗为

$$\left.\begin{array}{l} Z'_{f1} = -jX'_{Ca} + Z_{c1} = R_{c1} + j(-X'_{Ca} + X_{c1}) \\ Z'_{f2} = -jX'_{Ca} + Z_{c2} = R_{c2} + j(-X'_{Ca} + X_{c2}) \end{array}\right\} \tag{2-54}$$

而两相绕组电压为

$$\left.\begin{array}{l} \dot{U}_c = \alpha_e \dot{U}_1' \\ \dot{U}_f' = \dot{U}_1' - \dot{U}_{Ca}' \end{array}\right\} \tag{2-55}$$

将式（2-54）和式（2-55）代入式（2-30），得

$$\alpha_e \dot{U}_1'[R_{c1} + j(-X_{Ca}' + X_{c1})] + j\dot{U}_1'(R_{c1} + jX_{c1}) = 0$$

即

$$(\alpha_e R_{c1} - X_{c1}) + j[\alpha_e(X_{c1} - X_{Ca}') + R_{c1}] = 0 \tag{2-56}$$

欲使上式成立，其实部和虚部应分别等于零，即

$$\alpha_e = \frac{X_{c1}}{R_{c1}} \tag{2-57}$$

$$X_{Ca}' = \frac{R_{c1} + \alpha_e X_{c1}}{\alpha_e} \tag{2-58}$$

将式（2-57）代入式（2-58），得

$$X_{Ca}' = \frac{R_{c1}^2 + X_{c1}^2}{X_{c1}} \tag{2-59}$$

　　上述分析表明，在幅值－相位控制中，要获得圆形旋转磁场，励磁绕组所串联电容器的容抗及控制电压的有效信号系数需分别满足式（2-59）和式（2-57），考虑到 R_{c1} 和 X_{c1} 均为电动机转速的函数，当在某一转速下由式（2-59）和式（2-57）确定 X_{Ca}' 和 α_e，只能使电机在这一转速下获得圆形旋转磁场，即使电压有效信号系数 α_e 保持不变，随着转速的变化，磁场也将变成椭圆形旋转磁场。这一点与幅值控制和相位控制有所不同，幅值控制和相位控制时，若 $\alpha_e = 1$ 或 $\sin\beta = 1$，电动机在不同转速下均可获得圆形旋转磁场。

　　在自动控制系统中，通常要求伺服电动机在起动时能获得尽可能大的转矩，以提高系统的动态性能。为此应使电动机在起动时（$s = 1$ 时）获得圆形旋转磁场，此时其有效信号系数和电容器容抗应为

$$\left.\begin{array}{l} \alpha_{e0} = \dfrac{X_{ck}}{R_{ck}} \\[2mm] X_{Ca}' = \dfrac{R_{ck}^2 + X_{ck}^2}{X_{ck}} \end{array}\right\} \tag{2-60}$$

式中，R_{ck} 和 X_{ck} 分别为 $s = 1$ 时的 R_{c1} 和 X_{c1} 值，其表达式见式（2-36）。

2. 机械特性和调节特性

　　与前面类似，将式（2-54）和式（2-55）代入式（2-20），可得到幅值－相位控制时控制绕组电流的正序分量 $\dot{I}_{c1}$ 和负序分量 $\dot{I}_{c2}$。再将电流 I_{c1} 和 I_{c2} 代入式（2-26），便可得到电磁转矩公式。由于励磁回路串联电容后，转矩的表达式十分复杂，这里不再给出其具体公式，仅给出由实际电动机参数计算所得的机械特性曲线。图 2-16 为一台两相感应伺服电动机在幅值－相位控制方式下，有效信号系数分别为 α_{e0}、$0.75\alpha_{e0}$、$0.5\alpha_{e0}$、$0.25\alpha_{e0}$ 时的机械特性。值得注意的是，因为选定电动机起动时获得圆形旋转磁场，即使在 $\alpha_e = \alpha_{e0}$ 的情况下，电动机转动后便为椭圆形旋转磁场，由于反向旋转磁场产生的反向转矩的作用，其理想空载转速也低于同步转速。

由作图法得到的幅值－相位控制时的调节特性如图 2-17 所示。

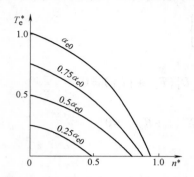

图 2-16 幅值－相位控制时的机械特性

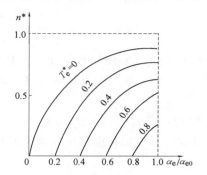

图 2-17 幅值－相位控制时的调节特性

比较两相感应伺服电动机在三种控制方式下的机械特性图 2-11、图 2-14、图 2-16 可以看出,若堵转转矩的标幺值相同,一般而言,在同一转速下幅值－相位控制时电动机的转矩标幺值较大(接近理想空载转速处除外),而相位控制时最小。这是因为在幅值－相位控制时,励磁绕组回路中串联有电容器,当电动机起动后,随着转速的变化,励磁绕组电流将发生变化,电容电压 U'_{Ca} 也随之改变,可能会使励磁绕组的端电压 U'_{f} 比堵转时还高,因此所产生的电磁转矩与其他控制方式相比也会相应有所增大。电磁转矩的增大提高了幅值－相位控制时电动机的输出机械功率,但也使幅值－相位控制时机械特性的线性度变差。就机械特性的线性度而言,相位控制时为最好,而幅值－相位控制时最差。但由于移相方法简单,幅值－相位控制应用最为广泛。

2.4 两相感应伺服电动机的动态特性

与直流伺服电动机相同,两相感应伺服电动机的动态特性也是指在阶跃控制电压作用下,电动机转速随时间的变化规律,其分析方法也与直流伺服电动机相似。只是由于两相感应伺服电动机的机械特性和调节特性皆为非线性,准确地分析其动态过程就变得相当复杂。由第 1 章直流伺服电动机动态特性分析可知,电动机的动态过渡过程包括电磁过渡过程和机械过渡过程两个方面,而电磁过渡过程所需要的时间通常比机械过渡过程短得多。为了简化分析,可以忽略电磁过渡过程,而只考虑机械过渡过程,这样就可以不必考虑电动机的电路方程,而直接利用电动机的机械特性和机械运动方程来分析电动机的动态特性。

本节以幅值控制为例,对两相感应伺服电动机的动态性能进行分析。首先分析电动机在有效信号系数 $\alpha_{\mathrm{e}} = 1$ 并将机械特性线性化时的动态特性;在此基础上,再进一步讨论机械特性非线性及 α_{e} 变化对动态性能的影响。

2.4.1 $\alpha_{\mathrm{e}} = 1$ 并将机械特性线性化时的动态特性

设有效信号系数 $\alpha_{\mathrm{e}} = 1$,即电动机工作在圆形旋转磁场条件下,并如图 2-18 所示将其机械特性进行线性化处理,则转速为 n 时的电磁转矩为

$$T_{\mathrm{e}} = T_{\mathrm{k0}} \frac{n_{\mathrm{s}} - n}{n_{\mathrm{s}}} = T_{\mathrm{k0}} \frac{\Omega_{\mathrm{s}} - \Omega}{\Omega_{\mathrm{s}}} \tag{2-61}$$

电动机的机械运动方程为

$$T_e = T_L + J \frac{\mathrm{d}\Omega}{\mathrm{d}t} \tag{2-62}$$

为了简化推导，假定负载转矩 $T_L = 0$，然后将式（2-61）代入式（2-62），并整理得

$$J \frac{\Omega_s}{T_{k0}} \frac{\mathrm{d}\Omega}{\mathrm{d}t} + \Omega = \Omega_s \tag{2-63}$$

考虑到 $\Omega = \frac{2\pi}{60} n$，则式（2-63）可写成

$$\tau_m \frac{\mathrm{d}n}{\mathrm{d}t} + n = n_s \tag{2-64}$$

其中

$$\tau_m = \frac{2\pi}{60} \frac{Jn_s}{T_{k0}} \approx 0.1047 \frac{Jn_s}{T_{k0}} \tag{2-65}$$

是电动机的机电时间常数。

对照式（1-8）可知，在上述假定条件下两相感应伺服电动机的动态转速方程与直流伺服电动机完全相同，因此其转速随时间的变化规律也应为式（1-9）的指数函数，转速随时间的变化曲线如图 2-19 中的曲线 1 所示。

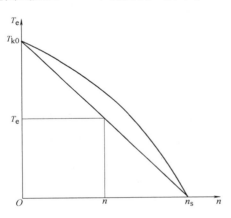

图 2-18　$\alpha_e = 1$ 时机械特性的线性化

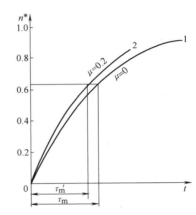

图 2-19　转速随时间的变化曲线

2.4.2　机械特性非线性及 α_e 变化对动态性能的影响

前面分析的是有效信号系数 $\alpha_e = 1$ 并将机械特性做线性化处理情况下的动态特性，但两相感应伺服电动机的实际机械特性是非线性的，而且随着有效信号系数 α_e 的变化，其线性化机械特性的斜率也会相应地变化，下面就来进一步分析这两个因素对电动机动态性能的影响。

1. 机械特性非线性对动态性能的影响

由前述机械特性实用表达式的分析推导可知，考虑机械特性非线性时，可将其近似看作抛物线。由式（2-49），$\alpha_e = 1$ 时标幺值形式的机械特性表达式为

$$T_e^* = 1 + (4\mu - 1)n^* - 4\mu n^{*2} \tag{2-66}$$

若将式（2-62）的机械运动方程也化成标幺值形式，并令 $T_L = 0$，可得

$$T_e^* = \tau_m \frac{dn^*}{dt} \tag{2-67}$$

将式（2-66）代入式（2-67），则考虑机械特性非线性时动态过程中的方程为

$$1 + (4\mu - 1)n^* - 4\mu n^{*2} = \tau_m \frac{dn^*}{dt} \tag{2-68}$$

求解式（2-68），可得考虑机械特性非线性时转速随时间的变化规律为

$$n^* = \frac{e^{\frac{k}{\tau_m}t} - 1}{e^{\frac{k}{\tau_m}t} - 1 + k} \tag{2-69}$$

式中，$k = 4\mu + 1$。

由式（2-69）画出的转速随时间变化的关系曲线如图2-19所示，图中曲线1为 $\mu = 0$ 时的曲线，即线性机械特性时转速随时间的变化关系，它呈指数函数。曲线2为 $\mu = 0.2$ 时的曲线，可见，考虑机械特性的非线性，转速随时间的变化规律已不再呈指数函数关系。

根据式（2-69）可求出电动机转速由零上升到空载转速的63.2%所需的时间，这个时间就是考虑机械特性非线性后的机电时间常数 τ_m'，有

$$\tau_m' = k_\mu \frac{2\pi}{60} \frac{Jn_s}{T_{k0}} = k_\mu \tau_m \tag{2-70}$$

其中

$$k_\mu = \frac{1}{4\mu + 1}\ln(6.87\mu + 2.72) \tag{2-71}$$

由于 $k_\mu \leq 1$，而且随着 μ 值的增大而减少，所以考虑机械特性的非线性后，两相感应伺服电动机的动态性能将优于线性机械特性时的动态性能。但鉴于实际两相感应伺服电动机的 μ 值一般不超过0.2，相应 $k_\mu \geq 0.78$，这意味着忽略机械特性非线性对机电时间常数影响造成的误差不超过22%，因此 τ_m' 仍可用线性机械特性时的机电时间常数 τ_m 代替。

2. 不同有效信号系数时线性机械特性斜率不同对电机动态性能的影响

采用幅值控制，当有效信号系数 $\alpha_e = 1$ 时，由线性化机械特性确定的机电时间常数如式（2-65）所示。同理，当 $\alpha_e < 1$ 时，对应于线性化机械特性的机电时间常数 τ_m' 应为

$$\tau_m' = 0.1047 \frac{Jn_0}{T_k} \tag{2-72}$$

式中，n_0 为相应 α_e 下的理想空载转速；T_k 为相应 α_e 下的堵转转矩。

图2-20示出了不同 α_e 时的线性化机械特性，由图可见，对应于不同 α_e，n_0/T_k 不同，根据式（2-72），这意味着电动机的机电时间常数将随着 α_e 的改变而变化。下面对此进行定量分析。

将 $\mu = 0$ 代入式（2-49），可得不同 α_e 时用标幺值表示的线性化机械特性表达式为

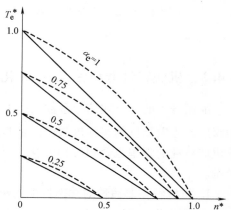

图2-20 不同 α_e 时的线性化机械特性

44

$$T_e^* = \alpha_e - \frac{1}{2}(1 + \alpha_e^2)n^* \tag{2-73}$$

则有效信号系数为 α_e 时的堵转转矩标幺值为

$$T_k^* = \alpha_e \tag{2-74}$$

相应的堵转转矩为

$$T_k = T_{k0}T_k^* = \alpha_e T_{k0} \tag{2-75}$$

将 $T_e^* = 0$ 代入式（2-73），可得有效信号系数为 α_e 时的理想空载转速标幺值为

$$n_0^* = \frac{2\alpha_e}{1 + \alpha_e^2} \tag{2-76}$$

则相应的理想空载转速为

$$n_0 = n_0^* n_s = \frac{2\alpha_e}{1 + \alpha_e^2}n_s \tag{2-77}$$

将式（2-75）和式（2-77）代入式（2-72），可得

$$\tau_m' = 0.1047\,\frac{J\dfrac{2\alpha_e}{1 + \alpha_e^2}n_s}{\alpha_e T_{k0}} = \frac{2}{1 + \alpha_e^2}\tau_m \tag{2-78}$$

显然，τ_m' 将随 α_e 减小而相应增大。当 α_e 很小时，忽略式（2-78）分母中的 α_e^2 项，则有

$$\tau_m' \approx 2\tau_m \tag{2-79}$$

这意味着：幅值控制的两相感应伺服电动机，当控制电压较小（即 α_e 较小）时，其机电时间常数约为额定控制电压（即 $\alpha_e = 1$ 时）的二倍。值得注意的是，在性能指标中所给出的机电时间常数是指在额定励磁电压和额定控制电压（即 $\alpha_e = 1$ 时的对称状态）且空载下的机电时间常数 τ_m。

以上分析表明，对于两相感应伺服电动机而言，机械特性的非线性对动态性能影响不大，其作用常可忽略。但随着控制电压降低，其动态性能会变差，当控制电压较小时，其过渡过程时间可延长约一倍。

2.5　两相感应伺服电动机的主要技术数据和性能指标

2.5.1　主要技术数据

1. 电压

主要技术数据中励磁电压和控制电压指的都是额定电压。励磁绕组电压的允许变动范围一般为 ±5% 左右。电压太高，电机会发热；电压太低，电动机的性能将变坏，如堵转转矩和输出功率会明显下降，加速时间增加等。

当电动机采用幅值－相位控制时，应注意到励磁绕组两端电压会高于电源电压，而且随转速升高而增大。

控制绕组的额定电压有时也称最大控制电压，在幅值控制条件下，加上这个电压，电动机就能得到圆形旋转磁场。

2. 频率

目前控制电机常用的频率分低频和中频两大类，低频为50Hz（或60Hz），中频为400Hz（或500Hz）。因为频率越高，涡流损耗越大，所以中频电机的铁心需用更薄的硅钢片，一般低频电机用 $0.35\sim0.5\text{mm}$ 的硅钢片，而中频电机用 0.2mm 以下的硅钢片。

中频电机和低频电机一般不可以互相代替使用，否则电机性能会变差。

3. 空载转速

定子两相绕组加上额定电压，电动机不带任何负载时的转速称为空载转速 n_0。空载转速与电动机的极数有关。由于电动机本身阻转矩的影响，空载转速略低于同步转速。

4. 堵转转矩和堵转电流

定子两相绕组加上额定电压，转速等于0时的输出转矩，称为堵转转矩。这时流过励磁绕组和控制绕组的电流分别称为堵转励磁电流和堵转控制电流。堵转电流通常是电流的最大值，可作为设计电源和放大器的依据。

5. 额定输出功率

当电动机处于对称状态时，输出功率 P_2 随转速 n 变化的情况如图2-21所示。当转速接近空载转速 n_0 的一半时，输出功率最大，通常就把这点规定为两相感应伺服电动机的额定状态。电动机可以在这个状态下长期连续运转而不过热。这个最大的输出功率就是电动机的额定功率 P_{2N}。对应这个状态下的转矩和转速称为额定转矩 T_N 和额定转速 n_N。

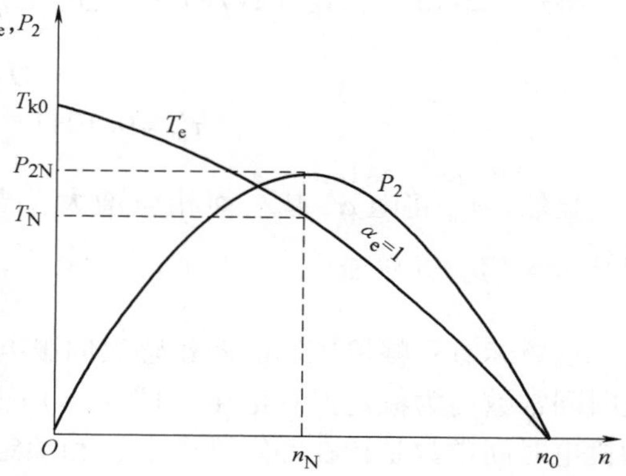

图2-21　两相感应伺服电动机的额定状态

2.5.2　主要性能指标

1. 空载始动电压 U_{s0}

在额定励磁电压和空载情况下，使转子在任意位置开始连续转动所需的最小控制电压定义为空载始动电压 U_{s0}，通常以额定控制电压的百分比来表示。U_{s0} 越小，表示伺服电动机的灵敏度越高。一般要求 U_{s0} 不大于额定控制电压的 $3\%\sim4\%$。用于精密仪器仪表中的两相感应伺服电动机，有时要求 U_{s0} 不大于额定电压的 1%。

2. 机械特性非线性度 k_m

在额定励磁电压下，任意控制电压时的实际机械特性与线性机械特性在转矩 $T_e = T_k/2$ 时的转速偏差 Δn 与空载转速 n_0（对称状态时）之比的百分数，定义为机械特性非线性度，即

$$k_m = \frac{\Delta n}{n_0} \times 100\%$$

如图2-22所示。

3. 调节特性非线性度 k_v

在额定励磁电压和空载情况下，当 $\alpha_e = 0.7$ 时，实际调节特性与线性调节特性的转速偏差 Δn 与 $\alpha_e = 1$ 时的空载转速 n_0 之比的百分数定义为调节特性非线性度，即

$$k_v = \frac{\Delta n}{n_0} \times 100\%$$

如图 2-23 所示。

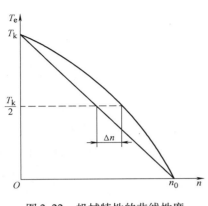

图 2-22　机械特性的非线性度　　　　图 2-23　调节特性的非线性度

　　以上特性的非线性度越小，特性曲线越接近直线，系统的动态误差就越小，工作就越准确，一般要求 $k_m \leqslant 10\% \sim 20\%$，$k_v \leqslant 20\% \sim 25\%$。

4. 机电时间常数 τ_m

对伺服电动机而言，机电时间常数 τ_m 是反映电动机动态响应快速性的一项重要指标。在技术数据中给出的机电时间常数是用对称状态下的空载转速 n_0 代替同步转速 n_s 按照式（2-65）计算所得，即

$$\tau_m = 0.1047 \frac{J n_0}{T_{k0}} \tag{2-80}$$

式中，T_{k0} 仍为对称状态下的堵转转矩。

考虑到机械特性的非线性及有效信号系数变化的影响，两相感应伺服电动机实际运行时的机电时间常数 τ'_m 与 τ_m 有所不同，这个问题在电动机动态性能分析中已进行过详细讨论，在此不再赘述。

我国生产的 SL 系列笼型转子两相感应伺服电动机的机电时间常数为 $10 \sim 55\text{ms}$，其中大部分产品的机电时间常数仅为 $10 \sim 20\text{ms}$。

2.5.3　两相感应伺服电动机与直流伺服电动机的性能比较

两相感应伺服电动机和直流伺服电动机均在自动控制系统中作为执行元件使用，在控制系统设计时，往往会遇到选用两相感应伺服电动机还是选用直流伺服电动机的问题。下面就这两种电动机的性能做简要的比较，分别说明它们各自的主要优缺点，以便选用时参考。

1. 机械特性和调节特性

直流伺服电动机的机械特性和调节特性都是线性的，且在不同控制电压下机械特性是平行的，斜率不变。而两相感应伺服电动机的机械特性和调节特性都是非线性的，且其线性化机械特性的斜率随控制电压的改变而变化，这些都将影响系统的动态精度。

2. 动态响应

电动机动态响应的快速性常常以机电时间常数来衡量，而机电时间常数 $\tau_m =$

$0.1047 \dfrac{Jn_0}{T_{k0}}$。由于直流伺服电动机的转子上有电枢绕组和换向器等，它的转动惯量要比两相感应伺服电动机大得多。但由于直流伺服电动机的机械特性比两相感应伺服电动机硬得多，若两电动机的空载转速相同，直流伺服电动机的堵转转矩要大得多。因此综合起来，它们的机电时间常数相差不多。

3. "自转" 现象

对于两相感应伺服电动机，若参数选择不当或制造工艺不良，则可能产生"自转"现象，而直流伺服电动机却不存在该问题。

4. 体积、重量和效率

为了满足控制系统对电动机性能的要求，两相感应伺服电动机的转子电阻很大，因此其损耗大、效率低。而且电动机通常运行在椭圆形旋转磁场下，负序电流和反向旋转磁场的存在，一方面产生制动转矩，使电磁转矩减小，另一方面也进一步增加了电动机的损耗，降低了电动机的利用率。因此当输出功率相同时，两相感应伺服电动机要比直流伺服电动机体积大、重量重、效率低，所以它只适用于功率为 0.5 ~ 100W 的小功率系统，对于功率较大的控制系统，则较多地采用直流伺服电动机。

5. 结构复杂性、运行可靠性及对系统的干扰等

直流伺服电动机由于存在电刷和换向器，给它带来了一系列问题：电动机结构复杂，而且维护比较麻烦；由于电刷和换向器的滑动接触，增加了电动机的阻转矩，由于这种摩擦阻转矩以及电刷的接触电阻都不稳定，因此会影响电动机低速运行时的稳定性；存在换向火花问题，会对其他仪器和无线电通信等产生干扰。

而两相感应伺服电动机结构简单，运行可靠，维护方便，使用寿命长，特别适宜于在不易检修的场合使用。

2.6　三相感应伺服电动机及其矢量控制

在过去很长一个时期，三相感应电动机由于调速性能不佳，主要用于普通的恒速驱动场合。但随着变频调速技术的发展，特别是矢量控制技术的应用和日渐成熟，使得三相感应电动机的伺服性能大为改进。目前，采用矢量控制的三相感应电动机伺服驱动系统，无论是静态性能，还是动态性能，都已达到甚至超过直流伺服系统。在高性能伺服驱动领域，采用矢量控制的交流伺服电动机正在取代直流伺服电动机。

2.6.1　三相感应电动机的变频运行

我们知道，对于三相感应电动机，当定子绕组通入三相对称正弦电流，其产生的基波合成磁场的旋转速度（即同步转速）为 $n_s = \dfrac{60f_1}{p_n}$（p_n 为电动机的极对数$^{\ominus}$），而转子转速为 $n = (1-s)n_s$。正常运行时，由于转差率 s 很小，$n \approx n_s$，因此若能连续地改变定子绕组的供电频率，就可以平滑地调节电动机的同步转速，从而达到调速的目的。

但值得注意的是，在三相感应电动机中，定子绕组电压与频率之间存在下述关系

$\ominus$　本节中极对数用 p_n 表示，以便与时间的微分算子 $p = \dfrac{\mathrm{d}}{\mathrm{d}t}$ 加以区分。

$$U_s \approx E_1 = 4.44 f_1 N k_{w1} \varPhi_m$$

在变频过程中，如果定子电压 U_s 保持不变，电动机的气隙磁通会随着频率的改变相应地变化。我们希望在调速过程中电动机的每极磁通 $\varPhi_m$ 能近似保持额定值不变。如果磁通减少，会导致电动机出力下降，这意味着电动机的铁心没有得到充分利用，是一种浪费；如果磁通过分增大，又会使铁心饱和，引起定子电流励磁分量的急剧增加，导致功率因数下降、损耗增加、电动机过热等。因此在感应电动机变频调速过程中，需进行电压 – 频率协调控制，使电动机的端电压随着频率的变化而相应地变化，以使气隙磁通能近似保持额定值不变。最基本的电压 – 频率协调控制方式就是使 $U_s/f_1 = $ 常数，即所谓的恒压频比控制。

根据三相感应电动机的等效电路，可以求得在 $U_s/f_1 = $ 常数的情况下感应电动机变频运行时的机械特性，如图 2-24 所示。

由图 2-24 可以看出，按 $U_s/f_1 = $ 常数进行控制时，电动机的最大转矩随着频率的降低而下降。低频时，由于最大转矩下降较多，会影响电动机的带载能力。这一现象主要是由定子电阻 R_s 的影响造成的。在三相感应电动机中，U_s 与 E_1 之间差一个定子漏阻抗压降，$\dot{U}_s = (R_s + jX_s)\dot{I}_s - \dot{E}_1$，当频率较高时 U_s、E_1 较大，定子漏阻抗压降相对较小，其影响可以忽略不计。当按 $U_s/f_1 = $ 常数进行控制时，由于 $\varPhi_m \propto E_1/f_1$，故 $\varPhi_m$ 近似不变；但当频率较低时，由于 U_s 随 f_1 成比例下

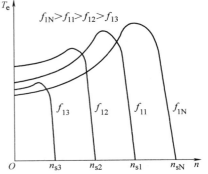

图 2-24　$U_s/f_1 = $ 常数时三相感应电动机变频运行的转矩 – 转速特性

降，而电流一定时的电阻压降 $R_s I_s$ 却保持不变，将使 E_1 明显小于 U_s，从而导致磁通 $\varPhi_m$ 降低，最大转矩随之下降。对于恒转矩负载，为了使整个调速范围内过载能力保持不变，希望变频运行时不同频率下的最大转矩能保持恒定，为此通常需在低频时进行电压补偿，即在 $U_s/f_1 = $ 常数的基础上，适当提高低频时的电压，以补偿定子电阻压降的影响，典型的电压 – 频率特性如图 2-25 所示。

在额定频率 f_{1N}（变频调速中常称为基频）以下，采用恒压频比控制或带低频补偿的恒压频比控制，不同频率下的气隙磁通近似保持额定磁通 $\varPhi_{mN}$ 不变，电动机的最大转矩也近似保持不变，则要求过载能力一定时，不同转速下电动机的允许输出转矩不变，适合于恒转矩负载，这种调速特性称为恒转矩调速。当频率达到基频时，电压已达额定值，若频率超过基频，因电压不能继续增加，通常使之保持额定值不变，即基频以上时通常只能恒压变频，这样气隙磁通将随频率升高近似成反比下降，电动机进入弱磁调速阶段。在该阶段由于磁通降低导致电动机的最大转矩随频率升高而下降，过载能力一定时电动机的允许输出转矩下降，允许输出功率近似保持不变，具有近似恒功率调速特性。带低频电压补偿时三相感应电动机变频运行的转矩 – 转速特性，即变频调速时的机械特性，如图 2-26 所示。

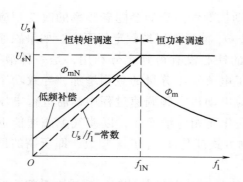

图 2-25 变频运行时的电压 – 频率特性曲线

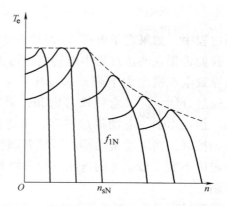

图 2-26 带低频电压补偿时三相感应电动机
变频运行的转矩 – 转速特性

需要指出的是：对于三相感应电动机而言，虽然有多种方法（如调压调速、串级调速等）可以通过改变转差率 s 实现调速，另外改变极对数 p_n 也可通过改变电动机的同步转速 n_s 实现调速（变极调速），但多年来的研究和实践表明，变频调速是三相感应电动机最理想的调速方法，在伺服驱动领域更是如此。

2.6.2 矢量控制的基本概念与坐标变换

1. 矢量控制的基本概念

普通的变频调速控制方法虽能实现三相感应电动机的变速运行，但就动态性能而言与直流伺服电动机相比尚有明显差距。原因在于普通的控制方法无法对感应电动机动态过程中的电磁转矩进行有效控制，而对动态转距的控制是决定电动机动态性能的关键。

在直流伺服电动机中电磁转矩

$$T_e = C_t \Phi i_a$$

式中，Φ 为主磁通，由励磁绕组电流 i_f 产生；i_a 为电枢绕组电流。

若电刷位于磁极的几何中性线上，电枢电流 i_a 所产生的电枢反应磁动势与主磁通 Φ 在空间相互垂直，当磁路不饱和或通过补偿绕组对电枢反应磁动势予以补偿后，电枢电流 i_a 不影响主磁通 Φ，并且 i_a 和 Φ 可以分别通过电枢绕组和励磁绕组独立地进行调节。当励磁电流 i_f 保持不变时，磁通 Φ 恒定，通过对电枢电流 i_a 的控制，即可实现对动态转矩的有效控制，从而决定了其良好的动态性能。

在三相感应电动机中情况要复杂得多。感应电动机的电磁转矩并不与定子电流的大小成正比，因为其定子电流中既有产生转矩的有功分量，又有产生磁场的励磁分量，二者纠缠在一起，而且都随着电动机运行情况的改变而相应地变化，因此要在动态过程中准确地控制感应电动机的电磁转矩就显得十分困难。矢量控制理论为解决这一问题提供了一套行之有效的方法。

矢量控制的基本思想是：借助于坐标变换，把实际的三相感应电动机等效成两相旋转坐标系中的直流电动机，在一个适当选择的两相旋转坐标系中，三相感应电动机可以具有与直流电动机相似的转矩公式，并且定子电流中的转矩分量与励磁分量可以实现解耦，分别相当于直流电动机中的电枢电流和励磁电流，这样在该坐标系中就可以模仿直流电动机的控制方式对感应电动机进行控制，从而使三相感应电动机获得与直流伺服电动机相似的动态性能。

2. 坐标变换与绕组等效

从数学的角度看，所谓坐标变换就是将方程中原来的变量用一组新的变量代替，或者说用新的坐标系去替换原来的坐标系，目的是使分析、计算得以简化。电机分析与控制中的坐标变换具有明确的物理意义。从物理意义上看，电机分析中的坐标变换可以看作是电机绕组的等效变换。

我们知道在感应电动机工作原理中，最重要的就是旋转磁场的产生，并且在电机中将定、转子绕组联系在一起的也只有绕组产生的磁场，这意味着两套不同结构形式的绕组只要产生的磁场完全相同，它们的作用就应该是等效的。以定子绕组为例，不管绕组的具体结构和参数如何，只要其产生磁场的大小、空间分布、转速、转向等都相同，它与转子的相互作用情况就相同，即在转子中感应电动势、产生电流及电磁转矩的情况相同，也就是说如果从转子侧看定子，只能看到定子绕组产生的磁场，而看不到产生磁场的定子绕组本身。对转子绕组有同样的结论，从定子侧也只能看到转子绕组产生的磁场，而看不到转子绕组的具体结构。而不同结构形式或参数的绕组在一定条件下能够产生完全相同的磁场，即它们可以相互等效，这就为我们对电机进行等效变换提供了可能。其实在感应电机中通常将笼型转子等效成绕线转子进行分析、计算也正是基于这一点。

图 2-27 分别示出了三相对称静止绕组、两相对称静止绕组和两相旋转正交绕组三种不同形式的绕组，若在图 2-27a 的三相对称静止绕组中通入角频率 $\omega_1 = 2\pi f_1$ 的三相对称正弦电流 i_A、i_B、i_C，则可产生一个在空间以电角速度 ω_1 旋转的旋转磁动势 $\boldsymbol{F}$；若在图 2-27b 的两相对称静止绕组中，通入角频率为 ω_1 的两相对称正弦电流 i_α、i_β，同样可以产生一个在空间以电角速度 ω_1 旋转的旋转磁动势；再看图 2-27c 中的两个匝数相同且在空间互差 90°电角度的绕组 d、q，若分别通入直流电流 i_d、i_q，则在空间产生一个相对于 d、q 绕组静止的磁动势 $\boldsymbol{F}$，若使 d、q 绕组在空间以电角速度 ω_1 旋转，则磁动势 $\boldsymbol{F}$ 也变成了转速为 ω_1 的空间旋转磁动势。不难想象，在一定条件下上述三种绕组可以产生大小相等，转速、转向等均相同的磁动势，因此从产生磁场的角度看，它们之间可以相互等效。由此就不难理解为

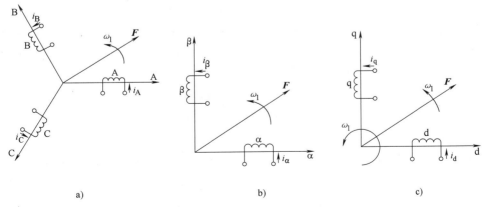

a)　　　　　　　　　　　　　b)　　　　　　　　　　　　　c)

图 2-27　三相静止、两相静止及两相旋转绕组间的等效

a）三相对称静止绕组　b）两相对称静止绕组　c）两相旋转正交绕组

什么可以把定子为三相对称静止绕组的三相感应电动机等效成一台旋转坐标系中的直流电动机了。

3. 电机分析与控制中的坐标变换

由上述分析不难看出，在进行绕组等效变换时，变换前后绕组中的物理量（电流、电压等）之间必须满足一定的关系，才能保证变换前后的作用等效，这种关系就是所谓的坐标变换关系。

可以证明（参见附录 A），欲使图 2-27 中的两相静止绕组与三相静止绕组等效，应使两套绕组的有效匝数比 $N_2/N_3 = \sqrt{3/2}$，并且两相绕组电流与三相绕组电流之间满足

$$\begin{pmatrix} i_\alpha \\ i_\beta \\ i_0 \end{pmatrix} = \sqrt{\frac{2}{3}} \begin{pmatrix} 1 & -\dfrac{1}{2} & -\dfrac{1}{2} \\ 0 & \dfrac{\sqrt{3}}{2} & -\dfrac{\sqrt{3}}{2} \\ \dfrac{1}{\sqrt{2}} & \dfrac{1}{\sqrt{2}} & \dfrac{1}{\sqrt{2}} \end{pmatrix} \begin{pmatrix} i_A \\ i_B \\ i_C \end{pmatrix} \tag{2-81}$$

式中，i_0 称为零轴分量，$i_0 = (i_A + i_B + i_C)/\sqrt{3}$，是为了使新旧坐标系中的变量之间能建立唯一确定的对应关系而引入的。

在逆变器供电的三相感应电动机中，定子绕组通常采用无中线的 Y 联结，有 $i_A + i_B + i_C = 0$，此时 $i_0 = 0$，因此在进行有关分析、计算时通常不需考虑零轴分量。

上述由三相静止坐标系到两相静止坐标系的坐标变换称为三相 – 两相变换，简称 3/2 变换。其逆变换为

$$\begin{pmatrix} i_A \\ i_B \\ i_C \end{pmatrix} = \sqrt{\frac{2}{3}} \begin{pmatrix} 1 & 0 & \dfrac{1}{\sqrt{2}} \\ -\dfrac{1}{2} & \dfrac{\sqrt{3}}{2} & \dfrac{1}{\sqrt{2}} \\ -\dfrac{1}{2} & -\dfrac{\sqrt{3}}{2} & \dfrac{1}{\sqrt{2}} \end{pmatrix} \begin{pmatrix} i_\alpha \\ i_\beta \\ i_0 \end{pmatrix} \tag{2-82}$$

这是由两相静止坐标系到三相静止坐标系的坐标变换，简称 2/3 变换。

两相静止绕组与两相旋转绕组进行等效变换时，绕组有效匝数不变。由两相静止坐标系到两相旋转坐标系的坐标变换，称为两相 – 两相旋转变换或矢量旋转变换，简称旋转变换（常用 VR 表示）或 2s/2r 变换，其变换关系为

$$\begin{pmatrix} i_d \\ i_q \end{pmatrix} = \begin{pmatrix} \cos\theta & \sin\theta \\ -\sin\theta & \cos\theta \end{pmatrix} \begin{pmatrix} i_\alpha \\ i_\beta \end{pmatrix} \tag{2-83}$$

式中，θ 为 d 轴领先 α 轴的电角度。

相应的逆变换常称为反旋转变换（常用 VR^{-1} 表示）或 2r/2s 变换，其变换关系为

$$\begin{pmatrix} i_\alpha \\ i_\beta \end{pmatrix} = \begin{pmatrix} \cos\theta & -\sin\theta \\ \sin\theta & \cos\theta \end{pmatrix} \begin{pmatrix} i_d \\ i_q \end{pmatrix} \tag{2-84}$$

对于绕组中的其他量，如电压 u、磁链 ψ 等，其坐标变换关系与电流相同，只需将上述公式中的 "i" 换成 "u" 或 "ψ" 即可。

2.6.3　三相感应电动机的动态数学模型

矢量控制的主要目的是解决感应电动机动态过程中的转矩控制问题，在动态过程中三相感应电动机的电磁关系与稳态时有很大不同，因此为了讨论矢量控制还需要建立三相感应电动机的动态方程。

1. 两相静止坐标系中的动态数学模型

鉴于按照实际三相感应电动机的物理模型建立动态方程推导过于烦琐（参见附录 B），为了简化推导，在此假定已将感应电动机三相定、转子绕组的各物理量经坐标变换，变换到了两相静止坐标系，在两相静止坐标系 αβ 中，感应电动机的物理模型如图 2-28 所示。

图中将实际的定子三相静止绕组等效为 αβ 坐标系中的两相静止绕组 α_s、β_s，实际的转子旋转绕组等效到 αβ 坐标系中成为位于 α、β 轴上的"伪静止绕组" α_r、β_r。注意这里"伪静止绕组"的概念，伪静止绕组具有静止和旋转双重属性：一方面从产生磁场的角度看，它相当于静止绕组，绕组电流产生的磁动势轴线在空间静止不动；但另一方面从产生感应电动势的角度看，绕组又具有旋转的属性，即除了因磁场变化在绕组中产生变压器电动势外，还会因绕组导体旋转而产生速度电动势。这是因为对于实际的旋转绕组来讲，虽然从产生磁场的角度可以等效为静止绕组，但其本身由于旋转而产生速度电动势的特性并不能用静止绕组来反映，故引入了伪静止绕组的概念。仔细研究一下直流电动机的电枢绕组不难发现，它就是一个伪静止绕组。在直流电动机中，一方面由于电刷和换向器的作用电枢电流的空间分布情况不受绕组导体旋转的影响，其所产生的电枢磁动势在空间是静止不动的，即从产生磁动势的角度看电枢绕组相当于一个静止绕组；另一方面，由于绕组导体实际是旋转的，会切割磁力线，从而在绕组中产生速度电动势，即电枢电动势 E_a。

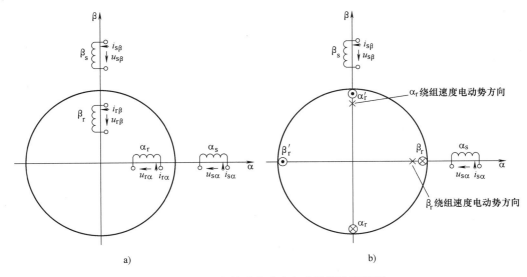

图 2-28　αβ 坐标系中感应电动机的物理模型

为了便于后面的分析，在图 2-28b 中给出了将转子绕组用整距集中绕组表示后的情况。

绕组中各物理量的正方向符合电动机惯例：在绕组内部电流的正方向与电压的正方向一致；绕组流过正向电流时产生正向磁通；感应电动势的正方向与产生该电动势的磁通的正方

向之间符合右手螺旋关系，所以感应电动势正方向与电流正方向一致。

我们知道，在电机中若某绕组电阻为 R，外施电压为 u，绕组电流为 i，感应电动势为 e，且各量正方向符合上述规定，则其电压平衡方程应为 $u = Ri - e$。据此，考虑到两相定子绕组是静止绕组，感应电动势中只有变压器电动势，即有

$$\left.\begin{array}{l} e_{s\alpha} = -\dfrac{\mathrm{d}\psi_{s\alpha}}{\mathrm{d}t} \\[3mm] e_{s\beta} = -\dfrac{\mathrm{d}\psi_{s\beta}}{\mathrm{d}t} \end{array}\right\} \tag{2-85}$$

式中，$\psi_{s\alpha}$、$\psi_{s\beta}$ 分别为定子 α、β 轴绕组的磁链。

则定子绕组的电压平衡方程应为

$$\left.\begin{array}{l} u_{s\alpha} = R_s i_{s\alpha} + p\psi_{s\alpha} \\[2mm] u_{s\beta} = R_s i_{s\beta} + p\psi_{s\beta} \end{array}\right\} \tag{2-86}$$

式中，R_s 为定子绕组电阻；p 为微分算子，$p = \dfrac{\mathrm{d}}{\mathrm{d}t}$。

由图 2-28，定子绕组的磁链方程为

$$\left.\begin{array}{l} \psi_{s\alpha} = L_{11} i_{s\alpha} + L_{12} i_{r\alpha} \\[2mm] \psi_{s\beta} = L_{11} i_{s\beta} + L_{12} i_{r\beta} \end{array}\right\} \tag{2-87}$$

式中，L_{11} 为定子绕组自感；L_{12} 为轴线重合时定、转子绕组间的互感。

转子绕组 α_r、β_r 是"伪静止绕组"，如前所述，其感应电动势应包括变压器电动势和速度电动势两部分，变压器电动势由磁链变化产生，若两绕组的磁链为 $\psi_{r\alpha}$、$\psi_{r\beta}$，则其变压器电动势分别为 $-\dfrac{\mathrm{d}\psi_{r\alpha}}{\mathrm{d}t}$ 和 $-\dfrac{\mathrm{d}\psi_{r\beta}}{\mathrm{d}t}$；而速度电动势由导体切割磁力线产生，由图 2-28b 可见，α_r 绕组导体位于 β 轴处，其速度电动势大小应与转子转速 ω_r 及 β 轴处的磁密之积成正比，而 β_r 绕组导体位于 α 轴处，其速度电动势大小应与 ω_r 及 α 轴处的磁密之积成正比。进一步的分析推导表明，两绕组速度电动势大小分别为 $\omega_r\psi_{r\beta}$ 和 $\omega_r\psi_{r\alpha}$。同时，由右手定则可知，α_r 绕组速度电动势方向与参考正方向相反，故应为负；而 β_r 绕组速度电动势方向与参考正方向一致，故电动势为正。综合上述分析可得

$$\left.\begin{array}{l} e_{r\alpha} = -\dfrac{\mathrm{d}\psi_{r\alpha}}{\mathrm{d}t} - \omega_r\psi_{r\beta} \\[3mm] e_{r\beta} = -\dfrac{\mathrm{d}\psi_{r\beta}}{\mathrm{d}t} + \omega_r\psi_{r\alpha} \end{array}\right\} \tag{2-88}$$

则转子绕组电压平衡方程应为

$$\left.\begin{array}{l} u_{r\alpha} = R_r i_{r\alpha} + p\psi_{r\alpha} + \omega_r\psi_{r\beta} \\[2mm] u_{r\beta} = R_r i_{r\beta} + p\psi_{r\beta} - \omega_r\psi_{r\alpha} \end{array}\right\} \tag{2-89}$$

转子绕组磁链方程为

$$\left.\begin{array}{l} \psi_{r\alpha} = L_{12} i_{s\alpha} + L_{22} i_{r\alpha} \\[2mm] \psi_{r\beta} = L_{12} i_{s\beta} + L_{22} i_{r\beta} \end{array}\right\} \tag{2-90}$$

式中，L_{22} 为转子绕组自感。

此外，由图 2-28b 还可以看出：α_r 绕组电流与 β 轴磁场相互作用将产生正向转矩，β_r 绕组电流与 α 轴磁场相互作用将产生反向转矩，这两个转矩合成起来即为感应电动机的电磁转矩，可以证明（参见附录 B）两相静止坐标系中感应电动机的电磁转矩公式为

$$T_e = p_n(\psi_{r\beta} i_{r\alpha} - \psi_{r\alpha} i_{r\beta}) \tag{2-91}$$

电压方程式（2-86）和式（2-89）、磁链方程式（2-87）和式（2-90）、转矩公式（2-91）结合式（2-92）的机械运动方程，就构成了 $\alpha\beta$ 坐标系上三相感应电动机的动态数学模型

$$T_e = T_L + \frac{R_\Omega}{p_n}\omega_r + \frac{J}{p_n}\frac{d\omega_r}{dt} \tag{2-92}$$

若将定、转子绕组的磁链方程式（2-87）和式（2-90）代入电压方程式（2-86）和式（2-89），并写成矩阵形式，可得到式（2-93）以电感参数表达的电压方程

$$\begin{pmatrix} u_{s\alpha} \\ u_{s\beta} \\ u_{r\alpha} \\ u_{r\beta} \end{pmatrix} = \begin{pmatrix} R_s + L_{11}p & 0 & L_{12}p & 0 \\ 0 & R_s + L_{11}p & 0 & L_{12}p \\ L_{12}p & \omega_r L_{12} & R_r + L_{22}p & \omega_r L_{22} \\ -\omega_r L_{12} & L_{12}p & -\omega_r L_{22} & R_r + L_{22}p \end{pmatrix} \begin{pmatrix} i_{s\alpha} \\ i_{s\beta} \\ i_{r\alpha} \\ i_{r\beta} \end{pmatrix} \tag{2-93}$$

2. 两相同步旋转坐标系中的动态数学模型

前已述及，矢量控制是通过把实际三相感应电动机等效变换成两相旋转坐标系中的直流电动机才得以实现的，为此我们还需要建立在两相旋转坐标系中的感应电动机动态数学模型，这可以由 $\alpha\beta$ 坐标系中的动态方程通过坐标变换得到。

所谓两相同步旋转坐标系是指转速为同步角速度（即旋转磁场转速）ω_1 的两相旋转正交坐标系 dq，两相同步旋转坐标系 dq 中感应电动机的物理模型以及其与 $\alpha\beta$ 坐标系的关系如图 2-29 所示。

设某时刻 dq 坐标系的 d 轴领先 $\alpha\beta$ 坐标系 α 轴 θ 电角度，根据式（2-84）的坐标变换关系，应有

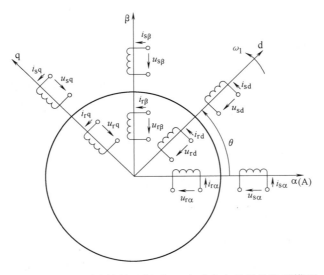

图 2-29　两相同步旋转坐标系 dq 中感应电动机的物理模型

$$u_{s\alpha} = u_{sd}\cos\theta - u_{sq}\sin\theta$$

$$i_{s\alpha} = i_{sd}\cos\theta - i_{sq}\sin\theta$$

$$\psi_{s\alpha} = \psi_{sd}\cos\theta - \psi_{sq}\sin\theta$$

代入式（2-86）第一式，整理得

$$u_{sd}\cos\theta - u_{sq}\sin\theta = (R_s i_{sd} + p\psi_{sd} - \omega_1\psi_{sq})\cos\theta - (R_s i_{sq} + p\psi_{sq} + \omega_1\psi_{sd})\sin\theta$$

欲使上式对任一 θ 均成立，应有

$$\left.\begin{array}{l} u_{sd} = R_s i_{sd} + p\psi_{sd} - \omega_1\psi_{sq} \\ u_{sq} = R_s i_{sq} + p\psi_{sq} + \omega_1\psi_{sd} \end{array}\right\} \tag{2-94}$$

式中，ω_1 为 dq 坐标系在空间的旋转电角速度，$\omega_1 = \dfrac{\mathrm{d}\theta}{\mathrm{d}t}$；$\psi_{sd}$、$\psi_{sq}$ 分别为定子 d、q 轴绕组的磁链，有

$$\left.\begin{array}{l} \psi_{sd} = L_{11}i_{sd} + L_{12}i_{rd} \\ \psi_{sq} = L_{11}i_{sq} + L_{12}i_{rq} \end{array}\right\} \tag{2-95}$$

式（2-94）和式（2-95）即分别为 dq 坐标系中感应电动机的定子绕组电压方程和磁链方程。由式（2-94）可见，在 dq 坐标系的定子电压方程中出现了速度电动势项，这是因为实际在空间静止的定子绕组从旋转的 dq 坐标系看，相对该坐标系是以电角速度 ω_1 反向旋转的旋转绕组，等效成为 dq 坐标系中的静止绕组后，应是伪静止绕组。

经类似推导，可得 dq 坐标系中的转子绕组电压方程和磁链方程为

$$\left.\begin{array}{l} u_{rd} = R_r i_{rd} + p\psi_{rd} - \omega_{sl}\psi_{rq} \\ u_{rq} = R_r i_{rq} + p\psi_{rq} + \omega_{sl}\psi_{rd} \end{array}\right\} \tag{2-96}$$

$$\left.\begin{array}{l} \psi_{rd} = L_{12}i_{sd} + L_{22}i_{rd} \\ \psi_{rq} = L_{12}i_{sq} + L_{22}i_{rq} \end{array}\right\} \tag{2-97}$$

式中，ω_{sl} 为转差角速度，$\omega_{sl} = \omega_1 - \omega_r$。

将 $\psi_{r\alpha}$、$\psi_{r\beta}$ 与 ψ_{rd}、ψ_{rq} 以及 $i_{r\alpha}$、$i_{r\beta}$ 与 i_{rd}、i_{rq} 的坐标变换关系代入 $\alpha\beta$ 坐标系中的转矩公式（2-91），整理后可得 dq 坐标系中的转矩公式为

$$T_e = p_n(\psi_{rq}i_{rd} - \psi_{rd}i_{rq}) \tag{2-98}$$

上述转矩公式是用转子磁链和转子电流表达的，也可将转矩公式用定子磁链和定子电流表示，利用式（2-95）和式（2-97），将转子电流 i_{rd}、i_{rq} 以及转子磁链 ψ_{rd}、ψ_{rq} 用定子磁链 ψ_{sd}、ψ_{sq} 和定子电流 i_{sd}、i_{sq} 表达，并代入式（2-98），整理后可得

$$T_e = p_n(\psi_{sd}i_{sq} - \psi_{sq}i_{sd}) \tag{2-99}$$

机械运动方程不参与坐标变换，仍为式（2-92）。

2.6.4 三相感应电动机矢量控制原理

1. 按转子磁场定向的 MT 坐标系

前面建立两相同步旋转坐标系 dq 时，只规定了 d、q 轴以同步角速度 ω_1 随磁场同步旋转，并未对 d 轴与旋转磁场的相对位置做任何限定，这样的 dq 坐标系实际上有无穷多个，在普通的 dq 坐标系中感应电动机并不具有和直流电动机相似的电磁关系，因此也不能实现

转矩控制与磁场控制的解耦。在矢量控制中为了实现定子绕组电流转矩分量与励磁分量的解耦，必须进一步对 d 轴的取向进行限定，称为定向。通常是使 d 轴与电机某一旋转磁场的方向一致，称为磁场定向，所以矢量控制也称为磁场定向控制（Field Orientation Control，FOC）。矢量控制可以按不同的磁场进行定向，如按转子磁场定向、按气隙磁场定向、按定子磁场定向等。在感应电动机矢量控制中，最常用的是按转子磁场定向。所谓按转子磁场定向，是指使 dq 坐标系的 d 轴始终与转子磁链矢量 $\boldsymbol{\psi}_r$ 的方向一致，为了与未定向的 dq 坐标系加以区别，常将定向后的 d 轴改称 M（Magnetization）轴，相应地 q 轴改称 T（Torque）轴，定向后的坐标系称为按转子磁场定向的 MT 坐标系，如图 2-30 所示。

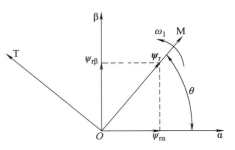

图 2-30　按转子磁场定向的
MT 坐标系

2. 按转子磁场定向 MT 坐标系中感应电动机的动态数学模型

由于 MT 坐标系是 dq 坐标系的特例，因此原则上只要将前述同步 dq 坐标系动态方程中的 d 轴变量换成 M 轴变量、q 轴变量换成 T 轴变量，就可以得到 MT 坐标系中的动态方程。但是，鉴于定向后的 M 轴与 $\boldsymbol{\psi}_r$ 方向一致，T 轴与 $\boldsymbol{\psi}_r$ 垂直，转子磁链矢量 $\boldsymbol{\psi}_r$ 的 M 轴分量和 T 轴分量存在以下关系：

$$\left.\begin{array}{l} \psi_{rM} = \psi_r \\ \psi_{rT} = 0 \end{array}\right\} \tag{2-100}$$

因此，在按转子磁场定向的 MT 坐标系中，转子磁链方程和转子电压方程都会有所简化。

根据式(2-97)，结合式(2-100)，MT 坐标系中的转子磁链方程应为

$$\left.\begin{array}{l} \psi_r = L_{12} i_{sM} + L_{22} i_{rM} \\ 0 = L_{12} i_{sT} + L_{22} i_{rT} \end{array}\right\} \tag{2-101}$$

相应地，转子电压方程应为

$$\left.\begin{array}{l} u_{rM} = R_r i_{rM} + p\psi_r \\ u_{rT} = R_r i_{rT} + \omega_{sl}\psi_r \end{array}\right\}$$

考虑到感应电动机转子绕组是自行闭合的短路绕组，$u_{rM} = u_{rT} = 0$，转子电压方程可进一步简化为

$$\left.\begin{array}{l} 0 = R_r i_{rM} + p\psi_r \\ 0 = R_r i_{rT} + \omega_{sl}\psi_r \end{array}\right\} \tag{2-102}$$

在 MT 坐标系中，定子绕组各方程的形式不变，因此其定子电压方程和定子磁链方程分别为

$$\left.\begin{array}{l} u_{sM} = R_s i_{sM} + p\psi_{sM} - \omega_1 \psi_{sT} \\ u_{sT} = R_s i_{sT} + p\psi_{sT} + \omega_1 \psi_{sM} \end{array}\right\} \tag{2-103}$$

$$\left.\begin{array}{l} \psi_{sM} = L_{11} i_{sM} + L_{12} i_{rM} \\ \psi_{sT} = L_{11} i_{sT} + L_{12} i_{rT} \end{array}\right\} \tag{2-104}$$

由式（2-98），在按转子磁场定向的 MT 坐标系中转矩公式为

$$T_e = -p_n \psi_r i_{rT} \tag{2-105}$$

将各磁链表达式代入电压方程，并写成矩阵形式，可得

$$\begin{pmatrix} u_{sM} \\ u_{sT} \\ 0 \\ 0 \end{pmatrix} = \begin{pmatrix} R_s + L_{11}p & -\omega_1 L_{11} & L_{12}p & -\omega_1 L_{12} \\ \omega_1 L_{11} & R_s + L_{11}p & \omega_1 L_{12} & L_{12}p \\ L_{12}p & 0 & R_r + L_{22}p & 0 \\ \omega_{sl} L_{12} & 0 & \omega_{sl} L_{22} & R_r \end{pmatrix} \begin{pmatrix} i_{sM} \\ i_{sT} \\ i_{rM} \\ i_{rT} \end{pmatrix} \tag{2-106}$$

3. 按转子磁场定向的感应电动机矢量控制方程

在感应电动机矢量控制系统中，由于可直接测量和控制的只有定子边的量，因此需从上述方程中找出定子电流的两个分量 i_{sM}、i_{sT} 与其他物理量的关系。首先看转子磁链 ψ_r 与定子电流之间的关系。

由式（2-102）第一式的转子 M 轴电压方程可得

$$i_{rM} = -\frac{p \psi_r}{R_r} \tag{2-107}$$

代入式（2-101）第一式，整理得

$$i_{sM} = \frac{T_r p + 1}{L_{12}} \psi_r \tag{2-108}$$

或

$$\psi_r = \frac{L_{12}}{T_r p + 1} i_{sM} \tag{2-109}$$

式中，T_r 为转子绕组时间常数，$T_r = L_{22}/R_r$。

下面再来看电磁转矩与定子电流的关系。由式（2-101）第二式得

$$i_{rT} = -\frac{L_{12} i_{sT}}{L_{22}} \tag{2-110}$$

代入式（2-105），可得

$$T_e = p_n \frac{L_{12}}{L_{22}} \psi_r i_{sT} \tag{2-111}$$

此外，由式（2-102）第二式和式（2-110）可得

$$\omega_{sl} = \frac{L_{12}}{T_r \psi_r} i_{sT} \tag{2-112}$$

式（2-108）或式（2-109）与式（2-111）和式（2-112）反映了感应电动机矢量控制的基本电磁关系，常称为按转子磁场定向的感应电动机矢量控制方程。

式（2-108）或式（2-109）表明，转子磁链 ψ_r 仅由定子电流的 M 轴分量 i_{sM} 产生，与 T 轴分量 i_{sT} 无关；而由转矩公式（2-111）可见，电磁转矩由转子磁链 ψ_r 和定子电流 T 轴分量 i_{sT} 共同决定，在 ψ_r 一定的情况下，电磁转矩与 i_{sT} 成正比，因此 i_{sM} 称为定子电流的励磁分量，i_{sT} 称为定子电流的转矩分量。由于 i_{sT} 不影响转子磁链 ψ_r，所以在按转子磁场定向的 MT 坐标系中定子电流的转矩分量和励磁分量是解耦的，i_{sM} 产生有效磁场（转子磁链 ψ_r），相当于直流伺服电动机中的励磁电流 i_f，通过控制 i_{sM} 可以控制 ψ_r 的大小；而 i_{sT} 是产生电磁转矩的有效分量，相当于直流伺服电动机的电枢电流 i_a，它们分别对转矩产生影响。

由此可见，在该 MT 坐标系中可以像在直流电动机中分别控制电枢电流 i_a 和励磁电流 i_f 一样，通过对 i_{sT} 和 i_{sM} 的控制，实现对感应电动机动态电磁转矩和转子磁链的控制。

式（2-112）称为转差公式，它反映了转差角速度与定子电流转矩分量 i_{sT} 和转子磁链 ψ_r 的关系，是转差型矢量控制的基础，并在转子磁链检测中具有重要作用。由式（2-112）可知，在 ψ_r 恒定的情况下，转差角速度 ω_{sl} 与定子电流的转矩分量 i_{sT} 成正比，即与电磁转矩大小成正比。

2.6.5　三相感应电动机矢量控制伺服驱动系统

三相感应电动机矢量控制中的关键问题是磁场定向 MT 坐标系的确定，在矢量控制系统中需实时获取转子磁链矢量 $\boldsymbol{\psi}_r$ 的空间位置，从而确定按转子磁场定向的 MT 坐标系 M 轴的空间位置角 θ，以便在该 MT 坐标系中设置控制器对定子电流的励磁分量和转矩分量进行控制。系统实现时往往还需通过坐标变换，将 MT 坐标系中控制器产生的直流控制量 i_{sM}^*、i_{sT}^* 变换成三相交流变量，以实现对实际三相感应电动机的控制。

根据按转子磁场定向 MT 坐标系 M 轴空间位置角 θ 的确定方法，感应电动机矢量控制可以分为直接定向和间接定向两大类。根据转子磁链的实际值进行定向称作直接定向，若利用给定值间接计算转子磁链的空间位置则称为间接定向。在直接定向矢量控制系统中，需要采用一定的方法检测实际转子磁链矢量 $\boldsymbol{\psi}_r$，并以其空间位置角 θ 作为 M 轴的空间位置角。由于磁链的直接检测比较困难，现在的实用系统中多采用按模型计算的方法，即根据电压、电流、转速等有关量的实测值，通过相应的转子磁链模型，实时计算转子磁链矢量 $\boldsymbol{\psi}_r$ 的幅值 ψ_r 和空间位置角 θ。显然，这里 θ 角是通过反馈方式产生的，故直接定向矢量控制也叫作反馈型或磁通检测型矢量控制。在间接定向矢量控制系统中，并不检测实际转子磁链，MT 坐标系的空间位置角 θ 是以前馈方式产生的。我们后面会看到，它是利用转子磁链和定子电流转矩分量的给定值借助于转差公式获得的，故也叫作前馈型或转差型矢量控制。这两类矢量控制系统结构差别很大，下面分别予以介绍。

1. 感应电动机直接定向矢量控制伺服驱动系统

感应电动机的直接定向矢量控制系统结构形式多种多样，图 2-31 给出了其中一种方案的原理框图。

该系统包括转速/位置控制和磁链控制两大部分或者说两个子系统。在转速/位置控制子系统中，由位置调节器、速度调节器和转矩调节器依次对转子位置或转角、转速、电磁转矩进行闭环控制，最终以转矩调节器的输出作为定子电流转矩分量的给定值 i_{sT}^*，通过调节定子电流转矩分量以实现对转速和转角这两个机械量的控制。磁链控制子系统主要由函数发生器 FG 和磁链调节器构成，通过对定子电流励磁分量 i_{sM} 的调节以控制转子磁链的大小。转子磁链给定值 ψ_r^* 由函数发生器 FG 根据实测转速 ω_r 产生，当 ω_r 小于基速（对应于基频）时，ψ_r^* 保持恒定，进行恒转子磁链控制；当 ω_r 大于基速时，ψ_r^* 随转速增加成反比减少，以实现弱磁控制。实际磁链 ψ_r 与 ψ_r^* 比较后的偏差值输入磁链调节器，以磁链调节器的输出作为 MT 坐标系中定子电流励磁分量的给定值 i_{sM}^*。

为了使定子电流励磁分量和转矩分量的实际值 i_{sM}、i_{sT} 能够很好地跟随其给定值 i_{sM}^*、i_{sT}^*，矢量控制系统通常需对电流进行闭环控制。电流闭环控制可以在 MT 坐标系中实现，也

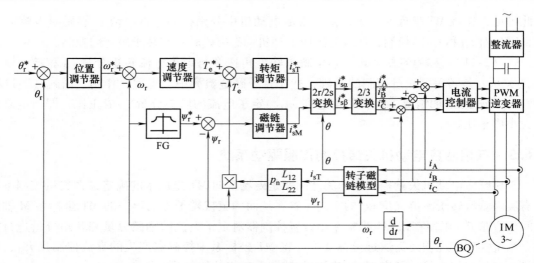

图 2-31　感应电动机直接定向矢量控制伺服驱动系统原理图

可以在三相静止坐标系中进行，本例采用了后者。为此，在图 2-31 中，i_{sM}^* 和 i_{sT}^* 经 2r/2s 变换和 2/3 变换，产生静止坐标系中的三相电流给定值 i_A^*、i_B^*、i_C^*，它们与实测三相定子电流 i_A、i_B、i_C 比较后的偏差值输入电流控制器，电流控制器的输出作为逆变器的 PWM（Pulse – Width Modulation）控制信号，通过 PWM 逆变器使感应电动机的三相定子电流快速跟随其给定值，从而保证即使在动态过程中定子电流的励磁分量 i_{sM} 和转矩分量 i_{sT} 也能快速跟踪其给定值 i_{sM}^*、i_{sT}^*，以实现对动态电磁转矩和磁链的有效控制。

　　系统中的磁链反馈值 ψ_r 和 MT 坐标系 M 轴与两相静止坐标系 α 轴之间的夹角 θ，是根据三相定子电流和转速的实测值，利用由感应电动机动态方程得到的转子磁链模型通过运算获得，其原理框图如图 2-32 所示。图中根据三相定子电流实测值 i_A、i_B、i_C 通过三相静止坐标系到两相静止坐标系的坐标变换（3/2 变换）得到 $i_{s\alpha}$、$i_{s\beta}$，若 M 轴空间位置角 θ 已知，则可进一步经两相静止坐标系到两相旋转坐标系的坐标变换（2s/2r 变换），得到磁场定向 MT 坐标系中定子电流的励磁分量 i_{sM} 和转矩分量 i_{sT}。根据 MT 坐标系中感应电动机的矢量控制方程式（2-109）和式（2-112），由 i_{sM} 和 i_{sT} 即可得到转子磁链幅值 ψ_r 和转差角速度 ω_{sl}。ω_{sl} 与实测转速 ω_r 相加就是 M 轴的旋转电角速度 ω_1，即 $\omega_1 = \omega_{sl} + \omega_r$。$\omega_1$ 经积分环节即可得到 M 轴的空间位置角 θ，再由 θ 返回来作用于 $\alpha\beta$ 到 MT 坐标系的坐标变换环节，即可完成转子磁链的运算。这种根据定子电流和转速实测值来计算转子磁链的计算模型称作电流模型。

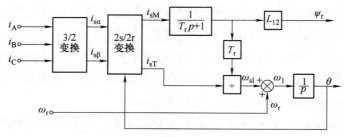

图 2-32　计算转子磁链的电流模型

需要指出的是，转子磁链模型中不可避免地需要用到电动机参数，而这些参数会随着电动机的运行状态发生变化，如果模型中的参数与电动机的实际值出现偏差，就会导致所得到的转子磁链幅值和位置信号失真，从而使系统性能下降。

电磁转矩反馈值 T_e 可由 ψ_r 和 i_{sT} 根据式（2-111）通过计算获得。

2. 感应电动机转差型矢量控制伺服驱动系统

转差型矢量控制采用间接定向方式，不需像直接定向矢量控制那样通过复杂的运算对实际转子磁链进行检测，因而系统结构简单。图 2-33 给出了这种矢量控制伺服驱动系统的原理框图。

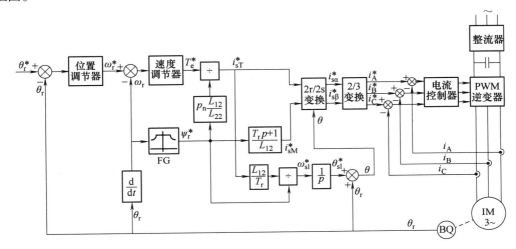

图 2-33 感应电动机转差型矢量控制伺服驱动系统原理图

该系统与图 2-31 的一个明显不同就是取消了磁链控制子系统中的磁链调节器，因为间接定向矢量控制系统中不检测实际转子磁链，所以常采用这种磁链开环控制方式，这样就不需磁链反馈值 ψ_r 了。系统中定子电流励磁分量的给定值 i_{sM}^* 是由转子磁链给定值 ψ_r^* 直接根据式（2-108）求得。另外，在转速/位置子系统中也未使用转矩调节器，其定子电流转矩分量给定值 i_{sT}^* 是由转速调节器的输出 T_e^* 根据转矩公式（2-111）通过计算得到，即

$$i_{sT}^* = \frac{L_{22} T_e^*}{p_n L_{12} \psi_r^*} \tag{2-113}$$

由于取消了磁链闭环和转矩闭环，系统中就不再需要转子磁链的幅值 ψ_r 作为反馈值了，但为了实现对定子电流两个分量的控制，在间接定向矢量控制系统中仍需要转子磁链矢量 ψ_r 的相位角 θ，以确定按转子磁场定向 MT 坐标系 M 轴的空间位置角。如何在不使用转子磁链模型对实际转子磁链进行检测的前提下获得 θ 角，是间接定向矢量控制系统的关键。

转差型矢量控制中 θ 角的获取原理为：由前述计算转子磁链的电流模型可知，θ 角可通过对 M 轴的电角速度 ω_1 积分求得，而 $\omega_1 = \omega_{sl} + \omega_r$，其中转子转速 ω_r 可以测量，若 ψ_r 和 i_{sT} 已知，则 ω_{sl} 可以由转差公式（2-112）计算。但问题是转子磁链和定子电流转矩分量的实际值 ψ_r 和 i_{sT} 现在都是未知的。假如系统响应速度足够快且控制准确，可以认为电动机中上述两个量的实际值始终与其给定值一致，即有 $\psi_r = \psi_r^*$，$i_{sT} = i_{sT}^*$，这样我们就可以由给定值 ψ_r^* 和 i_{sT}^* 根据转差公式计算 ω_{sl}。

根据上述原理，转差型矢量控制的具体实现方法可概括为：将转差公式（2-112）中的转子磁链 ψ_r 和定子电流转矩分量 i_{sT} 用给定值代入，可得

$$\omega_{sl}^* = \frac{L_{12}}{T_r \psi_r^*} i_{sT}^* \tag{2-114}$$

考虑到 ω_{sl}^* 是 M 轴相对于转子的转差角速度，若转子电角速度的实测值为 ω_r，则 M 轴的电角速度为

$$\omega_1^* = \omega_{sl}^* + \omega_r \tag{2-115}$$

M 轴的空间位置角 θ 应为

$$\theta = \int \omega_1^* \, dt = \int (\omega_{sl}^* + \omega_r) \, dt = \theta_{sl}^* + \theta_r \tag{2-116}$$

式中

$$\theta_{sl}^* = \int \omega_{sl}^* \, dt \tag{2-117}$$

有了 θ 角即可通过坐标变换，由 MT 坐标系中定子电流励磁分量和转矩分量给定值 i_{sM}^*、i_{sT}^* 得到三相静止坐标系中的电流给定值 i_A^*、i_B^*、i_C^*，从而通过电流控制器和 PWM 逆变器实现对感应电动机三相定子电流的控制。

2.6.6 三相感应伺服电动机与普通标准系列三相感应电动机的不同特点

用于高性能矢量控制伺服驱动系统的三相感应伺服电动机与普通标准系列三相感应电动机相比，在结构和性能指标上都存在一定差异，常需专门设计。这主要表现在以下几个方面：

1）作为一般恒速驱动用的三相感应电动机，由电网直接供电，运行频率是固定的工频，设计中主要考虑的是额定运行时的力能指标、起动性能、过载能力和温升等技术指标，以及材料和加工成本等经济指标。而伺服驱动用三相感应伺服电动机的频率是可变的，电动机要在很宽的频率和转速范围内运行，并且对于伺服驱动系统，不仅有稳态性能的要求，还要满足相应的动态性能指标，因此设计中必须着眼于使电动机在整个速度范围内都具有良好的性能。

2）普通三相感应电动机由工频电网直接供电，绕组中的电流基本上是正弦波，而伺服电动机则由逆变器供电，电流（电压）中除了基波正弦分量之外，还不可避免地含有大量谐波，这些谐波电流（电压）在电动机中会产生谐波损耗和谐波转矩等，从而对电动机的运行产生不利影响。设计中必须采取相应措施，尽量减小谐波影响，这往往需要将电动机与逆变器的设计统一起来考虑，以使两者能很好地匹配。

3）在冷却系统设计方面，三相感应伺服电动机与普通感应电动机也有很大差异。标准系列电动机通常在轴上装有风扇，采用自冷方式；对于伺服电动机则不然，因为电动机速度变化范围很大，一种风扇不可能在各种转速下都具有良好的性能。这里所谓良好的性能是指冷却效果好，且损耗低、噪声小。往往是低速时冷却效果差，而高速运行时风耗及噪声大。因此用于伺服驱动的三相感应伺服电动机常需采用它冷方式。

思考题与习题

1. 空心杯形转子两相感应伺服电动机与笼型转子感应伺服电动机相比，在结构和原理上有何异同？

2. 两相感应伺服电动机的转子电阻为什么必须足够大？转子电阻是不是越大越好？为什么？

3. 什么是"自转"现象？对于两相感应伺服电动机，为了实现无"自转"现象，单相供电时应具有怎样的机械特性？为此应该采取哪些措施？

4. 两相绕组有效匝数不等的两相感应伺服电动机，若外施两相对称电压，电动机中能否得到圆形旋转磁场？若要产生圆形旋转磁场，两相绕组的外施电压应满足什么条件？

5. 幅值控制的两相感应伺服电动机，若有效信号系数 α_e 由 0 变化到 1，电动机中的正序、负序磁动势的大小将如何变化？

6. 幅值控制的两相感应伺服电动机，当有效信号系数 $\alpha_e \neq 1$ 时，理想空载转速为何低于同步转速？当控制电压降低时，电动机的理想空载转速为什么随之降低？

7. 幅值控制的两相感应伺服电动机，有效信号系数 $\alpha_e = 1$ 时，电动机的理想空载转速是多少？若采用幅值 – 相位控制，并按起动时获得圆形旋转磁场选择电容和控制绕组电压，则电动机的理想空载转速能否达到同步转速？为什么？

8. 两相感应伺服电动机为何常采用中频电源供电？

9. 如何改变两相感应伺服电动机的转向？为什么？

10. 机械特性非线性和有效信号系数大小对两相感应伺服电动机的动态性能各有何影响？

11. 两相感应伺服电动机的主要性能指标有哪些？各是如何定义的？

12. 何为两相感应伺服电动机的额定状态？额定功率含义如何？

13. 一台两极的两相感应伺服电动机，励磁绕组通以 400Hz 的交流电，当转速 $n = 18000$ r/min 时，使控制电压 $U_c = 0$，问此瞬时：

（1）正、反向旋转磁场切割转子导体的速率（即转差率）各为多少？

（2）正、反向旋转磁场切割转子导体所产生的转子电流的频率各为多少？

（3）正、反向旋转磁场作用在转子上的转矩方向和大小是否一样？哪个大？为什么？

14. 有一台两相感应伺服电动机，已知归算到励磁绕组的转子电阻和励磁电抗为 $r'_r = 2X_m$，若忽略定子绕组电阻和定、转子绕组漏抗，试计算采用幅值控制和幅值 – 相位控制并在起动时获得圆形旋转磁场两种情况下，它们的堵转转矩之比是多少？幅值 – 相位控制时电容容抗 X_{Ca} 应为 X_m 的多少倍？

15. 一台 400Hz 的两相感应伺服电动机，控制绕组和励磁绕组的有效匝数比 $k_{cf} = 1$，当励磁绕组电压 $U_f = 110V$，而控制绕组电压 $U_c = 0$ 时，测量励磁电流为 $I_f = 0.2A$，若将 I_f 中的无功分量用并联电容补偿之后，测得有功分量 $I_{fa} = 0.1A$，试问：

（1）电动机的堵转阻抗 R_{ck} 和 X_{ck} 各等于多少？

（2）如果采用幅值 – 相位控制，为在起动时获得圆形旋转磁场，应在励磁绕组中串多大电容？若电源电压 $U_1 = 110V$，此时控制电压 U_c 应为多大？励磁绕组电压 U_f 为多少？

16. 三相感应电动机变频调速中，为什么要在变频的同时变压？试画出通常采用的电压－频率协调关系，并说明为什么要采用这样的电压－频率关系。

17. 试说明三相感应电动机矢量控制的基本思想。

18. 何谓坐标变换？交流电机分析与控制中坐标变换的物理意义是什么？

19. 设有一台三相感应电动机，定子绕组通入角频率为 ω_1 的三相对称正弦电流

$$i_A = \sqrt{2}I\cos(\omega_1 t + \varphi)$$

$$i_B = \sqrt{2}I\cos(\omega_1 t + \varphi - 120°)$$

$$i_C = \sqrt{2}I\cos(\omega_1 t + \varphi + 120°)$$

试求：

（1）通过三相－两相变换变换到 αβ 坐标系中的两相电流 i_α、i_β；

（2）在以 ω_1 旋转的同步 dq 坐标系中的两相电流 i_d、i_q（设 $t = 0$ 时 d 轴与 A 轴重合）。

20. 何谓"伪静止"绕组？在两相静止坐标系 αβ 和两相同步旋转坐标系 dq 中，三相感应电动机的定、转子绕组哪些是"伪静止"绕组？

21. 何谓按转子磁场定向的 MT 坐标系？试写出在按转子磁场定向的 MT 坐标系中感应电动机的基本方程，推导其矢量控制方程，并据此说明感应电动机矢量控制原理。

22. 感应电动机矢量控制系统中，何谓直接定向矢量控制？何谓间接定向矢量控制？其 MT 坐标系各是如何确定的？

23. 在按转子磁场定向的 MT 坐标系中，为什么感应电动机定子电流有 T 轴分量（$i_{sT} \neq 0$）而转子磁链却无 T 轴分量（$\psi_{rT} = 0$）？

第3章　无刷永磁伺服电动机

3.1　概述

无刷永磁伺服电动机也称为交流永磁伺服电动机，通常是指由永磁同步电动机和相应驱动、控制电路组成的无刷永磁电动机伺服系统，其本质上是一种自控变频同步电动机系统。有时也仅指永磁同步电动机本体。

3.1.1　无刷永磁伺服电动机的基本结构

无刷永磁伺服电动机就电动机本体而言是一种采用永磁体励磁的多相同步电动机，在其定、转子两大组成部分中，定子方面与普通同步电动机或感应电动机基本相同，由定子铁心和嵌在定子铁心中的多相对称绕组构成，而转子方面则由永磁体取代了电励磁同步电动机的转子励磁绕组。无刷永磁伺服电动机的具体结构多种多样。就整体结构而言，分为内转子式和外转子式；就磁场方向来说，有径向磁场和轴向磁场之分；就定子结构而论，可以是有槽的，也可以是无槽的。其中最常见的是内转子、径向磁场、有槽结构。下面以此为例予以讨论。

转子结构是无刷永磁伺服电动机与其他电动机最主要的区别，而且对其运行性能、控制系统、制造工艺和适用场合等均具有重要影响。按照永磁体在转子上位置的不同，无刷永磁伺服电动机的转子结构一般可分为表面式（凸装式）、嵌入式和内置式三种基本形式。

表面式转子的典型结构如图3-1a所示，永磁体通常呈瓦片形，通过环氧树脂粘贴等方式直接固定在转子铁心表面上。在体积和功率较小的无刷永磁伺服电动机中，也可以采用圆环形永磁体，如图3-1b所示，永磁体为一整体的圆环，该结构的转子制造工艺性较好。嵌

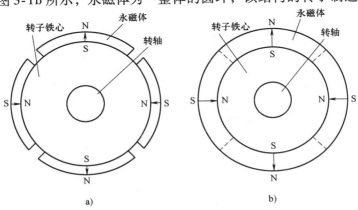

图3-1　表面式转子结构

a）永磁体为瓦片形　b）永磁体为圆环形

入式转子结构如图 3-2 所示，永磁体嵌装在转子铁心表面的
槽中。对于高速运行的伺服电动机，采用表面式或嵌入式结
构时，为了防止离心力的破坏，常需在其外表面再套一非磁
性金属套筒或包以无纬玻璃丝带作为保护层。

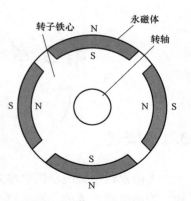

图 3-2　嵌入式转子结构

　　内置式转子结构中，永磁体不是装在转子表面上，而是
位于转子铁心内部，可能的几何形状有多种，图 3-3 给出了
两种典型结构。图 3-3a 所示转子结构中永磁体为径向充磁，
在图 3-3b 所示转子结构中永磁体为横向充磁。当电动机极
数较多时，径向充磁结构由于受到永磁体供磁面积的限制，
不能提供足够的每极磁通，而横向充磁结构由于相邻磁极表
面的极性相同，每个极距下的磁通由相邻两个磁极并联提
供，可得到更大的每极磁通。横向充磁结构的不足之处是漏磁系数较大，并且转轴上需采取
适当的隔磁措施，一般是采用非磁性转轴或在转轴上加非磁性隔磁衬套（如隔磁铜套），使
得制造成本增加，制造工艺变得复杂。

　　由于永磁体的磁导率与气隙相近，表面式结构电动机的交、直轴磁路磁阻基本相同，因
此是一种隐极式同步电动机，其交、直轴电感 L_q 和 L_d 相等。而且由于等效气隙较大，绕组
电感较小，有利于改善电动机的动态性能。此外，表面式结构还可使转子做得直径小，惯量
低。因此许多无刷永磁伺服电动机都采用这种结构。而在嵌入式和内置式电动机中，交、直
轴磁路磁阻是不相等的。内置式转子的交、直轴磁路如图 3-4 所示，交轴磁通仅通过气隙和
定、转子铁心，而直轴磁通除了通过气隙和铁心外尚需穿过两个永磁体，这相当于在直轴磁
路上串联了两个长度等于永磁体厚度的大气隙，使直轴磁路磁阻大于交轴磁路磁阻，因此内
置式和嵌入式转子结构的无刷永磁伺服电动机属于凸极同步电动机。需要注意的是，在电励
磁凸极同步电动机中直轴磁路磁阻小于交轴磁路，因此直轴同步电抗 X_d（相应电感 L_d）大
于交轴同步电抗 X_q（相应电感 L_q）；而在永磁同步电动机中正好相反，其交、直轴电感的
关系是 $L_q > L_d$。

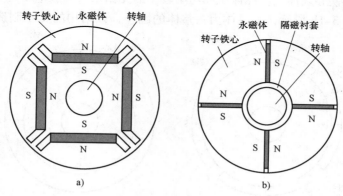

图 3-3　内置式转子结构

a）永磁体径向充磁　b）永磁体横向充磁

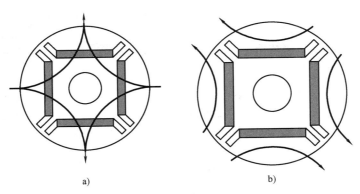

图 3-4 内置式无刷永磁伺服电动机的交、直轴磁路
a）直轴磁通路径 b）交轴磁通路径

3.1.2 无刷永磁电动机伺服系统的组成

我们知道，同步电动机正常运行时的转速始终等于同步速 n_s，而 $n_s = 60f_1/p_n$ ⊖，因此由恒频电源供电的永磁同步电动机仅适用于在要求恒速运转的应用场合作为驱动电动机使用。为了解决恒频电源供电时电动机的起动问题，其转子上需装设笼型起动绕组（阻尼绕组），起动过程中利用笼型绕组感应产生的异步转矩将电动机加速到接近同步速，然后由永磁体产生的同步转矩将转子牵入同步。

对于伺服电动机而言，一个基本要求是其转速能在宽广的范围内连续调节，因此无刷永磁伺服电动机通常由变频电源供电，采用变频调速技术实现转速调节。变频电源供电的永磁同步伺服电动机，由于供电电源频率可以由低频逐渐升高，能够直接利用同步转矩使电动机起动，故转子上一般不设阻尼绕组。

根据变频电源频率控制方式的不同，同步电动机变频调速系统可以分为他控变频和自控变频两大类。所谓他控变频是指用独立的变频装置给同步电动机供电。这里的"独立"是指变频器的输出频率直接由外部频率指令决定，不受电动机当前实际运行状态的影响。在他控变频调速系统中，需要调速时，直接改变变频器的频率给定值，以改变变频器的输出频率，从而改变电动机的同步转速 n_s，只要电动机不失步，其运行转速 n 将随着 n_s 的改变相应地变化，显然这是一种频率开环控制方式。这种控制方式虽然通过变频解决了同步电动机的起动和调速问题，但当频率给定值一定，变频装置的输出频率恒定，此时电动机的运行情况与恒频电源供电时无异，因此也会产生恒频电源供电时的振荡、失步等问题。所谓自控变频是指根据转子磁极的空间位置控制给同步电动机供电的变频装置。在自控变频方式中所用的变频电源是非独立的，变频装置输出电流（电压）的频率和相位受反映转子磁极空间位置的转子位置信号控制，是一种定子绕组供电电源的频率和相位自动跟踪转子磁极空间位置的闭环控制方式。转子位置信号通常由与电动机同轴安装的转子位置传感器提供。由于电动机输入电流的频率始终和转子的转速保持同步，采用自控变频方式的同步电动机不会产生振

⊖ 本章中极对数用 p_n 表示，以便与时间的微分算子 $p = \dfrac{d}{dt}$ 相区分。

荡和失步现象，故也称为自同步电动机系统。在自控变频调速系统中，由于变频器的输出频率由转子转速决定，所以当需要调速时不能直接以频率作为控制变量，而是通过改变电压、电流等的大小，来改变电动机的电磁转矩，从而改变电动机的转速。电动机转速的变化进而使变频器的输出频率随之改变。

由于他控变频方式下同步电动机存在振荡和失步等问题，因此无刷永磁伺服电动机通常采用自控变频方式，所构成的无刷永磁电动机伺服系统如图 3-5 所示。

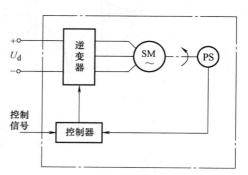

图 3-5　无刷永磁电动机伺服系统的组成

由图 3-5 可知，无刷永磁电动机伺服系统主要由 4 个部分组成：逆变器、永磁同步电动机 SM、转子位置传感器 PS 和控制器。由转子位置传感器检测转子磁极的空间位置，并将转子位置信号提供给控制器；控制器根据来自外部（如上位机等）的控制信号和来自位置传感器的转子位置信号，产生逆变器中各功率开关器件的通断信号；最终由逆变器将输入直流电转换成具有相应频率和相位的交流电流和电压，供给伺服电动机。图中的逆变器通常是由电力场效应晶体管（Power MOSFET）或绝缘栅双极型晶体管（Insulated Gate Bipolar Transistor，IGBT）等全控型器件构成，并采用脉宽调制（PWM）技术的 PWM 逆变器，可以直接将输入的不可调直流电压变成频率和大小均可调的变频、变压交流电输出。在输入为交流电源的场合，可由整流器将交流电整流，并经电容滤波后，作为直流电源给逆变器供电，此时整流器和逆变器结合起来构成了一台交 – 直 – 交变频器。

3.1.3　无刷永磁伺服电动机的分类

目前，普遍应用的无刷永磁伺服电动机主要有两大类，一类称为无刷直流电动机（Brushless DC Motor，BLDCM），另一类称为正弦波永磁同步电动机，简称永磁同步电动机（Permanent Magnet Synchronous Motor，PMSM）。它们之间最大的区别是：正弦波永磁同步电动机定子绕组感应电动势为正弦波，为了产生平滑转矩，定子绕组应通入正弦波电流；而无刷直流电动机定子绕组中的感应电动势应为梯形波，相应地为了产生平滑转矩，定子绕组中应通入方波电流，因此无刷直流电动机也称为梯形波永磁同步电动机或方波永磁同步电动机。

为了得到不同的感应电动势波形，两种电动机在结构上也有所差别。无刷直流电动机中，为了得到平顶部分具有足够宽度的梯形波感应电动势，转子常采用表面式或嵌入式结构，转子磁钢呈弧形（瓦片形），并采用径向充磁方式，这样磁极下的气隙均匀，永磁体产生的励磁磁场的空间分布接近于矩形波或梯形波，定子方面若采用整距集中绕组，就可以得到近似为梯形波的感应电动势。由于内置式转子很难产生梯形波励磁磁场和感应电动势，无刷直流电动机一般不宜采用这种结构。

正弦波永磁同步电动机的转子既可以采用表面式和嵌入式结构，也可以采用内置式结构。为产生正弦波感应电动势，设计时首先应使气隙磁密尽可能呈正弦分布，以图 3-1a 所示的表面式结构为例，在正弦波永磁同步电动机中，转子磁钢表面常呈抛物线形，并采用平行充磁方式；其次，定子方面常采用短距分布绕组或正弦绕组，以最大限度地抑制谐波磁场对感应电动势波形的影响。

除了上述结构方面的差别之外，无刷直流电动机和正弦波永磁同步电动机在转矩产生方式与运行原理、分析方法与数学模型、控制策略与控制系统、工作特性与运行性能等方面也均有很大差异。正弦波永磁同步电动机是由电励磁同步电动机发展而来的，出发点是用永磁体取代电励磁同步电动机中的转子励磁绕组，因此其运行原理、分析方法、运行性能等与普通电励磁同步电动机基本相同，只是由于采用永磁体励磁和自控变频方式带来了一些新的特点。而无刷直流电动机则是由有刷直流电动机发展而来的，其出发点是用由转子位置传感器和逆变器构成的电子换向器取代有刷直流电动机中的电刷和机械换向器，把输入直流电流转换成交变的方波电流输入多相电枢绕组，其转矩产生方式、控制方法和运行性能等更接近直流电动机。由于省去了机械换向器和电刷，故得名为无刷直流电动机。但是从另一方面看，就电动机本体而言，无刷直流电动机与正弦波永磁同步电动机差别不大；从控制系统的角度看，无刷直流电动机也是由逆变器供电的，并且工作在自控变频方式或自同步方式下，因此它又是一种自控变频同步电动机系统。鉴于此，目前既有人将其归为直流电动机，也有人将其归于同步电动机。

3.2　无刷直流电动机

3.2.1　无刷直流电动机的运行原理

1. 无刷直流电动机的基本思想

前已述及，无刷直流电动机是由有刷直流电动机发展而来的，为了便于理解其运行原理，先简单回顾一下有刷直流电动机的工作特征。有刷直流电动机的磁极通常在定子上，电枢绕组位于转子上。由电源向电枢绕组提供的电流为直流，而为了使电动机能产生大小、方向均保持不变的电磁转矩，以驱动转子持续不断地旋转，每一主磁极下电枢绕组元件边中的电流方向应相同并保持不变，但因每一元件边均随转子的旋转而轮流经过 N 极和 S 极，故各元件边中的电流方向必须相应地交替变化，即电枢绕组中的电流必须为交变电流。在有刷直流电动机中，把外部输入直流电变换成电枢绕组中的交变电流是由电刷和机械式换向器完成的，每当一个元件边经过几何中性线由 N 极转到 S 极下或由 S 极转到 N 极下时，通过电刷和机械换向器使绕组电流改变方向。

无刷直流电动机的转矩产生机理与有刷直流电动机相同，只是为了消除电刷和机械换向器，在无刷直流电动机中通常将磁极和电枢绕组反装，即将永磁体磁极放在转子上，而电枢绕组成为静止的定子绕组。随着转子的旋转，定子绕组的各线圈边也将轮流经过 N 极和 S 极，为了使定子绕组中的电流方向能随其线圈边所在处的磁场极性交替变化，需将定子绕组与电力电子器件构成的逆变器连接，并安装转子位置传感器，以检测转子磁极的空间位置。由转子磁极的空间位置，可以确定电枢绕组各线圈边所在处磁场的极性，据此控制逆变器中功率开关器件的通断，就可以控制电枢绕组的导通情况及绕组电流的方向。显然在这里转子位置传感器和逆变器的作用与有刷直流电动机中的电刷和机械换向器相同，相当于一个"电子换向器"。

2. 电枢绕组及其与逆变器的连接

有刷直流电动机的电枢绕组通常元件数很多，相当于一个相数很多的多相绕组。而在无刷直流电动机中，相数的增加会造成逆变器功率开关器件数量增多，电路变得复杂，成本增高，可靠性变差。目前最常见的是三相无刷直流电动机，也有采用二相、四相和五相的。

无刷直流电动机的定子绕组可以采用星形联结，也可以采用三角形（或称封闭形）联结。当绕组为星形联结时，其逆变器可以采用桥式电路，也可以采用半桥电路；当绕组为三角形联结时，逆变器只能采用桥式电路。以三相无刷直流电动机为例，三种连接方式如图3-6所示。

对于三相三角形联结，当感应电动势中含有3次谐波等零序分量时，闭合绕组回路中会产生环流，因此在无刷直流电动机中较少采用。半桥电路由于绕组利用率较低，一般仅用于对成本敏感的小功率场合。目前广泛应用的是星形全桥接法。

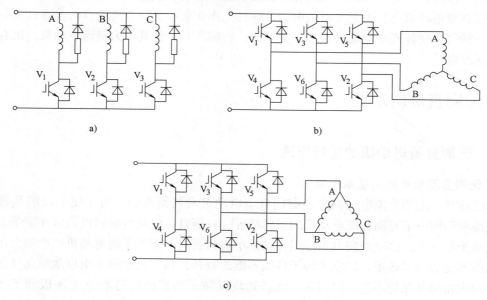

图 3-6　三相无刷直流电动机的绕组连接方式

a）半桥电路　b）绕组星形联结的桥式电路　c）绕组三角形联结的桥式电路

3. 无刷直流电动机的工作原理

下面以图3-7所示的星形全桥接法三相无刷直流电动机为例，对无刷直流电动机的具体工作情况做进一步分析。为了便于分析，图中还给出了各电量的正方向。

假设无刷直流电动机为2极，定子绕组为三相整距集中绕组，转子采用表面式结构，永磁体宽度为120°电角度，转子以电角速度 ω_r 沿逆时针方向旋转，图3-8给出了理想情况下几个特定时刻的绕组导通情况及其电枢磁动势。图中 $\boldsymbol{F}_f$ 表示永磁体的励磁磁动势，$\boldsymbol{F}_a$ 表示电枢磁动势。

以转子处于图3-8a所示位置时作为 $t=0$ 时刻，即转子空间位置角 $\theta_r = \omega_r t = 0°$ 的时刻，此时转子磁极轴线（图中 $\boldsymbol{F}_f$ 处）领先B相绕组轴线90°电角度，B相绕组的两个线圈边恰好位于转子磁极轴线处。由于假定永磁体宽度为120°，此时A相绕组的导体即将转入永磁体磁极下，而C相绕组导体即将从永磁体下转出。显然在此时刻之前线圈边Y、C在N极

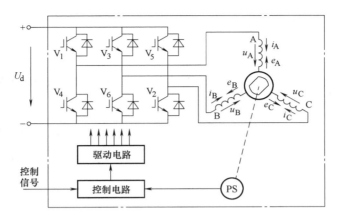

图 3-7 三相无刷直流电动机原理图

下，而 B、Z 在 S 极下，为产生逆时针方向的电磁转矩，绕组电流应如图 3-8a 所示，B 相电流为负，C 相电流为正。相应地逆变器各功率开关的通断情况及电流路径如图 3-9a 所示，V_5、V_6 同时导通，其他功率开关关断，来自直流电源的电流由 C 相流进、B 相流出，由于

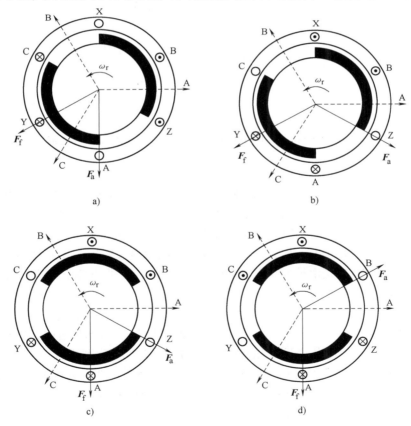

图 3-8 不同时刻的绕组导通情况与电枢磁动势

a) $\omega_r t = 0°$（换相前） b) $\omega_r t = 0°$（换相后）

c) $\omega_r t = 60°$（换相前） d) $\omega_r t = 60°$（换相后）

A 相上、下桥臂均不导通，A 相电流为零，电流路径为：电源正极→V₅→C 相绕组→B 相绕组→V₆→电源负极。

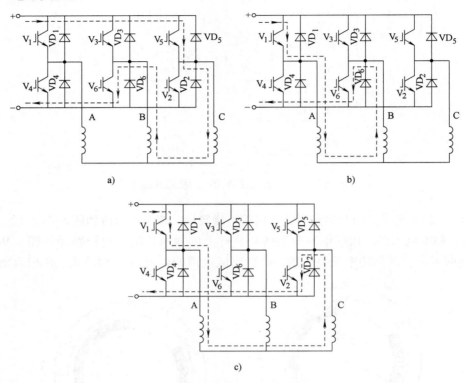

图 3-9 不同时刻的电流路径

a）$\omega_r t = 0°$（换相前）　b）$\omega_r t = 0°$（换相后）　c）$\omega_r t = 60°$（换相后）

如前所述，在图 3-8a 所示 $t = 0$ 时刻，线圈边 A、X 开始分别转入 N 极和 S 极永磁体下，而 C、Z 即将从永磁体下转出，为使转矩保持不变，在此时刻应使 C 相绕组断开，A 相绕组导通，即使电流从 C 相换相到 A 相，为此需使逆变器的 V₅ 关断、V₁ 导通，其他功率开关的通断状态保持不变。换相后的绕组电流及逆变器工作情况如图 3-8b 和 3-9b 所示，A 相电流为正，B 相电流为负，C 相电流为零，电流路径为：电源正极→V₁→A 相绕组→B 相绕组→V₆→电源负极。这种换相是由控制器根据转子位置传感器提供的转子位置信号，产生逆变器功率开关的通断信号来实现的。

在转子由图 3-8b 所示位置转过 60° 之前，定子绕组的导通情况保持不变，若绕组电流也保持恒定，则电磁转矩恒定不变。转子转过 60° 到达图 3-8c 所示位置时，B 相绕组的线圈边 B、Y 即将从永磁体下转出，而 C 相绕组线圈边 Z、C 即将分别进入 N 极和 S 极永磁体下，此时应使电流由 B 相换相到 C 相，而 A 相绕组导通情况不变，为此需使逆变器的 V₆ 关断、V₂ 导通。换相后绕组电流和逆变器工作情况如图 3-8d 和图 3-9c 所示，电流由 A 相流进，C 相流出，B 相电流为零，电流路径为：电源正极→V₁→A 相绕组→C 相绕组→V₂→电源负极。

依次类推，转子每转过 60° 电角度，就进行一次电流换相，使绕组导通情况改变一次，转子转过一对磁极，对应于 360° 电角度，需进行 6 次换相，相应地定子绕组有 6 种导通状态，而在每个 60°区间都只有两相绕组同时导通，另外一相绕组电流为零，这种工作方式常称为两相导通三相六状态。各 60°区间同时导通的功率开关依次为 $V_6V_1 \rightarrow V_1V_2 \rightarrow V_2V_3 \rightarrow V_3V_4 \rightarrow V_4V_5 \rightarrow V_5V_6$。

由上述分析可见，按照这种工作方式，由控制器根据转子磁极的空间位置，改变逆变器功率开关的通断情况，以控制电枢绕组的导通情况及绕组电流的方向，即实现绕组电流的换相，在直流电流一定的情况下，只要主磁极所覆盖的空间足够宽，则任何时刻永磁磁极所覆盖线圈边中的电流方向及大小均保持不变，导体所受电磁力在转子上产生的反作用转矩的大小和方向也保持不变，从而推动转子不断旋转。

4. 电枢磁动势

下面我们再来看一下无刷直流电动机的电枢磁动势。在图 3-8a 所示 $t = 0$ 时刻，换相前电枢磁动势如图中 $\boldsymbol{F}_a$ 所示，领先励磁磁动势 $\boldsymbol{F}_f$ 60°电角度；换相后，电枢磁动势如图 3-8b 所示，可见在换相瞬间电枢磁动势跳跃前进（步进）了 60°电角度，$\boldsymbol{F}_a$ 领先 $\boldsymbol{F}_f$ 的电角度由 60°跳变为 120°；在转子转过 60°到达图 3-8c 所示位置之前，由于定子绕组导通情况不变，电枢磁动势 $\boldsymbol{F}_a$ 保持不变，随着转子的旋转，$\boldsymbol{F}_a$ 与 $\boldsymbol{F}_f$ 的夹角由 120°逐渐减小到 60°；由图 3-8d 可见，电流换相后，电枢磁动势再次跳跃前进了 60°。依此下去不难发现，无刷直流电动机的电枢磁动势不是匀速旋转的圆形旋转磁动势，而是跳跃式前进的步进磁动势。对于两相导通三相六状态工作方式，转子每转过 60°，电枢磁动势跳跃前进 60°，电枢磁动势领先转子磁动势的电角度保持在 60°~120°之间。

5. 感应电动势和绕组电流波形

现在来分析上述工作情况下定子绕组感应电动势和绕组电流波形。为了突出主要问题，分析中做如下理想假定：①气隙磁场仅由转子上的永磁体建立，所产生的气隙磁密在永磁体所覆盖的 120°范围内保持恒定，在 N、S 极两永磁体之间线性变化，其空间分布波形为图 3-10 所示的平顶宽度等于 120°电角度的梯形波；②直流侧电流恒定；③绕组电流的换相是瞬间完成的。

仍以转子处于图 3-8a 所示时刻为 $t = 0$ 时刻，定子三相绕组感应电动势、电流波形如图 3-11 所示，其中各量的正方向参见图 3-7。

以 A 相为例，在转子转过 120°电角度之前，即在 $0° \leqslant \omega_r t \leqslant 120°$ 期间，A、X 两线圈边始终分别处于 N 极和 S 极永磁体所覆盖的范围内，根据右手定则可知其感应电动势方向与参考正方向一致。由于导体所在处气隙磁密恒定，故 A 相绕组中的速度电动势 e_A 为恒值，即有 $e_A = E_p$。根据逆变器功率开关的通断规律，在此区间 V_1 一直处于导通状态，故 A 相绕组保持正向导通，电流 $i_A = I_d$。

从 $\omega_r t = 120°$ 处开始，随着转子旋转，A 相的 A、X 线圈边分别从 N 极和 S 极永磁体下逐渐转出，到 $\omega_r t = 180°$ 处 A、X 线圈边分别开始进入 S 极和 N 极永磁体的覆盖范围，e_A 将为 $-E_p$，这意味着在 $120° \leqslant \omega_r t \leqslant 180°$ 范围内，e_A 由 E_p 逐渐变为 $-E_p$。由于假定在 N、S 极永磁体之间气隙磁密线性变化，故 e_A 也应如图 3-11 所示呈线性变化，在 $\omega_r t = 150°$ 处感应电动势过零。

在 $\omega_r t = 120°$ 时刻，V_1 关断、V_3 导通，电流由 A 相换相到 B 相，A 相绕组电流 i_A 由 I_d 下降为 0。在 $120° \leqslant \omega_r t \leqslant 180°$ 期间，由于 V_1、V_4 均不导通，A 相绕组处于开路状态，i_A 始终为 0。

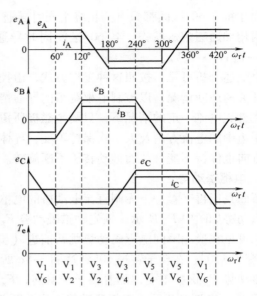

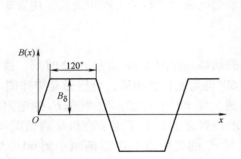

图 3-10 气隙磁场的空间分布

图 3-11 感应电动势、绕组电流及
电磁转矩波形

$180° \leqslant \omega_r t \leqslant 360°$ 区间的情况与 $0° \leqslant \omega_r t \leqslant 180°$ 区间相似，只是感应电动势和电流的极性有所不同。在 $180° \leqslant \omega_r t \leqslant 300°$ 范围内，线圈边 A、X 分别在 S 极和 N 极永磁体所覆盖范围内，绕组感应电动势保持为 $-E_p$；在 $\omega_r t = 180°$ 时刻，V_2 关断、V_4 导通，电流由 C 相换相到 A 相，A 相绕组电流 i_A 由 0 跳变为 $-I_d$；在 $300° \leqslant \omega_r t \leqslant 360°$ 范围内，e_A 由 $-E_p$ 线性增加到 E_p，而由于 V_4 在 $\omega_r t = 300°$ 时关断，在 $300° \leqslant \omega_r t \leqslant 360°$ 范围内 V_1、V_4 均不导通，A 相绕组电流 $i_A = 0$。

可见，e_A 为平顶宽度等于 120°电角度的梯形波，而绕组电流 i_A 是正、负半波各导通 120°的方波，且方波电流与梯形波电动势相位一致。

B、C 相感应电动势 e_B、e_C 及绕组电流 i_B、i_C 波形分别与 e_A、i_A 相同，仅相位分别滞后 120°和 240°，如图 3-11 所示。由电流波形图可见，逆变器工作在 120°导电方式。

3.2.2 无刷直流电动机的电磁转矩和机械特性

1. 电磁转矩

无刷直流电动机的电磁转矩 T_e 可根据电磁功率 P_e 求出

$$T_e = \frac{P_e}{\Omega_r} \tag{3-1}$$

式中，Ω_r 为转子机械角速度。

而三相无刷直流电动机的电磁功率瞬时值为

$$P_e = e_A i_A + e_B i_B + e_C i_C \tag{3-2}$$

观察图 3-11 可以发现，理想情况下任意时刻三相绕组中均只有两相处于导通状态，一相电动势为 E_p、电流为 I_d；另一相电动势为 $-E_p$、电流为 $-I_d$。以 0~60°区间为例，有：$e_A = E_p$，$i_A = I_d$，$e_B = -E_p$，$i_B = -I_d$，而 $i_C = 0$。故任意时刻均有

$$P_e = e_A i_A + e_B i_B + e_C i_C = 2E_p I_d \tag{3-3}$$

则电动机的瞬时电磁转矩

$$T_e = \frac{e_A i_A + e_B i_B + e_C i_C}{\Omega_r} = \frac{2E_p I_d}{\Omega_r} \tag{3-4}$$

由此可见，理想情况下无刷直流电动机的电磁转矩是平滑的（即无转矩脉动），波形如图 3-11 所示。

考虑到绕组感应电动势幅值 E_p 与转速成正比，则应有

$$E_p = K_e n \tag{3-5}$$

式中，n 为转子转速，单位为 r/min；K_e 是电动机的电动势系数，单位为 V·min/r，与永磁体在定子绕组产生的永磁磁链成正比。对于已制成的电动机，如果不考虑温度等对永磁体的影响，则 K_e 为常数。

将式（3-5）代入式（3-4），并考虑到 $\Omega_r = \dfrac{2\pi}{60}n$，可得

$$T_e = \frac{2K_e n I_d}{\Omega_r} = \frac{60}{\pi} K_e I_d = K_t I_d \tag{3-6}$$

式中，K_t 为电动机的转矩系数，$K_t = \dfrac{60}{\pi} K_e$。

式（3-6）表明，无刷直流电动机的电磁转矩公式与普通有刷直流电动机相同，若不计温度等对永磁体的影响，转矩系数 K_t 为常数，电磁转矩与定子电流幅值成正比，通过控制定子电流大小就可以控制电磁转矩，因此无刷直流电动机具有与有刷直流电动机同样优良的控制性能。

2. 转速公式与机械特性

仔细观察图 3-9 不同时刻的电流路径不难发现，对于前述三相无刷直流电动机，从电路连接情况看有下述特点：在任意时刻同时导通的两相绕组串联后跨接在直流电源电压 U_d 两端，另一相绕组处于开路状态，电流为零。以 0～60° 区间为例，如图 3-9b 所示，电流路径为：电源正极→V_1→A 相绕组→B 相绕组→V_6→电源负极。则稳态运行时，由于电流恒定，不必考虑电枢绕组电感的影响，若忽略功率开关的管压降，则在上述 60° 区间直流回路的电压平衡方程应为

$$U_d = u_A - u_B = (R_s i_A + e_A) - (R_s i_B + e_B) = 2R_s I_d + e_{AB} \tag{3-7}$$

式中，R_s 为定子绕组每相电阻；e_{AB} 为 A、B 两相间的线电动势，$e_{AB} = e_A - e_B$。

由图 3-11，在 0～60° 区间 $e_A = E_p$，$e_B = -E_p$，故 $e_{AB} = 2E_p$，将其代入式（3-7），则

$$U_d = 2R_s I_d + 2E_p \tag{3-8}$$

不难看出，式（3-8）对其他区间同样适用，即式（3-8）就是三相无刷直流电动机的直流回路电压平衡方程。将式（3-5）代入式（3-8），并解出转速 n，可得无刷直流电动机的转速公式为

$$n = \frac{U_d - 2R_s I_d}{2K_e} = \frac{U_d}{2K_e} - \frac{R_s}{K_e} I_d \tag{3-9}$$

由式（3-6）将 I_d 用 T_e 表示，然后代入式（3-9），可得无刷直流电动机的机械特性方程式为

$$n = \frac{U_\mathrm{d}}{2K_\mathrm{e}} - \frac{R_\mathrm{s}}{K_\mathrm{e} K_\mathrm{t}} T_\mathrm{e} \tag{3-10}$$

可见，无刷直流电动机的机械特性方程和有刷他励直流电动机在形式上完全一致。图 3-12 给出了不同 U_d 下无刷直流电动机的机械特性。

综合以上分析，图 3-7 所示的无刷直流电动机无论是转矩公式、转速公式，还是机械特性方程在形式上均与有刷他励直流电动机相同，即其与有刷直流电动机具有相同的电磁关系和特性，若从图 3-7 直流电源的正、负端子看进去，整个虚线框中的部分就等同于一台他励直流电动机，施加于逆变器的直流电压和

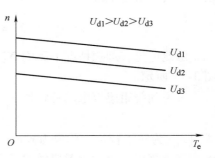

图 3-12 无刷直流电动机的机械特性

电流就相当于直流电动机的电枢电压和电流。由此可见，"无刷直流电动机" 这一术语应该是指永磁伺服电动机、逆变器、转子位置传感器及相应换相控制电路的组合体，而并非仅指电动机本体。

3.2.3 无刷直流电动机的动态数学模型

前面讨论了无刷直流电动机的工作原理及其稳态特性，为了突出主要问题，分析是在假定感应电动势波形为理想的梯形波、忽略换相过程、绕组电流为理想方波的前提下进行的。实际无刷直流电机的感应电动势、绕组电流波形往往与上述理想情况有明显差异。为了得到更加接近实际的结果，在无刷直流电动机的分析研究中常采用系统仿真的方法，为此需建立无刷直流电机的动态数学模型。另外，无刷直流电机作为伺服电动机，除了稳态性能外，对其动态性能的分析、研究也是不可缺少的，这往往也需借助于动态数学模型和系统仿真。

一般交流电动机的磁动势和气隙磁场等均可认为在空间按正弦规律分布，可以用空间矢量来描述。在研究动态问题时通过坐标变换的方法常常可以使动态方程得以简化，在讨论三相感应电动机矢量控制时我们便采用了这种方法。但是在无刷直流电动机中，由于气隙磁场在空间不是按正弦规律分布的，因此坐标变换理论已不是有效的分析方法。无刷直流电动机的动态数学模型通常直接建立在三相静止坐标系 ABC 上。

假定三相无刷直流电动机的定子绕组为 Y 联结，无中线引出；转子采用表面式结构，且无阻尼绕组；忽略铁心磁滞和涡流损耗，并不计磁路饱和影响。采用图 3-7 所示的正方向规定，对各相绕组分别列电压方程并写成矩阵形式，可得

$$\begin{pmatrix} u_\mathrm{A} \\ u_\mathrm{B} \\ u_\mathrm{C} \end{pmatrix} = \begin{pmatrix} R_\mathrm{s} & 0 & 0 \\ 0 & R_\mathrm{s} & 0 \\ 0 & 0 & R_\mathrm{s} \end{pmatrix} \begin{pmatrix} i_\mathrm{A} \\ i_\mathrm{B} \\ i_\mathrm{C} \end{pmatrix} + \frac{\mathrm{d}}{\mathrm{d}t} \begin{pmatrix} L_\mathrm{A} & L_\mathrm{AB} & L_\mathrm{AC} \\ L_\mathrm{BA} & L_\mathrm{B} & L_\mathrm{BC} \\ L_\mathrm{CA} & L_\mathrm{CB} & L_\mathrm{C} \end{pmatrix} \begin{pmatrix} i_\mathrm{A} \\ i_\mathrm{B} \\ i_\mathrm{C} \end{pmatrix} + \begin{pmatrix} e_\mathrm{A} \\ e_\mathrm{B} \\ e_\mathrm{C} \end{pmatrix} \tag{3-11}$$

式中，u_A、u_B、u_C 为定子三相绕组电压；e_A、e_B、e_C 为永磁体在定子三相绕组中产生的感应电动势，理想情况下即为图 3-11 所示的梯形波；L_A、L_B、L_C 为定子三相绕组自感；L_AB、L_AC、L_BA、L_BC、L_CA、L_CB 为定子三相绕组间的互感。

前已述及，采用表面式转子结构的无刷永磁伺服电动机是一种隐极式同步电机，其定子绕组的自感和互感均是与转子位置无关的常值，同时考虑到定子三相绕组的对称性，故有

$$L_A = L_B = L_C = L$$
$$L_{AB} = L_{BA} = L_{CA} = L_{AC} = L_{BC} = L_{CB} = M$$

式中，L 为每相绕组的自感；M 为相绕组之间的互感。

则式（3-11）变为

$$\begin{pmatrix} u_A \\ u_B \\ u_C \end{pmatrix} = \begin{pmatrix} R_s & 0 & 0 \\ 0 & R_s & 0 \\ 0 & 0 & R_s \end{pmatrix} \begin{pmatrix} i_A \\ i_B \\ i_C \end{pmatrix} + \frac{d}{dt} \begin{pmatrix} L & M & M \\ M & L & M \\ M & M & L \end{pmatrix} \begin{pmatrix} i_A \\ i_B \\ i_C \end{pmatrix} + \begin{pmatrix} e_A \\ e_B \\ e_C \end{pmatrix} \quad (3\text{-}12)$$

由于定子绕组为三相 Y 联结，无中线，故有 $i_A + i_B + i_C = 0$，则有 $Mi_B + Mi_C = -Mi_A$，$Mi_C + Mi_A = -Mi_B$，$Mi_A + Mi_B = -Mi_C$，代入式（3-12）并整理，得

$$\begin{pmatrix} u_A \\ u_B \\ u_C \end{pmatrix} = \begin{pmatrix} R_s & 0 & 0 \\ 0 & R_s & 0 \\ 0 & 0 & R_s \end{pmatrix} \begin{pmatrix} i_A \\ i_B \\ i_C \end{pmatrix} + \frac{d}{dt} \begin{pmatrix} L-M & 0 & 0 \\ 0 & L-M & 0 \\ 0 & 0 & L-M \end{pmatrix} \begin{pmatrix} i_A \\ i_B \\ i_C \end{pmatrix} + \begin{pmatrix} e_A \\ e_B \\ e_C \end{pmatrix} \quad (3\text{-}13)$$

根据式（3-13），无刷直流电动机的等效电路如图 3-13 所示。

由式（3-1）和式（3-2），三相无刷直流电动机的电磁转矩公式为

$$T_e = \frac{1}{\Omega_r}(e_A i_A + e_B i_B + e_C i_C) \quad (3\text{-}14)$$

机械运动方程为

$$T_e = T_L + J\frac{d\Omega_r}{dt} \quad (3\text{-}15)$$

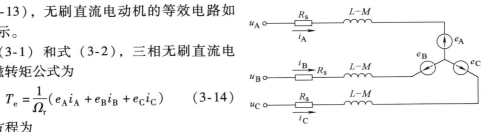

图 3-13　三相无刷直流电动机的等效电路

式中，T_L 为负载转矩；J 为转动惯量。

式（3-13）~式（3-15）构成了无刷直流电动机电机本体的动态数学模型，进行系统仿真时还需与逆变器及控制电路相结合。

3.2.4　无刷直流电动机的控制系统

1. 转子位置传感器与换相控制

三相无刷直流电动机运行过程中，转子每转过 60° 电角度定子绕组导通状态就改变一次，即发生一次换相，这些换相时刻是从转子位置传感器提供的转子位置信号导出的。由于转子每转过一对磁极（对应于 360° 电角度）转子位置传感器只需提供 6 个依次间隔 60° 的转子位置信息，对位置检测信号的分辨率要求不高，故通常采用低成本的以光电耦合器作为检测元件的光电式位置传感器或以霍尔集成电路作为检测元件的磁敏式位置传感器（常称作霍尔位置传感器），其中霍尔位置传感器由于具有价格低廉、结构简单、体积小等优点，近年来在无刷直流电动机中使用较多，下面以此为例进行讨论。

霍尔集成电路是由根据霍尔效应制成的霍尔元件与相应的信号放大、整形等附加电路集成而成，分为线性型和开关型，无刷直流电动机中一般使用开关型。开关型霍尔集成电路也称为霍尔开关，其输出为开关量信号，随着元件所在处磁场极性和磁感应强度的变化，霍尔开关的输出在高、低电平之间转换。霍尔式转子位置传感器通常包括永磁检测转子（位置

传感器转子）和位置传感器定子两部分。永磁检测转子与电动机的转子同轴安装，并具有与电动机转子相同的极对数，位置传感器定子主要由 3 只固定在定子上、空间依次相隔 120°电角度（也可以是 60°电角度）的霍尔开关构成。有时也直接将霍尔开关安放在电动机定子铁心内表面或绕组端部紧靠铁心处，以电动机的转子兼作位置传感器转子，使结构进一步简化。

随着转子的旋转，霍尔开关所在处磁场极性交替地变化，每只霍尔开关的输出均为高低电平各为 180°的方波信号，因 3 只霍尔开关在空间依次间隔 120°电角度，因此三路位置信号依次相差 120°电角度，如图 3-14 中的 S_A、S_B、S_C 所示。为了便于分析，在图 3-14 中同时给出了定子三相绕组感应电动势 e_A、e_B、e_C 的波形。图中假定位置信号 S_A 滞后 $e_A30°$ 电角度（可以通过对转子位置传感器的整定实现），则 S_A 的上升沿对应于 A 相所接功率开关 V_1 导通的时刻。

若无刷直流电动机采用微处理器控制，可以将 S_A、S_B、S_C 三路位置信号作为 3 位二进制数由 I/O 端口输入，由于转子处于不同的 60°区间，其所形成的 3 位二进制数代码不同，微处理器可以根据这 3 位二进制代码，判断转子所在 60°区间，并据此产生逆变器功率开关的通断信号。例如，对应图 3-14，当位置代码为 101，意味着转子处于 0°~60°区间，应使功率开关 V_1、V_6 导通，其余关断。

各功率开关的控制信号也可以由硬件译码电路产生，如图 3-14 中 $V_1 \sim V_6$ 所示，由 S_A、S_B、S_C 通过逻辑运算可得 $V_1 \sim V_6$ 六个功率开关的导通信号分别为 $S_A\bar{S}_B$、$S_A\bar{S}_C$、$S_B\bar{S}_C$、$S_B\bar{S}_A$、$S_C\bar{S}_A$、$S_C\bar{S}_B$。这种译码电路常称为换相逻辑电路。

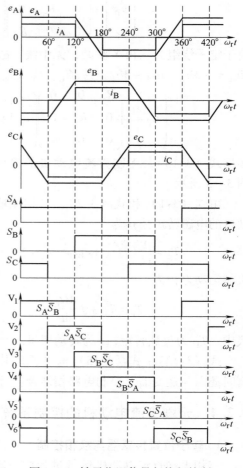

图 3-14　转子位置信号与换相控制

到目前为止，本节的讨论仅限于无刷直流电动机的正向电动运行状态，对于一些高性能的伺服控制系统而言，制动运行也是十分重要的，有时还需正、反向运转。由前述无刷直流电动机的工作原理可知，当转子磁极处于某一空间位置时，只要改变 N、S 极下导通绕组中电流的方向，就可以改变所产生电磁转矩的方向，因此只要使各相绕组电流波形与图 3-11所示波形反相，就可以使无刷直流电动机由正向电动运行转入正向制动运行状态。即正向制动状态下，在各相电动势波形正半波平顶部分应使绕组流过反向电流，为此应使相应下桥臂功率开关导通；在各相感应电动势负半波平顶部分，应使绕组流过正向电流，为此应使相应上桥臂功率开关导通。可见正向制动状态下的换相控制信号与正向电动状态下是不同的，对应于正向电动状态的上桥臂导通信号，在正向制动状态下应作为该相下桥臂导通信号；反之亦然。

无刷直流电动机在反向转矩作用下也可以反向旋转，在反向运转时同样可以通过换相控制实现反向电动运行和反向制动运行，即无刷直流电动机通过改变逆变器功率开关通断信号与转子位置信号的逻辑关系，就可以方便地实现四象限运行。对应于图 3-14 的转子位置信号，不同运行状态下各功率开关的换相控制信号如表 3-1 所示。

表 3-1　不同运行状态下各功率开关的换相控制信号

运行状态	功率开关	V_1	V_2	V_3	V_4	V_5	V_6
正向	电动	$S_A\bar{S}_B$	$S_A\bar{S}_C$	$S_B\bar{S}_C$	$S_B\bar{S}_A$	$S_C\bar{S}_A$	$S_C\bar{S}_B$
	制动	$S_B\bar{S}_A$	$S_C\bar{S}_A$	$S_C\bar{S}_B$	$S_A\bar{S}_B$	$S_A\bar{S}_C$	$S_B\bar{S}_C$
反向	电动	$S_B\bar{S}_A$	$S_C\bar{S}_A$	$S_C\bar{S}_B$	$S_A\bar{S}_B$	$S_A\bar{S}_C$	$S_B\bar{S}_C$
	制动	$S_A\bar{S}_B$	$S_A\bar{S}_C$	$S_B\bar{S}_C$	$S_B\bar{S}_A$	$S_C\bar{S}_A$	$S_C\bar{S}_B$

仔细观察表 3-1 不难发现，无刷直流电动机四象限运行的换相逻辑信号可以根据转矩极性分成两组，第一组是要求正向转矩时，对应于正向电动和反向制动两种运行状态；第二组是要求反向转矩时，对应于正向制动和反向电动两种运行状态。

2. 转速调节与 PWM 控制方式

在前面的讨论中，逆变器的各功率开关在一个周期中连续导通 120° 电角度，逆变器仅起换相作用。由转速公式和机械特性方程可知，在此工作方式下，要调节无刷直流电动机的转速，需改变直流电压 U_d。由转速公式的推导过程式（3-7）～式（3-9）不难看出，实际决定无刷直流电动机转速的应是施加在同时导通的两相绕组间的线电压，而导通绕组是经过逆变器的功率开关与直流电源 U_d 相接的，这意味着通过对逆变器的功率开关进行 PWM 控制，就可以在直流电源电压 U_d 一定的情况下，连续地调节施加在电机绕组上的平均电压和电流，从而实现电动机的转速调节。实际应用中的无刷直流电动机大多采用这种控制方式，此时逆变器同时承担换相控制和 PWM 电压或电流调节两种功能。

根据前面的分析，对于工作在两相导通三相六状态的三相无刷直流电动机，每个 60° 区间均有两相绕组同时导通，其中一相绕组通过上桥臂开关与直流电源正极相接，另一相绕组通过下桥臂开关与直流电源负极相接。进行 PWM 控制时可以对上、下桥臂两只功率开关同时施加 PWM 控制信号，也可以只对其中之一施加 PWM 控制信号，而另一只功率开关保持导通状态，即另一只开关仅受换相逻辑控制，而不受 PWM 信号影响。前者称为反馈斩波方式，后者称为续流斩波方式。下面以对应于图 3-14 中的 0°～60° 区间为例，说明两种斩波方式的具体工作情况。

根据换相逻辑，在 0°～60° 区间 V_1、V_6 应处于导通状态，其他功率开关始终关断。当采用反馈斩波方式时，在该 60° 区间还需对 V_1、V_6 同时施加一定导通占空比的 PWM 控制信号。此时的工作情况为：在 PWM 导通期间，V_1、V_6 导通，电流路径如图 3-15a 所示，施加在 A、B 两相绕组间的线电压为 U_d，绕组电流为 $i_A = I_d$、$i_B = -I_d$；在 PWM 关断期间，V_1、V_6 同时关断，由于绕组电感的存在，绕组中的电流不能突变，V_1、V_6 关断后，电流将经 VD_4、VD_3 流通，如图 3-15b 所示，此时施加在 A、B 两相绕组间的线电压为 $-U_d$。反馈斩波时的绕组电压波形如图 3-16a 所示。若 PWM 周期为 T，每个开关周期中导通时间为 t_{on}，则施加在两相绕组间的线电压平均值为

$$U'_{d} = \frac{1}{T}[t_{on}U_{d} + (T - t_{on})(-U_{d})] = (2\alpha - 1)U_{d} \tag{3-16}$$

式中，α 为导通占空比，$\alpha = t_{on}/T$。

注意，在反馈斩波方式下，PWM 关断期间直流侧电流将反向，这意味着在此阶段电动机绕组将向直流电源回馈电能。因此，采用反馈斩波方式时，配合表 3-1 的换相逻辑，无刷直流电动机可以比较方便地实现四象限运行。

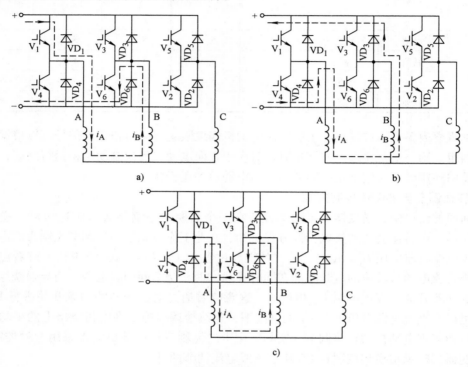

图 3-15　PWM 控制时的电流路径

a）PWM 导通期间的电流路径　b）反馈斩波方式时 PWM 关断期间的电流路径

c）续流斩波方式时 PWM 关断期间的电流路径

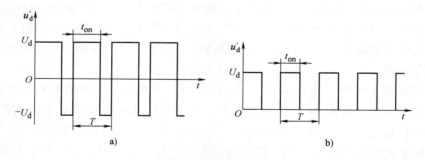

图 3-16　不同斩波方式时的绕组电压波形

a）反馈斩波时的绕组电压波形　b）续流斩波时的绕组电压波形

当采用续流斩波方式时，在该 60°区间只对 V_1 或只对 V_6 进行 PWM 控制，另一只功率开关始终导通（只受换相信号控制）。以对 V_1 进行 PWM 控制为例，在 PWM 导通期间 V_1 导通，则 V_1、V_6 同时导通，电流路径与图 3-15a 所示的反馈斩波方式下相同，绕组间的线电压为 U_d；在 PWM 关断期间，V_1 关断，而 V_6 持续导通，此时的电流路径如图 3-15c 所示，电流经 VD_4、V_6 续流，A、B 两相绕组短路，线电压为零。续流斩波时的绕组电压波形如图 3-16b 所示，易得此时两相绕组间的线电压平均值为

$$U_d' = \frac{t_{on}}{T} U_d = \alpha U_d \tag{3-17}$$

可见采用 PWM 控制时，在直流电压 U_d 一定的条件下，通过改变 PWM 信号的导通占空比 α，就可以改变加到无刷直流电动机定子绕组间的线电压平均值，从而调节电动机的转速，此时转速公式（3-9）和机械特性方程式（3-10）中的 U_d 应代入 U_d'。

注意，在续流斩波方式下，PWM 关断期间的直流侧电流为 0，考虑到 PWM 导通期间直流侧电流同样为 I_d，所以采用这种斩波方式，电动机只能从直流电源吸收电功率，而无法向直流电源回馈电功率，因此仅靠改变换相逻辑无法实现再生制动运行。但续流斩波方式与反馈斩波方式相比，在同样开关频率下电流脉动小、开关损耗低，因此得到了广泛应用。

续流斩波方式中，在每个 60° 区间既可以对上桥臂开关进行 PWM 控制，也可以对下桥臂开关进行 PWM 控制；在各个 60° 区间既可以始终只对上桥臂或只对下桥臂开关进行 PWM 控制，也可以交替对上、下桥臂开关进行 PWM 控制，为了实现简单，常采用前者。仅对上桥臂进行 PWM 控制时，6 个功率开关的驱动信号波形如图 3-17 所示。这种控制方式的不足之处是，开关损耗在各功率开关之间分配不均匀，当各桥臂使用相同的功率器件时，其电流容量不能得到充分利用。

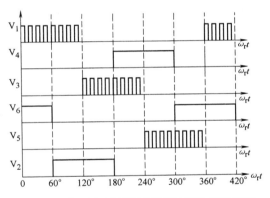

图 3-17　仅对上桥臂开关进行 PWM 控制时的驱动信号波形

前述 PWM 控制是通过改变导通占空比 α 调节施加到定子绕组的电压平均值，常称为 PWM 电压控制方式。由于绕组电感的存在，采用 PWM 电压控制方式时，若无电流闭环，无刷直流电动机的实际电流波形将与理想方波相差较大，导致电动机的转矩脉动较大，因此只能用于一般驱动。为了改善电流波形，可采用 PWM 电流控制方式。所谓 PWM 电流控制方式是指根据电流实际值与给定值的偏差直接产生 PWM 控制信号，对绕组电流的瞬时值进行控制，以使实际电流跟踪其给定值的一种 PWM 方式。为此，在三相无刷直流电动机中，可以使用 3 只电流传感器分别检测三相绕组电流，并直接对三相绕组的电流瞬时值进行控制。考虑到除了换相期间之外，其余时刻三相绕组中只有两相导通，导通绕组中的电流与直流侧电流一致，故也可以只用一只电流传感器检测直流侧电流，通过 PWM 方式对直流侧电流进行控制。鉴于在后面控制系统举例部分对三相 PWM 电流控制有具体介绍，故这里对其不做进一步讨论。下面仅以采用反馈斩波方式的直流侧电流控制为例，说明 PWM 电流控制的原理。设在 A 相正向导通、B 相反向导通的 60° 区间，即 $i_A = -i_B = I_d$ 时，如果当前实际电流 I_d 小于电流给定值 I_d^*，则使功率开关 V_1、V_6 导通，V_1、V_6 导通期间的电流路径如图 3-15a 所示，定子绕组线电压 $u_{AB} = U_d$，由于 U_d

大于反电动势 e_{AB}，电流 I_d 将增大；若实际电流 $I_d > I_d^*$，则使功率开关 V_1、V_6 关断，相应的电流路径如图 3-15b 所示，绕组电压 $u_{AB} = -U_d$，在外加电源电压和感应电动势 e_{AB} 的共同作用下，绕组电流将迅速下降。由此，根据实际电流瞬时值与给定值的偏差直接控制逆变器相应功率开关的通断，就可以使实际电流 I_d 在给定值 I_d^* 附近的小范围内波动。在性能要求较高的伺服系统中，常采用 PWM 电流控制方式。

3. 控制系统举例

无刷直流电动机的应用十分广泛，不同应用场合对其运行性能要求不同，因此相应的控制系统也各不相同。在对性能要求不高的一般应用场合，可以采用开环系统；如果对调速范围和转速控制精度有较高要求，则可以采用转速闭环系统；而在对系统的动态性能要求较高的应用场合，通常需采用转速电流双闭环控制。

无刷直流电动机的转速电流双闭环控制系统在总体结构上与有刷直流电动机相似，但是由于它的电枢为三相绕组，因此其电流环的情况比有刷直流电动机要复杂，而且有不同的实现方法。最直接的方式是使用 3 个电流控制器对三相绕组电流分别进行闭环控制；鉴于除了换相期间之外，每一时刻三相绕组中只有两相处于导通状态，且导通两相绕组串联后与直流电源相接，因此也可以只用一个电流控制器实现对导通相绕组电流的控制。下面分别予以举例说明。

（1）采用单电流控制器的无刷直流电动机控制系统

图 3-18 是一个采用单电流控制器和 PWM 电压控制的无刷直流电动机转速电流双闭环控制系统，该系统采用的是续流斩波方式，仅对三相逆变器的上桥臂开关进行 PWM 控制。在该控制系统中，以转速调节器 ASR 的输出作为导通相绕组电流幅值的给定值 I_d^*。电流反馈值 I_d 与 I_d^* 比较，差值作为电流调节器 ACR 的输入，ACR 的输出是 PWM 控制器的输入控制电压 U_c，即 PWM 控制器的占空比控制信号，由 PWM 控制器输出相应占空比的 PWM 斩波信号。图中的换相逻辑电路根据来自转子位置传感器 PS 的转子位置信号，产生逆变器 6 个功率开关的导通信号。为了通过 PWM 控制实现转速调节，这些换相控制信号需要和 PWM 信号相与后再送驱动电路。由于本系统仅对上桥臂开关进行 PWM 控制，所以图中的 PWM 信号只和功率开关 V_1、V_3、V_5 的换相控制信号相与。转速反馈值 ω_r 一般是通过对转

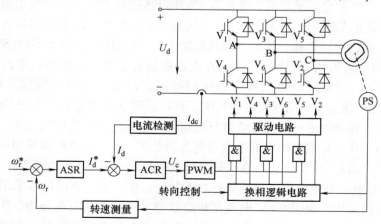

图 3-18 采用单电流控制器和 PWM 电压控制的无刷直流电动机转速电流双闭环控制系统

子位置信号的处理获得。

下面讨论单电流控制器方案中电流反馈值 I_d 的获取问题。

在图 3-18 中，电流反馈值 I_d 是通过检测直流侧电流获得的，但要注意的是：由于受 PWM 控制影响，直流侧电流传感器输出的电流检测信号 i_{dc} 通常不能直接用作电流反馈值。回顾一下图 3-15 中 PWM 控制时的电流路径不难发现，只有在 PWM 导通期间直流侧电流才与绕组电流一致，PWM 关断期间的直流侧电流情况与所采用的 PWM 方式有关。若采用反馈斩波方式，PWM 关断期间绕组电流将以反方向流过直流侧；若采用续流斩波方式，PWM 关断期间的电流将直接在两相绕组之间形成回路，而不经过直流侧。续流斩波方式下直流侧电流 i_{dc} 的波形如图 3-19 所示，在此情况下，为了获得电流反馈值 I_d，可以在 PWM 导通期间，例如在 PWM 脉冲中点处，对电流进行采样并保持。

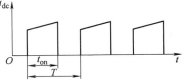

图 3-19　续流斩波时的直流侧电流波形

除了通过检测直流侧电流获取电流反馈值 I_d 之外，也可以采用交流电流传感器对三相绕组电流进行检测，再根据转子位置信号或换相逻辑信号，对检测到的三相电流进行 "拼接"，从而形成一个总的电流反馈信号。例如：可以将三相绕组电流的正半波叠加后作为电流反馈信号 I_d，即在图 3-14 中的 0～120°区间、120°～240°区间和 240°～360°区间分别以 i_A、i_B、i_C 作为电流反馈信号。考虑到在三相 Y 联结无中线的情况下，三相绕组电流的瞬时值之和等于 0，故通常只需检测两相电流即可。

注意：对于图 3-18 所示的控制系统，通过 "转向控制" 信号改变换相逻辑，可以使电动机在正、反两个方向上实现电动运行状态，但无法仅仅通过表 3-1 的换相逻辑实现再生制动运行。这是因为在续流斩波方式下，直流侧电流是在 0 和 I_d 之间变化的单极性 PWM 波，如图 3-19 所示，这意味着电动机只能通过逆变器从直流电源吸收电功率，而不能向直流电源回馈电功率。但这并不是说续流斩波方式下无刷直流电动机不能实现再生制动，只是为此需采用专门的控制策略。对此这里不做进一步讨论。

（2）采用三相电流控制器的无刷直流电动机控制系统

图 3-20 给出了一个采用三相电流控制器进行 PWM 电流控制的无刷直流电动机控制系统，该系统使用 3 只电流传感器分别检测三相绕组电流，并通过 3 个电流控制器对三相绕组电流瞬时值进行控制。需要说明的是，对于中性点隔离的三相 Y 联结无刷直流电动机，由于 $i_A + i_B + i_C = 0$，可以只用两只电流传感器，另一相（如 C 相）绕组电流可以由 $i_C = -(i_A + i_B)$ 得到。

要理解该系统的工作原理，首先要搞清其三相电流给定值 i_A^*、i_B^*、i_C^* 的产生。在该系统中，转子位置传感器 PS 输出 3 路相位依次差 120°的方波信号（参见图 3-14 中的 S_A、S_B、S_C），经解码器产生 3 路正负半波宽度各为 120°且与感应电动势波形同相位、幅值为 1 的方波信号，波形如图 3-21 中的 g_A、g_B、g_C 所示。不难看出，g_A、g_B、g_C 与理想情况下的三相绕组电流波形相同，只是幅值为 1。转速调节器 ASR 根据转速反馈值 ω_r 与转速给定值 ω_r^* 的差值产生绕组电流幅值给定值 I_d^*，I_d^* 与解码器输出的 g_A、g_B、g_C 分别相乘，即为各相电流给定值 i_A^*、i_B^*、i_C^*。

各相绕组电流瞬时值 i_A、i_B、i_C 分别与其给定值 i_A^*、i_B^*、i_C^* 比较，偏差值经 3 个滞环比较器分别产生各功率开关的通断信号，通过逆变器使各绕组电流跟随其给定值，从而实现对三相绕组电流的 PWM 电流控制。

图 3-20 中转子位置检测和转速检测分别由位置传感器 PS 和速度传感器 TG 实现，实际系统中也可以像图 3-18 那样只用一个位置传感器同时完成转子位置和转速的检测。

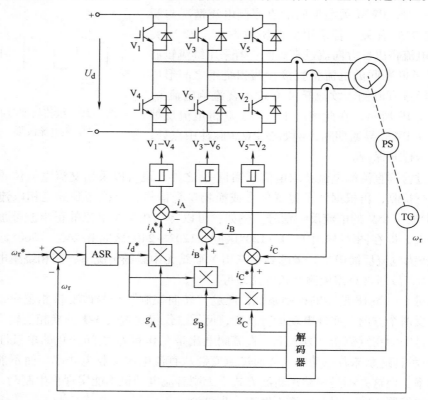

图 3-20　采用三相电流控制器进行 PWM 电流控制的无刷直流电动机控制系统

图 3-20 所示的系统可以很方便地实现四象限运行，不过在这里四象限运行不是由解码器通过改变换相逻辑实现的，而是由转速调节器通过改变输出电流给定值 I_d^* 的极性实现的。以电动机正向运转为例，当电动机工作在电动运行状态时，转速调节器输出的电流幅值给定值 I_d^* 为正，各相绕组电流与电动势同相位；一旦要求电动机减速或制动，转速调节器 ASR 的输入偏差会变负，导致其输出 I_d^* 变为负值，则各相电流给定值和实际值将随之反相，从而使电动机自动进入正向制动运行状态。

3.2.5　无刷直流电动机的转矩脉动

1. 引起转矩脉动的原因

在图 3-11 所示的理想情况下，相绕组感应电动势为平顶

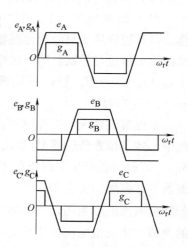

图 3-21　解码器输出信号波形

宽度大于等于 120° 的梯形波，绕组电流为正、负半波各 120° 电角度的方波，且方波电流与梯形波电动势相位一致，则无刷直流电动机的电磁转矩无脉动。但对于实际电动机，上述理想条件很难满足。

首先，就感应电动势波形而言，既与永磁励磁磁场的空间分布有关，又与定子绕组结构及是否采用斜槽等有关，典型情况如图 3-22 中 e_A 所示，带有圆角且平顶宽度小于 120° 电角度。造成这一现象的主要原因是：靠近永磁体边缘处的气隙磁密与永磁体中心区域相比会因磁通向极间泄漏而有所减少。此外，定子绕组的短距、分布等也会使感应电动势波形更加接近正弦波，从而进一步减小平顶宽度。当定子绕组采用整距集中绕组，且无定子斜槽和转子斜极时，电动势波形畸变较小。

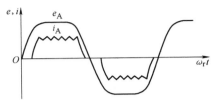

图 3-22 典型的感应电动势和绕组
电流波形

其次，从绕组电流波形来看，一方面由于电感的存在，绕组电流不能突变，一相绕组关断、另一相绕组导通的换相不可能瞬间完成，关断相绕组电流的下降和导通相绕组电流的上升都需要一个过程，称为换相过程；另一方面，当逆变器采用 PWM 控制时，还会导致绕组电流产生纹波。计及以上两个因素，典型的绕组电流波形如图 3-22 中的 i_A 所示。

感应电动势波形和绕组电流波形与理想波形的偏差均会使电磁转矩产生脉动，其中绕组电流换相引起的转矩脉动称为换相转矩脉动。由于换相期间可能产生很大的转矩尖峰，因此换相转矩脉动通常是导致无刷直流电动机转矩脉动的最主要因素。而由 PWM 控制产生的电流纹波由于频率较高（一般大于 5kHz），考虑到电动机机械惯性的滤波作用，由此产生的转矩脉动对转速影响很小，一般可不必考虑。

除此之外，当定子铁心有齿槽时，转子永磁体与定子齿相互作用还会产生齿槽转矩。齿槽转矩的大小与转子位置有关，因此转子旋转时齿槽转矩也会随之脉动。为了减少齿槽转矩，可以在电机设计时采用定子斜槽或转子斜极等措施。值得注意的是，这些措施在削弱齿槽转矩的同时，也会抑制电动势波形中的谐波分量，使电动势波形正弦化，从而加大电动势波形的畸变。

另外，如果绕组电流相位与感应电动势相位不一致，也会使转矩脉动增大。为避免出现这种情况，转子位置信号及换相时刻必须准确。

2. 换相转矩脉动分析

前已述及，绕组电流换相所产生的换相转矩脉动通常是导致无刷直流电动机转矩脉动的最主要因素，下面就对换相转矩脉动做进一步分析。分析以 A 相上桥臂 V_1 到 B 相上桥臂 V_3 的换相过程（对应图 3-14 中 $\omega_r t = 120°$ 时）为例进行，所得结论对于其他换相时刻同样适用。

（1）换相期间的电磁转矩

换相之前，V_1 和 V_2 导通，电流 I_d 由电源正极经过 V_1 流进 A 相绕组，然后经 V_2 由 C 相绕组流出并回到电源负极，此时有

$$i_A = -i_C = I_d, \quad i_B = 0$$

在 $\omega_r t = 120°$ 时刻，V_1 关断、V_3 导通，绕组电流开始从 A 相换相到 B 相。由于绕组电感的存在，关断相的绕组电流 i_A 不可能瞬间从 I_d 下降到 0，因此在 V_1 关断后 i_A 将经过下

桥臂反并联二极管 VD_4 续流，这样在 i_A 下降到 0 之前，三相绕组将同时导通，如图 3-23 所示。

为了简化分析，假定反电动势波形的平顶部分足够宽，在整个换相期间各相电动势始终处于平顶范围，即有

$$e_A = e_B = -e_C = E_p \tag{3-18}$$

则根据式 (3-14) 的转矩公式，有

$$T_e = \frac{1}{\Omega_r}(e_A i_A + e_B i_B + e_C i_C) = \frac{1}{\Omega_r}(E_p i_A + E_p i_B - E_p i_C)$$

由于 $i_A + i_B + i_C = 0$，所以有

$$T_e = \frac{2E_p}{\Omega_r}(i_A + i_B) = -\frac{2E_p}{\Omega_r}i_C \tag{3-19}$$

可见，换相期间的电磁转矩与非换相相电流（这里 C 相是当前的非换相相）大小成正比，若能使非换相相电流在换相期间保持换相前的值不变，即使 $-i_C = I_d$，就不会因换相产生转矩脉动。考虑到 $-i_C = i_A + i_B$，这意味着换相期间应使关断相电流 i_A 的下降速度与开通相电流 i_B 的上升速度相等。下面就来分析为此应满足的条件，以及不同换相条件下的转矩脉动情况。

(2) 换相期间各相绕组电流的变化率

由式 (3-13)，令 $L_s = L - M$，三相无刷直流电动机的电压方程可以重写为

$$\left. \begin{array}{l} u_A = R_s i_A + L_s \dfrac{di_A}{dt} + e_A \\[2mm] u_B = R_s i_B + L_s \dfrac{di_B}{dt} + e_B \\[2mm] u_C = R_s i_C + L_s \dfrac{di_C}{dt} + e_C \end{array} \right\} \tag{3-20}$$

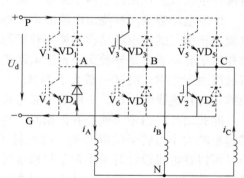

图 3-23　V_1 到 V_3 换相期间的绕组导通情况

注意：式 (3-20) 中的电压 u_A、u_B、u_C 是三相绕组的相电压，即三相绕组端点对中点 N 的电压。若各功率开关的通断状态已知，可以直接得到三相绕组端点对直流地 G 的电压 u_{AG}、u_{BG}、u_{CG}。设绕组中点 N 对直流地的电压为 u_{NG}，则三相相电压为

$$u_A = u_{AG} - u_{NG}, \quad u_B = u_{BG} - u_{NG}, \quad u_C = u_{CG} - u_{NG} \tag{3-21}$$

为了求出 u_{NG}，可以将式 (3-21) 代入式 (3-20)，然后将 3 个方程相加，并考虑到 $i_A + i_B + i_C = 0$，可得

$$u_{NG} = \frac{1}{3}\big[(u_{AG} + u_{BG} + u_{CG}) - (e_A + e_B + e_C)\big] \tag{3-22}$$

假定在换相结束之前 PWM 不起作用，即换相期间各功率开关的通断状态不受 PWM 控制影响，则在 V_1 到 V_3 换相期间有

$$u_{AG} = 0, \quad u_{BG} = U_d, \quad u_{CG} = 0$$

代入式 (3-22)，并结合式 (3-18)，可得

$$u_{NG} = \frac{1}{3}U_d - \frac{1}{3}E_p$$

则 V_1 到 V_3 换相期间的三相相电压为

$$u_A = u_C = -\frac{1}{3}U_d + \frac{1}{3}E_p, \quad u_B = \frac{2}{3}U_d + \frac{1}{3}E_p \tag{3-23}$$

将式（3-23）和式（3-18）代入电压方程式（3-20），并忽略定子电阻压降的影响，可得换相期间三相绕组电流的变化率为

$$\left.\begin{aligned}
\frac{di_A}{dt} &= -\frac{U_d + 2E_p}{3L_s} \\[2mm]
\frac{di_B}{dt} &= \frac{2U_d - 2E_p}{3L_s} \\[2mm]
\frac{di_C}{dt} &= -\frac{U_d - 4E_p}{3L_s}
\end{aligned}\right\} \tag{3-24}$$

（3）不同转速下换相期间绕组电流的变化情况与换相转矩脉动

考虑到电动势幅值 E_p 与转速成正比，式（3-24）表明：在直流电压 U_d 和电感 L_s 一定的条件下，换相期间绕组电流的变化情况与电动机转速有关。下面对此做具体分析。

1）$4E_p = U_d$ 时：一定转速下，若 $4E_p = U_d$，根据式（3-24），在换相期间有

$$-\frac{di_A}{dt} = \frac{di_B}{dt} = \frac{U_d}{2L_s}, \quad \frac{di_C}{dt} = 0$$

这意味着在此转速下关断相电流的下降速度与开通相电流的上升速度相等，而非换相相电流将保持换相前的值不变，即换相期间有

$$-i_C = i_A + i_B = I_d$$

相关波形如图 3-24a 所示，此时换相期间转矩无脉动。

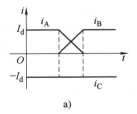 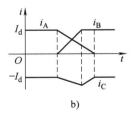 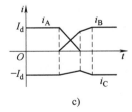

图 3-24　换相期间绕组电流变化情况

a）$4E_p = U_d$ 时　b）$4E_p < U_d$ 时　c）$4E_p > U_d$ 时

2）$4E_p < U_d$ 时：若转速低于上述转速，则 $4E_p < U_d$，根据式（3-24），有

$$-\frac{di_A}{dt} < \frac{di_B}{dt}, \quad \frac{d}{dt}(-i_C) > 0$$

即关断相电流下降慢，而开通相电流上升快，相应地非换相相电流幅值将增大，相关波形如图 3-24b 所示，此时换相期间转矩会增大。

3）$4E_p > U_d$ 时：若电动机转速高于前述第一种情况下的转速，则 $4E_p > U_d$，在此条件下有

$$-\frac{\mathrm{d}i_{\mathrm{A}}}{\mathrm{d}t} > \frac{\mathrm{d}i_{\mathrm{B}}}{\mathrm{d}t}, \quad \frac{\mathrm{d}}{\mathrm{d}t}(-i_{\mathrm{C}}) < 0$$

即关断相电流下降快，开通相电流上升慢，而非换相相电流幅值将减小，相关波形如图 3-24c 所示，因此换相期间转矩会减小。

注意：上述分析结果是在换相期间开通相电流上升到 I_d 之前 PWM 控制不起作用的前提下得到的，若换相期间功率开关仍处于 PWM 状态，则所采用的 PWM 方式及换相期间的 PWM 导通占空比都会影响换相期间各相绕组电压的平均值，从而影响各相绕组电流的变化率。由此不难想象，若在换相期间采用适当的 PWM 控制策略和导通占空比，则有可能使非换相相电流大小保持不变，从而达到抑制换相转矩脉动的目的。这是抑制换相转矩脉动的一条重要途径，对此这里不做进一步讨论。

由于方波电流的产生与控制要比正弦波电流容易，无刷直流电动机与正弦波永磁同步电动机相比，驱动和控制系统相对简单，成本也较低，而且具有更高的功率密度，因此得到了十分广泛的应用。但由于转矩脉动较大，使其在高性能伺服系统中的应用受到一定限制。如何抑制转矩脉动是无刷直流电动机的一个重要研究课题。

3.2.6 无刷直流电动机控制系统的 MATLAB 仿真

计算机仿真在交流电动机伺服驱动系统性能分析和设计中具有十分重要的作用，也是学习交流伺服驱动系统的重要手段。使用 MATLAB 提供的动态系统仿真工具 Simulink 进行仿真，既方便，又直观。在 MATLAB/Simulink 仿真工具中，控制系统的仿真模型是用框图来表达的，系统中各种元器件的模型和控制算法可以从 Simulink 模型库中直接选取或通过由模型库中的基本模块连接而成的子系统来实现。框图中各模块之间的连线表示信号的传递关系。因此，用 Simulink 进行仿真时，只需用鼠标从模型库中选择相应的元器件或函数模块，将其拖入模型编辑窗口，设置好模块的相关参数，并按照系统中的信号传递关系将各模块用线连接起来，就可以完成系统的建模；然后，设置好仿真算法、仿真时间等仿真参数，即可启动仿真；仿真结果既可以保存到工作空间或通过数字显示，也可以通过示波器模块进行波形和曲线的显示与观察，就像在实验室中用示波器观察一样。特别是其中的 SimPowerSystems 工具箱，提供了各种电机、电力电子器件、电力系统设备等的仿真模型，为电机及其控制系统的仿真提供了极大的方便，已成为电机动态分析和伺服控制系统仿真的重要工具。关于 Simulink 的详细使用方法请参考有关书籍。

本节首先介绍两个无刷直流电动机控制系统的仿真模型，然后利用这两个仿真模型观察、比较无刷直流电动机在不同控制方式和不同转速下的换相转矩脉动情况。

1. 采用单电流控制器的 BLDCM 转速电流双闭环控制系统仿真

图 3-25 所示是根据图 3-18 建立的采用单电流控制器和 PWM 电压控制的无刷直流电动机转速电流双闭环控制系统的 MATLAB/Simulink 仿真模型。图中 Inverter 模块为三相桥式逆变器，采用的是 SimPowerSystems/Power Electronics 库中的 Universal Bridge 模块，其中的"Power Electronic device"参数可以选择"IGBT/Diodes"或者"MOSFET/Diodes"，其他参数可采用默认值。直流电压源模块 Udc 为逆变器的输入直流电源，电压值设为 310V。

BLDCM 模块是无刷直流电动机本体的仿真模型，采用的是 SimPowerSystems/Machines 库中的 Permanent Magnet Synchronous Machine 模块。需要注意的是，该模块既可以作为正弦波

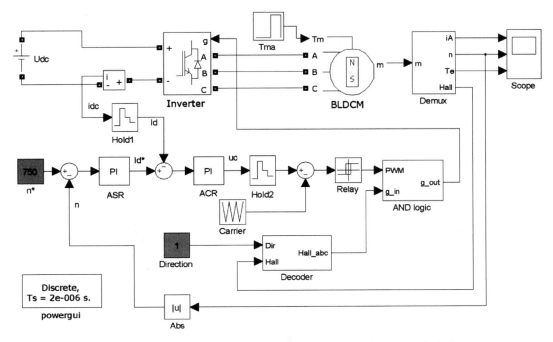

图 3-25　采用单电流控制器的 BLDCM 转速电流双闭环控制系统仿真模型

永磁同步电动机的仿真模型，也可以作为无刷直流电动机的仿真模型。用于无刷直流电动机仿真时，其 "Back EMF waveform" 参数必须设为 "Trapezoidal"，电动机的其他参数为：定子相电阻 $R_s = 2.875\Omega$，定子相电感 $L_s = 8.5\text{mH}$，永磁体在定子绕组中产生的磁链 $\psi_f = 0.175\text{Wb}$（相应的电动势系数 $K_e = 0.0733\text{V} \cdot \text{min/r}$），反电动势平顶宽度为 120°，转子转动惯量 $J = 0.03\text{kg} \cdot \text{m}^2$，旋转阻力系数 $R_\Omega = 0.05\text{N} \cdot \text{m} \cdot \text{s}$，极对数 $p_n = 4$。

模型中的 Decoder 模块是一个实现换相逻辑控制（解码器）的子系统，其输入为代表转子位置传感器输出的霍尔位置信号 Hall 和转向给定信号 Direction，输出是 6 个功率开关的导通信号 Hall_abc，该信号经 "与" 逻辑子系统 "AND logic" 和 PWM 信号相与后作为 6 个功率开关的驱动信号送到 Inverter 的门极输入端 g。Decoder 模块和 AND logic 模块的具体实现分别如图 3-26 和图 3-27 所示。注意，由于采用的是续流斩波方式，所以图 3-27 中的 PWM 信号只和三个上桥臂的导通信号相与。

模型中 PWM 信号的产生方法为：以电流调节器 ACR 的输出 uc 作为 PWM 导通占空比控制信号，与载波模块 Carrier 输出的幅值为 "1" 的单极性等腰三角波比较，其差值作为继电器模块 Relay 的输入，继电器模块的输出就是所需 PWM 信号。这里等腰三角波的频率设为 10kHz，继电器模块 Relay 可以采用默认参数。注意：模型中 ACR 的输出 uc 经零阶保持器 Hold2 后才与载波比较，Hold2 的采样时间 "Sample time" 设为 1e - 4，这样与载波比较的导通占空比控制信号仅在三角波峰值处发生变化，在一个载波周期内保持不变。

模型中电流反馈值 Id 的获取方法为：采用电流测量模块 Current Measurement 对直流侧电流进行检测，并在 PWM 周期的中点时刻对电流检测值 idc 进行采样保持，为此零阶保持器 Hold1 的采样时间 "Sample time" 应该设为 [1e - 4 0.5e - 4]。

89

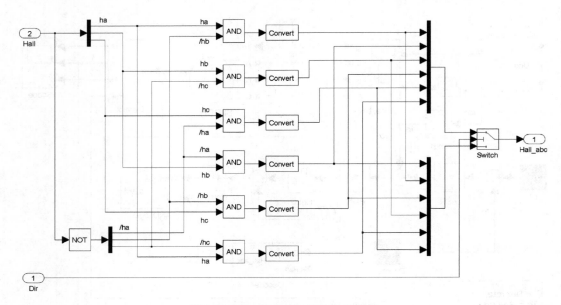

图 3-26　Decoder 子系统的仿真模型

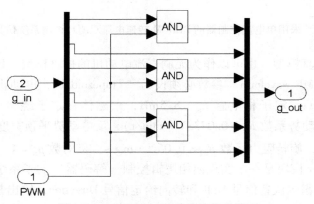

图 3-27　AND logic 子系统的仿真模型

需要注意的是，上述控制方案中电动机的转向由单独的转向控制信号"Direction"确定，当其大于等于 0 时为正转，小于 0 时为反转。因此这里的转速给定值 n^* 和转速反馈值 n 只表示转速的高低，即为转速的绝对值。实际系统中，转速反馈值 n 常通过对霍尔位置信号的处理获得，这里为了简化仿真模型，是直接从无刷直流电动机模型 BLDCM 模块的输出测量信号中得到的。因该信号本身是有极性的，故加了一个绝对值模块 Abs。

模型中的 Demux 模块是一个通过总线选择器 Bus Selector 对电动机输出信号进行选择和处理的子系统，具体模型如图 3-28 所示。第一个总线选择器的输出包括定子 A 相绕组电流 iA、转子机械角速度 wm 和电磁转矩 Te，这里还通过一个增益模块 Gain 将角速度 wm（rad/s）转化成了转速 n(r/min)。第二个总线选择器的输出是以总线形式表示的 3 路霍尔位置信号 Hall，前已述及它代表的是转子位置传感器的输出。

转速调节器 ASR 和电流调节器 ACR 均采用带限幅的 PI 调节器，转速调节器 ASR 的参数为：比例增益 $K_{sp} = 1.65$，积分增益 $K_{si} = 150$，输出限幅的下限值和上限值分别为 0 和

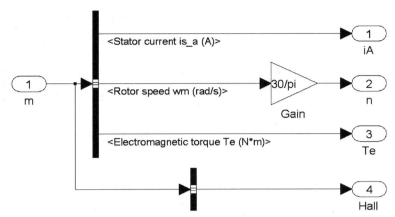

图 3-28　Demux 子系统的仿真模型

15A。电流调节器 ACR 的参数为：比例增益 $K_{cp} = 0.35$，积分增益 $K_{ci} = 120$，输出限幅的下限值和上限值分别为 0.05 和 1。注意：理论上电流调节器的输出可以在 0 ~ 1 的范围内变化，但采用前述电流检测方案，为了能在每个载波周期都采样到绕组电流，必须对最小脉宽加以限制，故应使其下限值略大于 0。

仿真中转速给定值 $n^* = 750\mathrm{r/min}$，转向控制信号 Direction $= 1$，负载转矩除了与转速成正比的旋转阻力矩，还由 Tma 模块提供了一个外加负载转矩，Tma 采用的是定时器模块 Timer，其输出开始时为 0，在 0.3s 跳变为 $10\mathrm{N \cdot m}$，0.5s 时再次跳变为 0。仿真终止时间设为 0.6s。

经仿真，在上述起动及突加、突减负载的动态过程中，电动机的 A 相电流 i_A、转速 n 和电磁转矩 T_e 的仿真波形如图 3-29 所示。

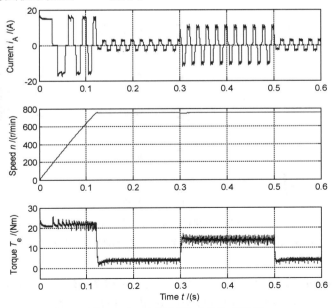

图 3-29　单电流控制器时的仿真波形

2. 采用三相滞环 PWM 电流控制器的 BLDCM 控制系统仿真

图 3-30 是根据图 3-20 建立的采用三相滞环 PWM 电流控制器的无刷直流电动机控制系

统的 MATLAB/Simulink 仿真模型。该模型中的直流电压源 Udc、逆变器模块 Inverter、无刷直流电动机模块 BLDCM 及其参数等均与图 3-25 中相同，这里不再赘述。

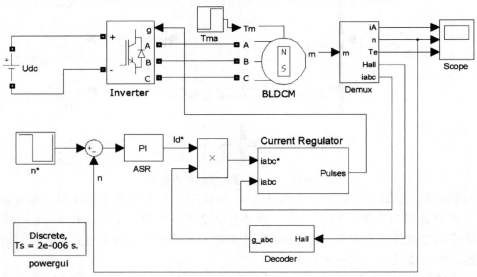

图 3-30   采用三相滞环 PWM 电流控制器的 BLDCM 控制系统仿真模型

Decoder 模块是三相电流控制时的解码器子系统，其输入为代表转子位置传感器输出的霍尔位置信号 Hall，输出 g_abc 即为图 3-21 中 g_A、g_B、g_C 所示的 3 路单位幅值的阶梯波。其具体实现如图 3-31 所示。

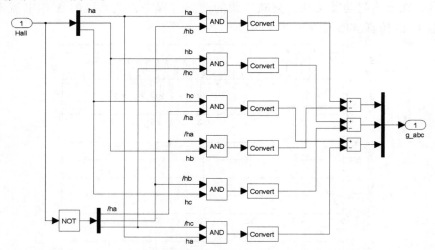

图 3-31   三相电流控制时解码器子系统 Decoder 的仿真模型

电流控制器模块 Current Regulator 是一个三相滞环比较器子系统，具体实现如图 3-32 所示。

图 3-30 中的 Demux 模块如图 3-33 所示，与图 3-28 略有不同，为了得到三相电流反馈值，这里增加了一个总线选择器，以总线形式输出三相绕组电流信号 iabc。

图 3-30 仿真模型中的转速调节器 ASR 仍采用带限幅的 PI 调节器。但值得注意的是，由于该系统可以通过改变电流给定值 Id* 的极性实现四象限运行，即转速调节器的输出可

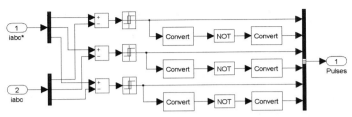

图 3-32　三相滞环比较器子系统 Current Regulator 的仿真模型

正、可负，因此其限幅值设为 ±15A。调节器的比例、积分增益也有所不同，这里的比例增益 $k_{\mathrm{sp}}=$ 3.3，积分增益 $k_{\mathrm{si}}=300$。此外，这里的转速给定值也是可正、可负，其正负代表转向。

仿真中，电流滞环比较器的滞环宽度可设为 0.4A；转速给定值 n^* 由定时器模块 Timer 产生，开始时为 750r/min，0.25s 时跳变为 −750r/min，0.6s 时再次跳变为 750r/min；负载转矩 Tma 开始时为 0，1.0s 时跳变为 10N·m；仿真终止时间为 1.2s。

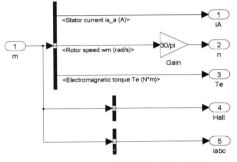

图 3-33　Demux 子系统的仿真模型

在上述正、反向运转及突加负载的动态过程中，电动机的 A 相电流 i_{A}、转速 n 和电磁转矩 T_{e} 的仿真波形如图 3-34 所示。

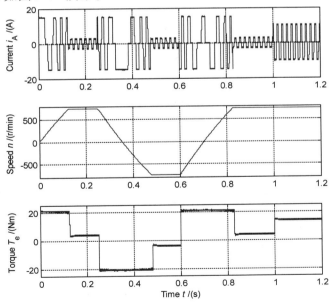

图 3-34　采用三相滞环 PWM 电流控制器时的仿真波形

3. 换相转矩脉动的仿真波形

前面对换相转矩脉动问题做过理论分析，下面利用上述仿真模型来观察一下采用不同控制方式时在不同转速下的绕组电流和换相转矩脉动情况。考虑到理论分析结果是在忽略定子电阻的条件下得到的，仿真中为了减少电阻影响，将 BLDCM 模块中的定子电阻 R_{s} 设为 0.2Ω；为便于比较，将旋转阻力系数设为了 0，外加负载转矩统一为 15N·m，以使不同转速下的电流幅值及电磁转矩保持一致；为了避免换相期间由于关断相电动势下降造成额外的转矩脉动，将电动势的平顶宽度由120°改为150°。另外，由于改变了电动机参数，转速调节器和电流调节器的参数也需做出相应调整。

（1）采用单电流控制器和 PWM 电压控制时

仿真中，转速调节器 ASR 的参数为：$k_{sp}=0.5$，$k_{si}=50$；电流调节器 ACR 的参数为：$k_{cp}=0.25$，$k_{ci}=5.75$；负载转矩 Tma 在 0.3s 时由 0 跳变为 15N·m；仿真终止时间设为 0.6s。电动机在 1000r/min、500r/min、1300r/min 三个转速下稳定运行时，感应电动势 e_A、电磁转矩 T_e 及定子三相绕组电流的仿真波形如图 3-35 所示。

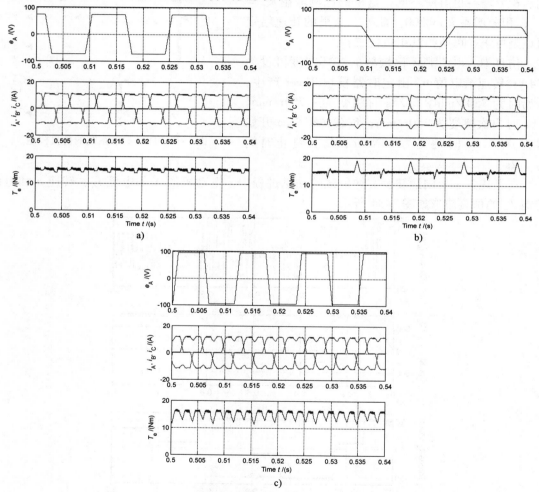

图 3-35　采用单电流控制器和 PWM 电压控制时的换相转矩脉动

a）$n=1000\mathrm{r/min}$　　b）$n=500\mathrm{r/min}$　　c）$n=1300\mathrm{r/min}$

当 $n=1000\mathrm{r/min}$，电动势幅值 E_p 约为 73.3V，接近 $4E_p=U_d$ 的条件，由图 3-35a 可见，换相期间非换相相电流近似保持不变，因此由换相引起的转矩脉动很小。当 $n=500\mathrm{r/min}$ 时，电动势幅值 E_p 约为 36.6V，属于 $4E_p<U_d$ 的情况，由图 3-35b 可见，此时开通相电流的上升快于关断相电流的下降，导致非换相相电流幅值增加，换相期间转矩增大，转矩波形

在换相期间出现向上的尖峰。当 $n = 1300\text{r/min}$ 时，电动势幅值 E_p 约为 95.3V，属于 $4E_p > U_d$ 的情况，由图 3-35c 可见，此时关断相电流的下降快于开通相电流的上升，导致非换相相电流幅值减小，换相期间转矩减小，转矩波形在换相期间出现向下的尖峰。

需要说明的是，图 3-35b 中下桥臂换相时的转矩脉动情况与上桥臂换相时有所不同，这是由于 PWM 对上、下桥臂换相过程的影响不同造成的。若在换相期间禁用 PWM 或使其占空比为 1，则下桥臂换相时的转矩脉动情况将与上桥臂换相时一致。仔细观察图 3-35 不难发现，另外两个转速下的仿真波形中，上、下桥臂换相时的转矩脉动情况也略有差别，这同样是由 PWM 影响所致。

（2）采用三相滞环 PWM 电流控制器时

仿真中，转速调节器 ASR 的参数为：$k_{sp} = 3.3$，$k_{si} = 300$；电流滞环宽度为 0.4A；负载转矩 Tma 在 0.3s 时由 0 跳变为 15N·m；仿真终止时间设为 0.6s。电动机在 1000r/min、500r/min、1300r/min 三个转速下稳定运行时，感应电动势 e_A、电磁转矩 T_e 及定子三相绕组电流的仿真波形如图 3-36 所示。

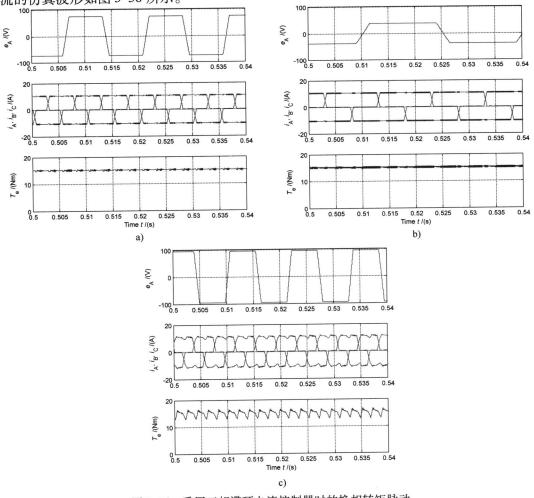

图 3-36　采用三相滞环电流控制器时的换相转矩脉动

a）$n = 1000\text{r/min}$　b）$n = 500\text{r/min}$　c）$n = 1300\text{r/min}$

值得注意的是，采用三相滞环电流控制器时，在 $n = 1000\text{r/min}$ 和 $n = 500\text{r/min}$ 时，换相期间非换相相电流均保持不变，无换相转矩脉动现象发生，这是因为三相滞环 PWM 电流控制器本身具有抑制低速换相转矩脉动的能力。但三相滞环 PWM 电流控制器对高速运行（$4E_p > U_d$）时的换相转矩脉动却无能为力。故在 $n = 1300\text{r/min}$ 时，仍表现为换相期间非换相相电流幅值减小，致使换相期间转矩减小，转矩波形出现向下的尖峰。

（3）无电流闭环控制时

若无电流闭环控制，无刷直流电动机的电流波形会与理想波形相去甚远，转矩脉动也会显著增大。将图 3-25 仿真模型中的电流调节器 ACR 去掉，直接以转速调节器 ASR 的输出作为 PWM 控制器的输入控制信号 uc，就可以实现仅有转速闭环并采用 PWM 电压控制方式的无刷直流电动机控制系统的仿真。

仿真中，转速调节器的参数修改为：$k_{sp} = 0.02$，$k_{si} = 0.6$；输出限幅的下限值和上限值分别为 0 和 1；负载转矩 Tma 在 0.1s 时由 0 跳变为 15N·m，其他条件不变。电动机在上述三个典型转速下的仿真结果如图 3-37 所示。

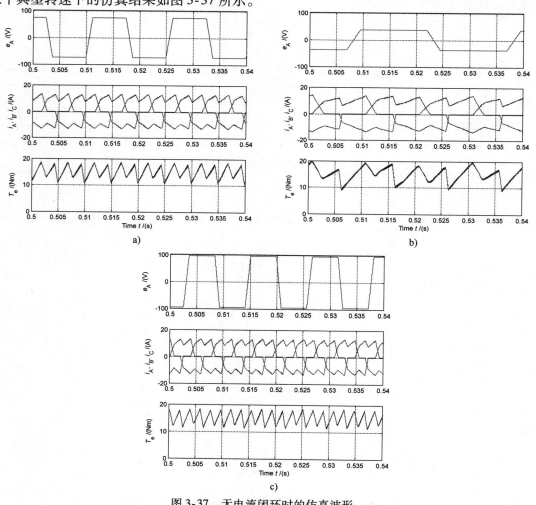

图 3-37 无电流闭环时的仿真波形

a）$n = 1000\text{r/min}$ b）$n = 500\text{r/min}$ c）$n = 1300\text{r/min}$

3.3　正弦波永磁同步电动机及其矢量控制伺服驱动系统

前已述及，正弦波永磁同步电动机具有正弦波的感应电动势波形和绕组电流波形，其运行原理、分析方法等与普通电励磁同步电动机基本相同，只是用永磁体取代了电励磁同步电动机中的转子励磁绕组。正弦波永磁同步电动机通过采用矢量控制可以获得很高的静态和动态性能。与三相感应伺服电动机相比，正弦波永磁同步电动机体积小、重量轻、效率高，转子无发热问题，控制系统也相对比较简单；与无刷直流电动机相比，正弦波永磁同步电动机不存在换相转矩脉动问题，转矩脉动小，因此在高性能伺服驱动领域得到了广泛应用。尤其是在数控机床、工业机器人等小功率场合，比三相感应伺服电动机应用更为广泛。

3.3.1　正弦波永磁同步电动机的数学模型

在对正弦波永磁同步电动机进行分析、控制和仿真研究时，通常采用建立在转子 dq 坐标系上的动态数学模型。如图 3-38 所示，取永磁体基波励磁磁场轴线（磁极轴线）为 d 轴，顺着转子旋转方向领先 d 轴 90°电角度为 q 轴，dq 坐标系随同转子一道以电角速度 ω_r 在空间旋转。

由于正弦波永磁同步电动机的转子上通常没有任何绕组，建立动态方程时只需考虑定子绕组即可。通过三相静止坐标系到两相旋转坐标系的坐标变换，可以将实际电动机

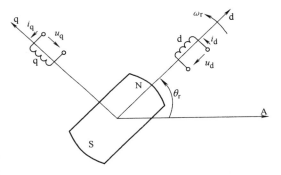

图 3-38　转子 dq 坐标系中正弦波永磁
同步电动机的物理模型

定子上的三相静止绕组等效成 dq 坐标系中的两相伪静止绕组，如图 3-38 所示，这样在 dq 坐标系中就可以方便地建立正弦波永磁同步电动机的动态方程。

参考第 2 章 2.6 节两相旋转坐标系 dq 中三相感应电动机定子绕组电压方程的建立过程及式（2-94）不难得到，永磁同步电动机定子绕组电压方程应为

$$\left.\begin{array}{l} u_d = R_s i_d + p\psi_d - \omega_r \psi_q \\ u_q = R_s i_q + p\psi_q + \omega_r \psi_d \end{array}\right\} \tag{3-25}$$

鉴于只有定子绕组而没有转子绕组，这里省去了电压、电流、磁链等变量下标中表示定子量的 "s"。

由图 3-38，定子绕组磁链方程应为

$$\left.\begin{array}{l} \psi_d = L_d i_d + \psi_f \\ \psi_q = L_q i_q \end{array}\right\} \tag{3-26}$$

式中，L_d、L_q 分别为定子 d、q 轴绕组的自感；ψ_f 为转子永磁体在定子 d 轴绕组中产生的永磁励磁磁链。

注意，对于三相感应电动机，由于定、转子结构都是对称的，因此 d、q 轴定子绕组的自感相同，均为 L_{11}。而在永磁同步伺服电动机中，受转子结构的影响，其 d、q 轴磁路磁

阻可能不等，故 d、q 轴定子绕组的自感分别用 L_d、L_q 表示。

参考式（2-99），永磁同步电动机的电磁转矩公式应为

$$T_e = p_n(\psi_d i_q - \psi_q i_d) \tag{3-27}$$

将式（3-26）代入式（3-27），可得电磁转矩的另一表达形式

$$T_e = p_n[\psi_f i_q + (L_d - L_q)i_d i_q] \tag{3-28}$$

由式（3-28）可以看出，正弦波永磁同步电动机的电磁转矩包含两部分，第一部分是由定子电流的 q 轴分量 i_q 与永磁励磁磁场相互作用产生的，称为永磁转矩或励磁转矩；第二部分是由转子凸极效应引起的，称为磁阻转矩或反应转矩。磁阻转矩只有在交、直轴磁路磁阻不等，即 $L_d \neq L_q$ 时才会产生。

由 3.1 节可知，如果转子为表面式结构，由于永磁体的磁导率与气隙相近，电动机的交、直轴磁路磁阻相等，$L_d = L_q$，故磁阻转矩为零，即表面式永磁同步电动机不产生磁阻转矩；如果转子为嵌入式或内置式，直轴上由于永磁体的存在使磁路磁阻增大，故 $L_d < L_q$，则当 i_d、i_q 均不为零时，就会产生磁阻转矩。考虑到 $(L_d - L_q) < 0$，为使磁阻转矩与永磁转矩方向相同，应使定子电流的直轴分量 $i_d < 0$。

当电动机稳态运行时，考虑到转子坐标系 dq 中的磁链 ψ_d、ψ_q 均应为保持不变的恒值，由式（3-25）和式（3-26）可得其稳态电压方程为

$$\left.\begin{array}{l} u_d = R_s i_d - \omega_r L_q i_q \\ u_q = R_s i_q + \omega_r \psi_f + \omega_r L_d i_d \end{array}\right\} \tag{3-29}$$

3.3.2 正弦波永磁同步电动机矢量控制伺服驱动系统

正弦波永磁同步电动机运行过程中 ψ_f 保持恒定，由式（3-28）的转矩公式可知，通过控制定子电流在 dq 坐标系中的两个分量 i_d、i_q 就可以有效地控制电动机的电磁转矩。为了能很好地控制定子电流的 d、q 轴分量 i_d、i_q，与感应电动机矢量控制系统相同，在正弦波永磁同步电动机矢量控制系统中也需对电流进行闭环控制，而且电流闭环同样既可以在 dq 坐标系中实现，也可以在三相静止坐标系 ABC 中进行。若采用后者，则需将 dq 坐标系中控制器产生的电流给定值 i_d^*、i_q^*，经两相旋转坐标系到三相静止坐标系的坐标变换，得到三相电流给定值 i_A^*、i_B^*、i_C^*。

由附录 A 中式（A-21），考虑到 $i_0 = 0$，可得

$$\begin{pmatrix} i_A^* \\ i_B^* \\ i_C^* \end{pmatrix} = \sqrt{\frac{2}{3}} \begin{pmatrix} \cos\theta_r & -\sin\theta_r \\ \cos(\theta_r - 120°) & -\sin(\theta_r - 120°) \\ \cos(\theta_r + 120°) & -\sin(\theta_r + 120°) \end{pmatrix} \begin{pmatrix} i_d^* \\ i_q^* \end{pmatrix} \tag{3-30}$$

式中，θ_r 为转子 dq 坐标系的 d 轴领先定子 A 相绕组轴线的电角度。

需要指出的是，在正弦波永磁同步电动机矢量控制系统中，dq 坐标系的 d 轴就是转子磁极轴线，其空间位置角 θ_r 通常是由安装在电动机非负载端轴伸上的转子位置传感器（如光电编码器或旋转变压器等）直接检测，而不必像感应电动机矢量控制系统那样通过各种转子磁链模型进行计算。从这一角度讲，永磁同步电动机矢量控制系统的实现要比感应电动机矢量控制简单些。而且由于不存在感应电动机矢量控制中 MT 坐标系定向精度受电动机参数变化影响的问题，易于获得更高的控制精度和控制性能。

由式（3-28）可见，在正弦波永磁同步电动机运行过程中，对于某一给定转矩可以有无穷多对（i_d，i_q）值或者说定子电流矢量 $\boldsymbol{i}_s$ 与之对应，我们应该如何从这无穷多个电流矢量中选取一个最合适的用于控制？这就涉及一个控制策略问题。正弦波永磁同步电动机因结构或用途不同，所采用的控制策略也有所不同，其中最简单，也是伺服驱动系统中最常用的是 $i_d = 0$ 控制。

所谓 $i_d = 0$ 控制就是在控制过程中始终使定子电流的 d 轴分量 i_d 为零，仅通过对定子电流 q 轴分量 i_q 的控制，实现对电动机电磁转矩的控制。由转矩公式（3-28）可知，当 $i_d = 0$ 时，有

$$T_e = p_n \psi_f i_q = p_n \psi_f i_s \tag{3-31}$$

式中，i_s 为定子电流矢量 $\boldsymbol{i}_s$ 的模，$i_s = \sqrt{i_d^2 + i_q^2}$，对于 $i_d = 0$ 控制，有 $i_s = i_q$。由附录 A 可知，若采用幅值不变变换，则 i_s 对应于定子绕组电流幅值；若采用功率不变变换，则 i_s 是定子绕组电流幅值的 $\sqrt{3/2}$ 倍。

由于 ψ_f 恒定，式（3-31）表明，在采用 $i_d = 0$ 控制的正弦波永磁同步电动机中，电磁转矩与定子电流的幅值成正比，控制定子电流的大小就能很好地控制电磁转矩，和直流电动机完全相同。

$i_d = 0$ 控制时的矢量图如图 3-39 所示，图中同时画出了电动机稳态运行，并忽略电阻压降时的电压矢量图。由式（3-29），采用 $i_d = 0$ 控制并忽略电阻压降时的 d、q 轴稳态电压为

$$\left. \begin{array}{l} u_d = -\omega_r L_q i_q \\ u_q = \omega_r \psi_f \end{array} \right\} \tag{3-32}$$

相应地定子电压矢量 $\boldsymbol{u}_s$ 的模为

$$u_s = \sqrt{u_d^2 + u_q^2} = \omega_r \sqrt{(L_q i_q)^2 + \psi_f^2} \tag{3-33}$$

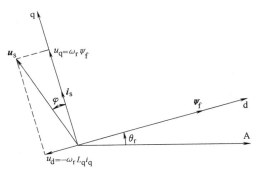

图 3-39　$i_d = 0$ 控制时的矢量图

采用 $i_d = 0$ 控制的正弦波永磁同步电动机矢量控制伺服驱动系统如图 3-40 所示，图中通过三个串联的闭环分别实现对电动机位置、速度和电流的控制。转子位置反馈值 θ_r 与给定值 θ_r^* 的差值作为位置调节器的输入。位置调节器的输出作为转速给定值 ω_r^*，转速反馈值 ω_r 与 ω_r^* 比较后的差值作为速度调节器的输入。速度调节器的输出反映了系统对电磁转矩的要求，在 $i_d = 0$ 控制中由于电磁转矩与定子电流 q 轴分量 i_q 的大小成正比，所以速度调节器的输出可以作为定子电流 q 轴分量给定值 i_q^*，i_q^* 与恒为零的 i_d^* 一起经式（3-30）的坐标变换便可得到电动机的三相电流给定值 i_A^*、i_B^*、i_C^*。三相电流反馈值 i_A、i_B、i_C 与其给定值的差值经电流控制器产生 PWM 逆变器功率开关的通断信号，通过逆变器使电动机的三相电流快速跟随其给定值。控制系统所需的转子位置信号 θ_r 和转速反馈值 ω_r 均由安装在电动机轴上的转子位置传感器 PS 提供。

由图 3-39 可见，在 $i_d = 0$ 控制中定子电流矢量 $\boldsymbol{i}_s$ 始终领先转子磁极轴线（即 d 轴）90° 电角度，这意味着逆变器的输出频率是由转子转速决定的，而且电流的相位也是由转子磁极的空间位置直接决定的。控制系统仅仅通过调节定子绕组电流的大小 i_s，以改变电磁转矩，

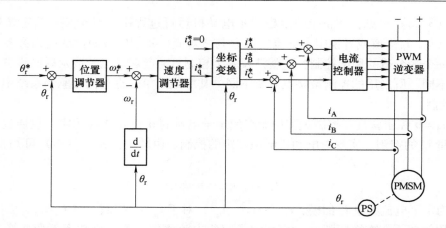

图 3-40 采用 $i_d = 0$ 控制的正弦波永磁同步电动机矢量控制伺服驱动系统

来实现电动机的转速调节。这一点从三相电流给定值 i_A^*、i_B^*、i_C^* 的表达式或许可以看得更清楚。根据式（3-30），考虑到在 $i_d = 0$ 控制中 $i_d^* = 0$、$i_q^* = i_s^*$，有

$$\left.\begin{array}{l} i_A^* = -\sqrt{2/3}i_s^* \sin\theta_r \\[2mm] i_B^* = -\sqrt{2/3}i_s^* \sin(\theta_r - 120°) \\[2mm] i_C^* = -\sqrt{2/3}i_s^* \sin(\theta_r + 120°) \end{array}\right\}$$

因此同步电动机的矢量控制属于自控变频方式。

注意，上述 $i_d = 0$ 控制仅在转速低于一定值时的恒转矩工作区有效。由图 3-39 的电压矢量图和式（3-33）可知，当负载转矩一定，即 i_q 一定时，采用 $i_d = 0$ 控制所需电压矢量 $\boldsymbol{u}_s$ 的幅值 u_s 随着转速升高成比例增加。考虑到逆变器的输出电压限制，当转速升高到一定值，$i_d = 0$ 控制所需电压 u_s 将达到逆变器输出电压最大值 u_{smax}。如果转速继续升高，由于逆变器不能输出所需的电压，定子电流的 d、q 轴分量 i_d、i_q 将无法得到有效控制，从而导致矢量控制失效。为了扩大转速范围，在此转速之上应该像直流电动机那样进行弱磁控制。但永磁同步电动机转子为永磁体励磁，无法像直流电动机那样通过调节励磁电流实现弱磁。永磁同步电动机的弱磁控制是通过增加定子直轴去磁电流分量来实现的，即利用负的定子直轴电流分量 i_d 产生去磁的直轴电枢反应磁链 $L_d i_d$，部分地抵消永磁励磁磁链 ψ_f，从而使 d 轴绕组磁链 $\psi_d(\psi_d = \psi_f + L_d i_d)$ 及由此产生的速度电动势 $\omega_r \psi_d$ 减小，以降低高速运行时所需的外加电压，提高逆变器极限电压下电动机的转速。弱磁控制时的矢量图如图 3-41 所示。不过对于表面式永磁同步电动机，由于电动机的等效气隙较大，电感 L_d 数值较小，电枢反应作用较弱，因此弱磁调速范围不大。

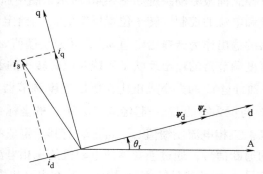

图 3-41 弱磁控制时的矢量图

$i_d = 0$ 控制实现简单，转矩与定子电流幅值成正比，而且对于表面式正弦波永磁同步电

动机，由于 $L_d = L_q$，不产生磁阻转矩，i_d 的大小与电磁转矩无关，通过使 $i_d = 0$ 可以使产生给定转矩所需的定子电流最小，从而减少损耗、提高效率。因此表面式正弦波永磁同步电动机通常采用 $i_d = 0$ 控制。

$i_d = 0$ 控制也存在一些不足。由图 3-39 中的电压矢量图可见，采用 $i_d = 0$ 控制时电流矢量 i_s 总是滞后电压矢量 u_s 一个 φ 角，这意味着电动机运行时的功率因数总是滞后的，而且在一定转速下随着负载转矩的增加，电流 i_q 增大，电压矢量与电流矢量的夹角 φ 增大，电动机的功率因数降低。另外随着负载增加，所需的定子电压矢量幅值也相应增大，因此对变频器的容量要求较高。不过对于表面式电动机，由于等效气隙较大，电感 $L_d = L_q$ 的值很小，因此 φ 角始终较小，上述问题并不严重。

对于内置式正弦波永磁同步电动机，由于 q 轴电感 L_q 较大，负载增加会导致 φ 角显著增大，功率因数明显降低，而且同样情况下所需的定子电压矢量幅值 u_s 也较大。考虑逆变器输出电压限制时的恒转矩调速范围减少，可见内置式永磁同步电动机采用 $i_d = 0$ 控制时的性能不如表面式。

内置式正弦波永磁同步电动机常采用最大转矩/电流控制。内置式永磁同步电动机中，由于 $L_d < L_q$，故有磁阻转矩产生。如前所述，根据转矩公式（3-28），对于每一个给定转矩值 T_e^*，都有无数个定子电流矢量 i_s 与之对应，如果我们选择其中电流矢量幅值最小的一个用于控制，则产生给定转矩所需的定子电流最小，即转矩/电流最大，这就是所谓的最大转矩/电流控制。限于篇幅，在此不做详细介绍。注意，对于表面式永磁同步电动机，$i_d = 0$ 控制就是其最大转矩/电流控制。

内置式永磁同步电动机经适当设计可获得较大的弱磁调速范围。

3.3.3　正弦波永磁同步电动机矢量控制系统的 MATLAB 仿真

1. 仿真模型

一个基于 MATLAB/Simulink，采用 $i_d = 0$ 控制的正弦波永磁同步电动机矢量控制系统仿真模型如图 3-42 所示。图中的 Udc、Inverter 模块及其参数均与 3.2.6 节无刷直流电动机仿真模型中的相应模块相同，永磁同步电动机的仿真模型 PMSM 采用的也是 SimPowerSystems/Machines 库中的 Permanent Magnet Synchronous Machine 模块。但要注意的是，此处其"Back EMF waveform"参数应选择"Sinusoidal"，该模型基于采用幅值不变变换的转子 dq 坐标系上的永磁同步电动机动态方程。电动机参数为：定子绕组电阻 $R_s = 2.875\Omega$，定子 d、q 轴绕组电感 $L_d = L_q = 8.5\text{mH}$，永磁体在定子绕组中产生的磁链 $\psi_f = 0.175\text{Wb}$，转子转动惯量 $J = 0.03\text{kg·m}^2$，旋转阻力系数 $R_\Omega = 0.05\text{N·m·s}$，极对数 $p_n = 4$。

模型中的 Demux 模块与无刷直流电动机仿真模型中的相应模块基本相同，只是增加了转子空间位置角相关的处理，如图 3-43 所示。由于 MATLAB/Simulink 的永磁同步电动机模型 PMSM 输出测量信号中的转子空间位置角 thetam 是 q 轴领先 A 轴的机械角度，因此图中首先通过一个放大系数为 4 的增益模块将其转化成电角度，然后再减去 π/2，才是 d 轴领先定子 A 轴的电角度 θ_r（图中用 theta 表示）。

仿真模型中的转速调节器 ASR 采用带限幅的 PI 调节器，其输出作为定子电流 q 轴分量给定值 i_q^*，定子电流 d 轴分量给定值 $i_d^* = 0$。若转子 d 轴领先定子 A 轴的电角度为 θ_r，考虑到零轴分量 $i_0 = 0$，根据 dq0 坐标系到 ABC 坐标系的坐标变换关系，就可以得到三相静止

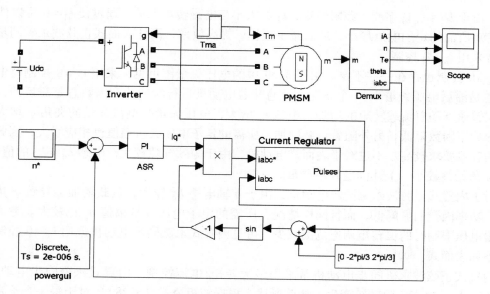

图 3-42 采用 $i_d = 0$ 控制的正弦波永磁同步电动机矢量控制系统仿真模型

坐标系中的定子电流给定值 i_A^*、i_B^*、i_C^*。鉴于仿真模型中的永磁同步电动机是基于幅值不变的坐标变换，与之对应，这里进行坐标变换时也应采用附录中式（A-26）所示的幅值不变的坐标变换关系，因此有

$$\left. \begin{aligned} i_A^* &= i_d^* \cos\theta_r - i_q^* \sin\theta_r = -i_q^* \sin\theta_r \\ i_B^* &= i_d^* \cos(\theta_r - 120°) - i_q^* \sin(\theta_r - 120°) = -i_q^* \sin(\theta_r - 120°) \\ i_C^* &= i_d^* \cos(\theta_r + 120°) - i_q^* \sin(\theta_r + 120°) = -i_q^* \sin(\theta_r + 120°) \end{aligned} \right\} \quad (3\text{-}34)$$

三相定子电流给定值 i_A^*、i_B^*、i_C^* 在三相滞环 PWM 电流控制器模块 Current Regulator 中与三相电流实测值 i_A、i_B、i_C 进行滞环比较，从而产生三相 PWM 逆变器中 6 个功率开关的通断信号。Current Regulator 模块的具体模型与图 3-32 相同。

2. 仿真结果

仿真中转速调节器 ASR 的参数为：比例增益 $K_p = 3.3$，积分增益 $K_i = 300$，输出限幅值为 $\pm 20A$，相应的最大转矩为 $\pm 21 N \cdot m$。Current Regulator 模块中电流滞环比较器的滞环宽度设为 0.4A。

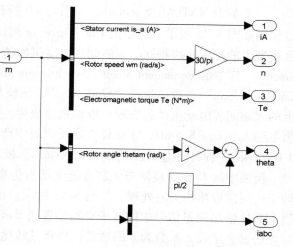

图 3-43 Demux 子系统的仿真模型

转速给定值 n^* 由定时器模块产生，开始时为 750r/min，在 0.25s 时跳变为 -750r/min，在 0.6s 时再次跳变为 750r/min，然后保持不变。

负载转矩中，除了已在电动机参数中设置的与转速成正比的旋转阻力矩之外，还由阶跃函数模块 Tma 通过 PMSM 模块的 Tm 输入端外加了一个转矩，Tma 开始时为 0，在 1.0s 时阶跃为 10N·m。仿真终止时间设为 1.2s。

经仿真，在上述电动机正、反向运转及突加负载的动态过程中，定子 A 相绕组电流 i_A 的波形以及转速 n 和电磁转矩 T_e 的变化情况如图 3-44 所示。

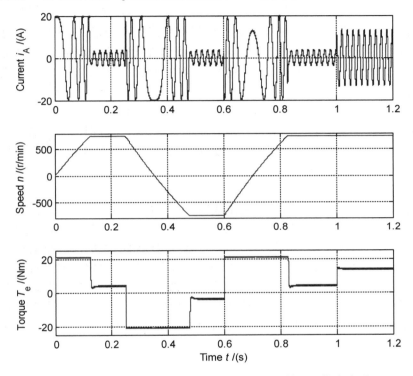

图 3-44　$i_d = 0$ 控制时定子绕组电流、转速和转矩的仿真波形

由图 3-44 的转速曲线可见，电动机的转速响应很快，而且对负载转矩变化具有很强的抗扰能力。由转矩曲线可见，在电动机起动以及由正转到反转或由反转到正转的动态过程中，电磁转矩可达到正或负限幅值；稳态时，电磁转矩与负载转矩相等；当负载突然增加时，电磁转矩也相应地快速增大，因此负载转矩扰动没有引起明显的转速波动。

需要说明的是，仿真所用电动机转子本身的转动惯量 J 仅为 0.0008kg·m²，在仿真中为了便于观察动态过程中绕组电流等的变化情况，将转动惯量设置为 $J = 0.03$kg·m²，这相当于让电动机带了一个转动惯量很大的负载。就电动机本身的动态响应而言，要比图 3-44 所示快得多。前面 3.2.6 节中无刷直流电动机的仿真也是如此。

正弦波永磁同步电动机由于转子有励磁，不需定子绕组提供励磁电流，因此效率和功率因数都比较高，而且体积比同容量的感应电动机小。正弦波永磁同步电动机矢量控制系统能够实现高精度、高动态性能、大范围的速度和位置控制，因此在数控机床和机器人等领域得到了日益广泛的应用。

3.4 无刷永磁伺服电动机与三相感应伺服电动机的比较

传统的交流伺服电动机是指采用幅值控制或幅值-相位控制等的两相感应伺服电动机，其性能与直流伺服电动机相比存在明显差距，只能用于性能要求不高的小功率场合。而由采用矢量控制技术的三相感应电动机或无刷永磁伺服电动机构成的现代交流伺服驱动系统在动静态性能方面已可与直流伺服系统相媲美，在某些性能上甚至已超过了直流伺服系统。例如：在转矩/惯量、峰值转矩能力、功率密度等方面，现代交流伺服电动机均优于直流伺服电动机。因此，在很多应用场合，特别是高性能应用领域，现代交流伺服电动机正在取代直流伺服电动机。

三相感应伺服电动机、无刷直流电动机和正弦波永磁同步电动机三种现代交流伺服电动机，在伺服系统构成及动、静态性能等许多方面都非常相似，特别是三相感应伺服电动机和正弦波永磁同步电动机，在很多性能指标上更是难分优劣，但在成本、转矩/惯量、转速范围、转矩/电流等方面还是各有千秋的。

1. 成本

现代交流伺服驱动系统主要包括三大组成部分：伺服电动机、变频装置、控制系统。对于三相感应电动机和正弦波永磁同步电动机伺服驱动系统而言，后两部分的成本相差不多，因为逆变器和控制器的功能几乎是相同的。三相感应电动机的矢量控制与正弦波永磁同步电动机相比虽然在算法上要复杂一些，但对于以微处理器为核心的数字控制系统来说，控制器的成本差别并不大。由于方波电流的产生与控制要比正弦波电流容易，因此无刷直流电动机的驱动与控制系统成本相对要低一些，特别是在小功率范围内这一优势比较明显，有各种低成本的无刷直流电动机专用集成电路芯片可以使用。而就电动机本身来讲，无刷永磁伺服电动机要比三相感应伺服电动机昂贵得多。

2. 转矩/惯量和功率密度

在某些高性能领域（如机器人、航空航天系统等），体积和重量是十分重要的技术指标，对于电动机来讲，这方面的性能评价指标主要有两个，即功率密度和转矩/惯量。三相感应伺服电动机的功率密度大约为 $100W/kg$，正弦波永磁同步电动机约为 $115W/kg$，而无刷直流电动机约为 $130W/kg$。转矩/惯量方面，无刷永磁伺服电动机更是明显优于三相感应伺服电动机，无刷直流电动机和正弦波永磁同步电动机的转矩/惯量最高可达 $4200rad/s^2$，而三相感应伺服电动机只能达到 $2000rad/s^2$。

3. 转速范围

在三相感应电动机矢量控制伺服驱动系统中，基速以下通常使转子磁链恒定以实现恒转矩调速；基速以上通过调节定子电流励磁分量 i_{sM} 可以方便地进行弱磁控制，从而在很宽的转速范围内实现恒功率运行。

在正弦波永磁同步电动机中，转速超过一定值之后同样需要进行弱磁控制，以扩大调速范围，否则，随着转速升高，电磁转矩下降很快，无法实现恒功率运行，转速范围也十分有限。但由于转子采用永磁体励磁，励磁磁场不可调，正弦波永磁同步电动机的弱磁控制需要利用负的定子直轴电流产生去磁的直轴电枢反应磁链来削弱永磁励磁磁链，实现比较复杂。而且对于表面式电动机，由于等效气隙较大，电枢反应作用较弱，使其弱磁调速范围受到一定限制。内置式永磁同步电动机通过适当设计易于获得较大的弱磁调速范围。

由于受感应电动势和绕组电流波形的限制，无刷直流电动机的转速范围比正弦波永磁同步电动机还要小。

4. 转矩/电流

三相感应伺服电动机的定子电流中除了转矩分量 i_{sT} 之外，还需要有励磁分量 i_{sM}。而对于正弦波永磁同步电动机，由于转子有永磁体励磁，无需定子侧提供励磁电流，定子绕组电流可以全部为转矩分量，前述 $i_d = 0$ 控制中就是如此，因此其转矩/电流要大于三相感应伺服电动机。而无刷直流电动机的转矩/电流比正弦波永磁同步电动机还要高一些。

5. 脉动转矩

对于三相感应伺服电动机和正弦波永磁同步电动机，为了产生平滑电磁转矩，要求其感应电动势和定子绕组电流均为正弦波，但实际电动机的感应电动势和绕组电流中，除了基波正弦分量之外，还不可避免地包含各种谐波，这些谐波分量会产生脉动转矩，称为纹波转矩。在正弦波永磁同步电动机中，除了纹波转矩之外，转子永磁体与定子齿槽相互作用还会产生齿槽转矩。脉动转矩的存在会严重影响电动机的伺服性能，特别是低速运行时的性能。当电动机高速运行时，脉动转矩的脉动频率也比较高，由于转动惯量的作用，脉动转矩一般不会引起明显的转速波动，而主要表现为振动和噪声；而当电动机低速运行时，脉动转矩的脉动频率也随之降低，从而会引起转速的波动，对于高性能伺服系统，这是不允许的，因此在电动机和控制系统的设计过程中必须采取有效措施，尽可能减少脉动转矩。

我们在 3.2.5 节专门讨论过无刷直流电动机的转矩脉动问题。在无刷直流电动机中，感应电动势波形的畸变、绕组电流换相以及 PWM 控制引起的电流纹波均会使转矩产生脉动，此外作为永磁电动机还要受到齿槽转矩的影响。特别是绕组电流换相会产生幅值较大的 6 倍基波频率的脉动转矩，使无刷直流电动机在高性能伺服领域中的应用受到一定限制。

除此之外，三种现代交流伺服电动机还在下述方面存在差异：

1）参数敏感性不同。电动机参数会随工作条件和运行状态的变化而变化，如温度升高会使永磁伺服电动机中永磁材料的性能下降，由此导致转矩/电流值和峰值转矩能力下降；在三相感应伺服电动机中，定、转子绕组电阻会随温度升高而增大，转子电阻还要受到趋肤效应的影响，而各电感参数会随磁路饱和程度相应地变化，矢量控制系统中如果对此没有有效的检测与补偿措施，电动机参数的变化就会导致 MT 坐标系的定向发生偏差，从而影响系统的动、静态性能。

2）对转子位置传感器要求不同。在无刷直流电动机中，由于每隔 60° 电角度，绕组电流才进行一次换相，转子位置传感器提供的转子位置信号每 60° 电角度变化一次即可，因此如果作为速度伺服使用，无刷直流电动机采用分辨率为 60° 电角度的位置传感器就足够了，这类低分辨率位置传感器成本低廉，安装容易；而在正弦波永磁同步电动机中，为了实现正弦电流控制，需采用高分辨率的位置传感器，不仅价格昂贵，而且安装难度较大。但如果用作位置伺服，由于仍需要作为位置反馈用的高分辨率角位置传感器，无刷直流电动机在这方面就没有什么优势了。

3）在无刷直流电动机中，每一时刻（除换相期间之外）只有两相的功率开关处于导通状态，而在三相感应伺服电动机和正弦波永磁同步电动机中则为三相同时导通，这意味着在无刷直流电动机中逆变器功率开关的通态损耗和开关损耗要比其他两种伺服系统低，因此逆变器发热小，冷却相对容易。

4）由于转子铜耗的存在，三相感应伺服电动机运行中转子温度会明显升高，在数控机床等应用中，若电动机的转轴直接与传动丝杠相连，会因热传导影响机床的传动精度，而无刷永磁伺服电动机转子无绕组，故无此问题。

思考题与习题

1. 无刷永磁伺服电动机中，表面式转子结构和内置式转子结构各有何特点？

2. 同步电动机变频调速中，何谓他控变频？何谓自控变频？永磁同步伺服电动机通常采用何种变频方式？为什么？

3. 无刷永磁电动机伺服系统主要由哪几部分组成？试说明各部分的作用及它们之间的相互关系。

4. 正弦波永磁同步电动机和无刷直流电动机的主要区别是什么？两种电动机在结构上有何差别？

5. 为什么说无刷直流电动机既可以看作是直流电动机，又可以看作是一种自控变频同步电动机系统？

6. 简述工作于两相导通三相六状态的三相无刷直流电动机的工作原理。

7. 为什么说在无刷直流电动机中转子位置传感器和逆变器起到了"电子换向器"的作用？

8. 无刷直流电动机的电枢磁动势有何特点？

9. 试画出理想情况下三相无刷直流电动机的感应电动势和绕组电流波形，并据此说明其转矩无脉动条件。

10. 试比较无刷直流电动机和有刷直流电动机的转矩公式、转速公式和机械特性。

11. 工作在两相导通三相六状态方式的三相无刷直流电动机，对转子位置信号有何要求？如何根据转子位置信号得到逆变器各功率开关的控制信号？

12. 无刷直流电动机如何调速？当采用 PWM 控制时，何谓反馈斩波方式？何谓续流斩波方式？何谓 PWM 电压控制？何谓 PWM 电流控制？

13. 无刷直流电动机如何实现再生制动运行？如何实现反转？

14. 在无刷直流电动机中，导致转矩脉动的主要因素有哪些？

15. 在正弦波永磁同步电动机中，何种转子结构会产生磁阻转矩？为什么？为使磁阻转矩与永磁转矩方向相同，对定子电流有何要求？

16. 正弦波永磁同步电动机控制中何谓 $i_d = 0$ 控制？为什么表面式永磁同步电动机通常采用 $i_d = 0$ 控制？试说明 $i_d = 0$ 控制的主要优缺点。

17. 正弦波永磁同步电动机伺服驱动系统中如何实现弱磁控制？为什么要进行弱磁控制？

18. 试比较无刷直流电动机和正弦波永磁同步电动机伺服驱动系统的主要优缺点。

19. 正弦波永磁同步电动机矢量控制和三相感应电动机矢量控制通常各建立在何种坐标系上？控制系统实现时其坐标系各如何确定？

第4章 步进电动机

4.1 概述

步进电动机属于断续运转的同步电动机。它将输入的脉冲电信号变换为阶跃的角位移或直线位移，也就是给一个脉冲信号，电动机就转一个角度或前进一步，因此这种电动机叫步进电动机。因为它输入的既不是正弦交流，又不是恒定直流，而是脉冲电流，所以又叫作脉冲电动机。它是数字控制系统中一种重要的执行元件，主要用于开环系统，也可用于闭环系统。

由于脉冲电源每给出一个脉冲电信号，步进电动机就转过一个角度或前进一步，因而其轴上的转角或线位移与脉冲数成正比，或者说它的转速或线速度与脉冲频率成正比。通过改变脉冲频率的高低就可以在很大范围内调节电动机的转速，并能快速起动、制动和反转。步进电动机的步距角变动范围较大，在小步距角的情况下，可以低速平稳运行。在负载能力范围内，电动机的步距角和转速大小不受电压波动和负载变化的影响，也不受环境条件如温度、气压、冲击和振动等影响，它只与脉冲频率有关。它每转一周都有固定的步数，在不丢步的情况下运行，其步距误差不会长期积累，因此这类电动机特别适合在开环系统中使用，使整个系统结构简单、运行可靠。当采用了速度和位置检测装置后，它也可以用于闭环系统中。目前步进电动机广泛用于计算机外围设备、机床的程序控制及其他数字控制系统，如软盘驱动器、绘图机、打印机、自动记录仪表、数/模转换装置和钟表工业等装置或系统中。

步进电动机的主要缺点是效率较低，并需要专门的脉冲驱动电源供电。运行时，带负载转动惯量的能力不强。此外，共振和振荡也是运行中常常出现的问题，特别是内阻尼较小的反应式步进电动机，有时还要加机械阻尼机构。

近年来数字控制技术迅速发展，出现了多种质优价廉的控制电源，为步进电动机的发展和应用创造了有利条件，尤其是计算机在数控技术领域的应用，为步进电动机开拓了广阔的发展前景。

步进电动机是自动控制系统的关键元件，因此控制系统对它提出如下基本要求：

1) 在一定的速度范围内，在电脉冲的控制下，步进电动机能迅速起动、正反转、制动和停止，调速范围宽广。

2) 步进电动机的步距角要小，步距精度要高，不丢步不越步。

3) 工作频率高、响应速度快。不仅起动、制动、反转要快，而且能连续高速运转，以提高生产率。

步进电动机按其工作方式不同，可分为功率步进电动机和伺服步进电动机两类。前者体积一般做得较大，其输出转矩较大，可以不通过力矩放大装置，直接带动负载，从而简化了传动系统的结构，提高了系统的精度。目前国内功率步进电动机的输出转矩已达到80N·m。伺服步进电动机输出转矩较小，只能直接带动较小的负载，对较大负载需通过液压扭矩放大器与伺服步进电动机构成伺服机构来传动。

按励磁方式的不同,步进电动机可分为反应式、永磁式和混合式(又称永磁感应子式)三类。它们产生电磁转矩的原理虽然不同,但其动作过程基本上是相同的。由于反应式步进电动机结构简单,应用较广泛,因此本章重点讨论反应式步进电动机,其他两类只做简单介绍。

4.2 反应式步进电动机的结构和工作原理

4.2.1 结构特点

图 4-1 为反应式步进电动机典型结构图。这是一台四相八极反应式步进电动机,定、转子铁心为硅钢片叠压而成,在面向气隙的定、转子铁心表面有齿距相等的小齿。定子为凸极结构,每极上套有一个集中绕组,相对两极的绕组串联构成一相。转子只有齿槽没有绕组,系统工作要求不同,转子齿数也不同,图中转子齿数为 50 个,定子每个磁极上有 5 个小齿。为了适应不同步距角的要求,步进电动机不但有四相,还可以做成二相、三相、五相、六相以至八相。

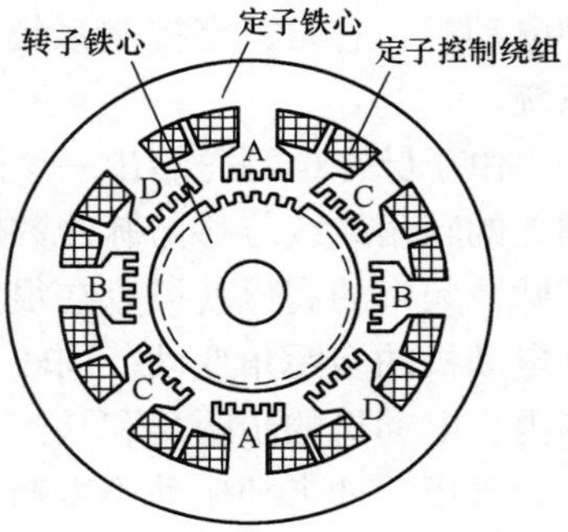

图 4-1 四相反应式步进
电动机的结构

4.2.2 工作原理

下面以针式打印机输纸用的四相八极步进电动机为例说明其工作原理。

1. 工作原理

反应式步进电动机是利用凸极转子交轴与直轴磁阻不相等产生反应转矩而转动的。图 4-2 为一台四相八极反应式步进电动机示意图,定子铁心无小齿,相对两极的绕组串联成一相,转子只有 6 个齿,齿宽等于定子极靴的宽度。下面以四相轮流通电为例分析其工作原理。

当 A 相控制绕组通电,而 B、C 与 D 相都不通电时,由于磁通具有力图走磁阻最小路径的特点,所以转子齿 1 和 4 的轴线与定子 A 极轴线对齐,如图 4-2a 所示。同理,当断开 A 相接通 C 相时,使转子齿 3 和 6 的轴线与 C 极轴线对齐,转子便按逆时针方向转过 15°,如图 4-2b 所示。同样再断开 C 相接通 B 相时,则转子又转过 15°,如图 4-2c 所示。再断开 B 相接通 D 相,转子又转过 15°。步进电动机每走一步,打印机走纸一行。要使步进电动机按顺时针方向连续运转,各相绕组的加电顺序为 A→D→B→C→A→…。

2. 运行方式

如此,电源每切换一次,步进电动机转子便旋转 15°。这种电源的通电方式每变换一次,称为一拍,每一拍转子所转过的角度,称为步距角 θ_s。如上所述,电源每切换 4 次后开始重复,一个循环为四拍,每次只接通一相绕组的供电方式称为四相单四拍。如果每次同时接通两相绕组,如 AC→CB→BD→DA→AC→…,也是 4 拍一个循环,则称为四相双四拍,如图 4-3 所示。当 A、C 相同时接通时,转子的位置应兼顾到使 A、C 两对磁极所形成的两

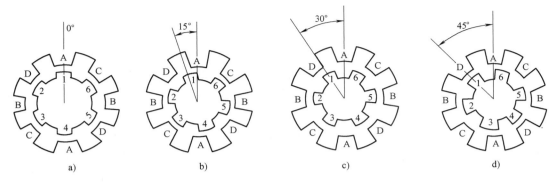

图 4-2　四相单四拍运行

a) A 相通电　b) C 相通电　c) B 相通电　d) D 相通电

路磁通在气隙中所遇到的磁阻同样程度达到最小，这时相邻的两个 A、C 磁极与转子齿相作用的磁拉力大小相等且方向相反，使转子处于平衡。若 A 相断电，B、C 两相通电，则转子逆时针转动 15°，以此类推。由于两相同时通电对步进电动机运行的稳定性是非常有利的，所以在实际使用中经常采用这种运行方式。

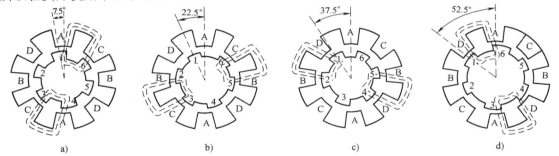

图 4-3　四相双四拍运行

a) A 相和 C 相通电　b) C 相和 B 相通电　c) B 相和 D 相通电　d) D 相和 A 相通电

除了以上这两种运行方式外，四相步进电动机还可以四相八拍运行，它的供电方式是 A→AC→C→CB→B→BD→D→DA→A→…。这时，每一循环换接 8 次，总共有 8 种通电状态。这 8 种状态中有时一相绕组通电，有时两相绕组通电。开始时先单独接通 A 相，这时与单四拍相同，转子齿 1 和 4 的轴线与定子 A 极轴线对齐，如图 4-2a 所示。当 A 相和 C 相同时接通时，这与双四拍相同，转子只能按逆时针方向转 7.5°，如图 4-3a 所示。这时转子齿既不与 A 极轴线重合，又不与 C 极轴线重合，但 A 极与 C 极产生的磁拉力却是平衡的。当 A 相断电使 C 相单接独通时，在磁拉力的作用下转子继续按逆时针方向转动，直到转子齿 3 和 6 的轴线与定子 C 极轴线对齐为止，如图 4-2b 所示，这时转子又转过 7.5°。以此类推，若下面继续按照 CB→B→BD→D→DA→A→…的顺序使绕组轮流通电，那么步进电动机就不断地按逆时针方向旋转。当接通顺序改为 A→AD→D→DB→B→BC→C→CA→A→…时，步进电动机按顺时针方向旋转。

由上述可见，四相八拍运行时转子每步转过的角度比四相四拍运行时要小一半，因此一台步进电动机采用不同的供电方式，步距角可有两种不同数值。在上例中四拍运行时步距角为 15°，八拍时为 7.5°。

3. 实用反应式步进电动机

以上讨论的是一台简单的四相反应式步进电动机的工作原理。但是这种步进电动机每走一步所转过的角度比较大，它常常满足不了生产实际提出的要求，所以大多采用图 4-1 所示的转子齿数较多、定子磁极上带有小齿的反应式结构，其步距角可以做得很小。下面进一步说明这种步进电动机的工作原理。

设步进电动机为四相单四拍运行，即通电方式为 A→C→B→D→A→⋯。当图 4-1 中的 A 相控制绕组通电时，产生了沿 A 极轴线方向的磁通，使转子齿轴线和定子磁极 A 上的齿轴线对齐。因为转子共有 50 个齿，齿距角为 $\theta_t = 360°/50 = 7.2°$。定子一个极距对应的齿数为 $50/(2×4) = 6.25$，不是整数。因此当 A 极下的定转子齿轴线对齐时，相邻两对磁极 C 极和 D 极下的齿和转子齿必然错开 1/4 齿距角，即 1.8°，这时各相磁极的定子齿与转子齿相对位置如图 4-4 所示。如果断开 A 相而接通 C 相，这时磁通沿 C 极轴线方向，在反应转矩的作用下，转子按顺时针方向转过 1.8°，使转子齿轴线和定子磁极 C 下的齿轴线对齐。这时 A 极和 B 极下的齿与转子齿又错开 1.8°。以此类推，控制绕组按 A→C→B→D→A→⋯顺序循环通电时，转子就按顺时针方向一步一步连续地转动起来，每换接一次绕组，转子就转过 1/4 齿距角。显然，如果要使步进电动机反转，那么只要改变通电顺序，即按 A→D→B→C→A→⋯顺序循环通电时，则转子便按逆时针方向一步一步地转起来，步距角同样为 1/4 齿距角，即 1.8°。

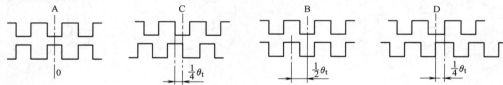

图 4-4　A 相通电时定、转子齿的相对位置

如果运行方式改为四相八拍，其通电方式为 A→AC→C→CB→B→BD→D→DA→A→⋯。当 A 相通电转到 A、C 两相同时通电时，定、转子齿的相对位置变为图 4-5 所示的位置，转子按顺时针方向只转过 1/8 齿距角，即 0.9°，A 极和 C 极下的齿轴线与转子齿轴线都还错开 1/8 齿距角，转子受到两个极的作用，力矩大小相等，但方向相反，故仍处于平衡状态。当 C 相一相通电时，转子齿轴线与 C 极下齿轴线相重合，转子按顺时针方向又转过 1/8 齿距角。这样继续下去，每换接一次绕组，转子都转过 1/8 齿距角。可见四相八拍运行时的步距角同样比四相四拍运行时小一半。

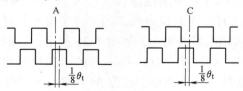

图 4-5　A、C 两相通电时定、转子齿的相对位置

当步进电动机运行方式为四相双四拍，即 AC→CB→BD→DA→AC→⋯方式通电时，步距角与四相单四拍运行时一样为 1/4 齿距角，即 1.8°。

4.2.3　基本特点

1. 每相脉冲频率 f_φ

步进电动机工作时，每相绕组不是恒定地通电，而是通过"环形分配器"按一定规律轮流通电。例如一个按三相双三拍运行的环形分配器输入是一路，输出是 A、B、C 三路。若开始是 A、B 这二路有电压，再输入一个控制电脉冲后，就变成 B、C 这二路有电压，再输入一个电脉冲，则变成 C、A 这二路有电压，再输入一个电脉冲，又变成 A、B 这二路有电压了。环形分配器输出的各种脉冲电压信号，经过各自的放大器放大后送入步进电动机的各相绕组，使步进电动机一步步转动，图 4-6 表示三相步进电动机控制框图。图 4-7 表示四相双四拍运行时各相驱动信号波形图。

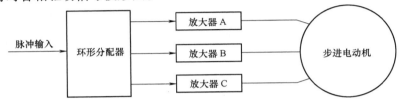

图 4-6　脉冲控制方框图

步进电动机这种轮流通电的方式称为"分配方式"。每循环一次所包含的通电状态数称为"状态数"或"拍数"。状态数等于相数的称为单拍制分配方式（如三相双三拍、四相单四拍等），状态数等于相数两倍的称为双拍制分配方式（如三相六拍、四相八拍等）。不管分配方式如何，每循环一次，控制电脉冲 U_k 的个数总等于拍数 N，而加在每相绕组上的脉冲电压（或电流）的个数却等于 1，因而控制电脉冲频率 f 是每相脉冲电压（或电流）频率 f_φ 的 N 倍，即 $f_\varphi = f/N$。

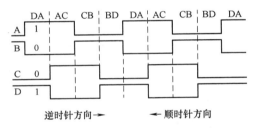

图 4-7　四相双四拍运行时各相驱动信号波形图

2. 步距角 θ_s

每输入一个脉冲电信号转子转过的角度称为步距角，用符号 θ_s 表示。从上面分析可见，当电动机按四相单四拍运行，即按 A→C→B→D→A→… 顺序通电时，若开始是 A 相通电，转子齿轴线与 A 相磁极的齿轴线对齐。换接一次绕组，转子转过的角度为 1/4 齿距角，转子需要走 4 步，才转过一个齿距角，此时转子齿轴线又重新与 A 相磁极的齿轴线对齐。当电动机在四相八拍运行，即按 A→AC→C→CB→B→BD→D→DA→A→… 顺序通电时，每换接一次绕组，转子转过的角度为 1/8 齿距角，转子需要走 8 步才能转过一个齿距角。由于转子相邻两齿间的夹角，即齿距角为 $\theta_t = \dfrac{360°}{Z_r}$（式中 Z_r 为转子齿数）。所以转子每步转过的空间角度（机械角度），即步距角为

$$\theta_s = \frac{\theta_t}{N} = \frac{360°}{NZ_r} \tag{4-1}$$

111

式中，N 为运行拍数，$N = km$（$k = 1$，2，m 为相数）。

为提高工作精度，就要求步距角很小。由式（4-1）可见，要减小步距角，可以增加拍数 N，相数增加相当于拍数增加，但相数越多，电源及电动机的结构就越复杂。对同一电动机既可以采用单拍制，也可采用双拍制。采用双拍制时步距角减小一半，所以一台步进电动机可有两种步距角，如 $1.5°/0.75°$、$1.2°/0.6°$、$3°/1.5°$ 等。

增加转子齿数 Z_r，步距角也可减小，所以反应式步进电动机的转子齿数一般是很多的。通常反应式步进电动机的步距角为零点几度到几度。转子的齿数与相数之间必须满足如下关系：

$$Z_r = 2mk \pm 2 \tag{4-2}$$

式中，$k = 1$，2，$\cdots$。

如果将转子齿数看作是转子的极对数，那么一个齿距就对应 $360°$ 电角度（或 2π 电弧度），即用电角度（或电弧度）表示的齿距角为 $\theta_{te} = 360°$（电角度）$= 2\pi$（电弧度），相应的步距角为

$$\theta_{se} = \frac{\theta_{te}}{N} = \frac{360°}{N} \quad （电角度） \tag{4-3}$$

或

$$\theta_{se} = \frac{\theta_{te}}{N} = \frac{2\pi}{N} \quad （电弧度） \tag{4-4}$$

所以当拍数一定时，不论转子齿数多少，用电角度表示的步距角均相同。考虑到式（4-1），用电角度表示的步距角为

$$\theta_{se} = \frac{360°}{N} \frac{Z_r}{Z_r} = \theta_s Z_r \quad （电角度） \tag{4-5}$$

可见，与一般电动机一样，电角度等于机械角度乘上极对数（这里是转子齿数）。

3. 转速 n

反应式步进电动机可以按特定指令进行角度控制，也可以进行速度控制。角度控制时，每输入一个脉冲，定子绕组就换接一次，输出轴就转过一个角度，其步数与脉冲数一致，输出轴转动的角位移量与输入脉冲数成正比。速度控制时，步进电动机绕组中送入的是连续脉冲，各相绕组不断地轮流通电，步进电动机连续运转，它的转速与脉冲频率成正比。由式（4-1）可见，每输入一个脉冲，转子转过的角度是整个圆周角的 $1/(Z_r N)$，也就是转过 $1/(Z_r N)$ 转，因此每分钟转子所转过的圆周数，即转速为

$$n = \frac{60f}{Z_r N} \tag{4-6}$$

式中，f 为控制脉冲的频率，即每秒输入的脉冲数。

由式（4-6）可见，反应式步进电动机转速取决于脉冲频率、转子齿数和拍数，而与电压、负载、温度等因素无关。当转子齿数一定时，转子速度与输入脉冲频率成正比，改变脉冲频率可以改变转速，故可进行无级调速，调速范围很宽。

另外，若改变通电顺序，即改变定子磁场旋转的方向，就可以控制电动机正转或反转。

所以，步进电动机是用电脉冲进行控制的电动机，改变电脉冲输入的状态，就可方便地控制它，使它快速起动、反转、制动或改变转速。

步进电动机的转速还可用步距角来表示，将式（4-6）进行变换，可得

$$n = \frac{60f}{Z_{\mathrm{r}}N} = \frac{60f}{Z_{\mathrm{r}}N}\frac{360^{\circ}}{360^{\circ}} = \frac{f}{6^{\circ}}\theta_{\mathrm{s}} \tag{4-7}$$

式中，θ_{s} 为用度数表示的步距角。

可见，当脉冲频率 f 一定时，步距角越小，电动机转速越低，因而输出功率越小。所以从提高加工精度上要求，应选用小的步距角；但从提高输出功率上要求，步距角又不能取得太小。一般步距角应根据系统中应用的具体情况进行选取。

4. 步进电动机具有自锁能力

当控制电脉冲停止输入，并保持最后一个脉冲控制的绕组继续通电时，则电动机可以保持在固定的位置上，即停在最后一个脉冲控制的角位移的终点位置上，实现停转时转子定位。

综上所述，由于步进电动机工作时的步数或转速既不受电压波动和负载变化的影响（在允许负载范围内），也不受环境条件（温度、压力、冲击和振动等）变化的影响，只与控制脉冲同步，同时它又能按照控制的要求，进行起动、停止、反转或改变转速。因此步进电动机被广泛地应用于各种数字控制系统中，且更多地应用于开环控制系统。

4.3　反应式步进电动机的静态特性

步进电动机一相或几相通入恒定不变的直流电流，这时转子将固定于某一位置上保持不动，称为静止状态。静态特性是指在静止状态下，电磁转矩与转子位置角之间的函数关系 $T = f(\theta_{\mathrm{e}})$，即步进电动机的静态距角特性。它是分析步进电动机运行特性的基础。

单相通电时，通电相极下所有齿都产生转矩，由于同一相极下所有定子齿和转子齿相对应的位置都相同，因而电动机总转矩为通电相极下各定子齿所产生转矩之和。在讨论静态特性时，可以用一对定、转子齿的相对位置来表示转子位置。

从磁场的角度来看，转子齿数就是极对数。因为一个齿距内齿部的磁阻最小，而槽部的磁阻最大，磁阻变化一个周期，如同一对极。其对应的角度为 2π 电弧度或 360° 电角度，如图 4-8 所示。这样电角度表示的齿距角，即

$$\theta_{\mathrm{te}} = 360^{\circ}\ \text{（电角度）}\quad \text{或}\quad \theta_{\mathrm{te}} = 2\pi\ \text{（电弧度）} \tag{4-8}$$

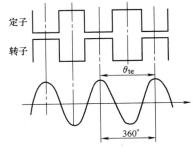

图 4-8　极下气隙磁导的变化规律

于是，电角度表示的步距角

$$\theta_{\mathrm{se}} = \frac{\theta_{\mathrm{te}}}{N} = \frac{360^{\circ}}{N}\ \text{（电角度）} \tag{4-9}$$

这样，无论转子齿有多少个，以电角度表示的齿距角和步距角都将与其齿数无关。

在讨论矩角特性时，规定定子、转子齿轴线重合的位置为静态空载情况下的初始稳定平衡位置，而转子偏离初始稳定平衡位置的电角度称为失调角 θ_{e}，如图 4-9 所示，这样矩角特性即为 $T = f(\theta_{\mathrm{e}})$。

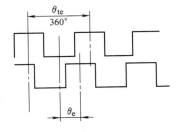

图 4-9　初始平衡位置与失调角

4.3.1 静态转矩 T

反应式步进电动机是靠齿槽磁阻不相同而产生磁阻转矩的。静态转矩是指某相通入直流电流的条件下所产生的电磁转矩。

步进电动机静态电磁转矩 T 的表达式可以由机电能量转换中的能量平衡关系导出。

当 A 相通电时，则有 $U_a = r_a i_a + \dfrac{d(L_a i_a)}{dt}$。式中 U_a 为 A 相控制绕组所加控制电压，i_a 为控制电流，r_a、L_a 分别为控制绕组的电阻和电感。

显然，控制相在 dt 时间内输入的电能为 $U_a i_a dt = i_a^2 r_a dt + i_a d(L_a i_a)$，由电感定义：电感为单位电流产生的磁链，得 $L_a = \dfrac{\Psi}{i_a}$，即 $L_a i_a = \Psi$。于是

$$U_a i_a dt = i_a^2 r_a dt + i_a d\Psi \tag{4-10}$$

式（4-10）说明：控制绕组提供的电能一部分转换为热能 $i_a^2 r_a dt$ 消耗在绕组的电阻 r_a 上；另一部分为电磁能储存于控制磁极的磁场之中，这是反应转矩对外做功的能源。当反应电磁转矩 T 驱使转子转过偏转角 $d\theta$ 时，步进电动机对外输出的机械能 $Td\theta$ 就是靠消耗磁场的储能 dW_m 得来，从能量平衡关系可写为 $dW_m = Td\theta$，于是反应电磁转矩，即静态转矩为

$$T = \frac{dW_m}{d\theta} \tag{4-11}$$

式中，$Td\theta$ 为转子偏转 $d\theta$ 角度所做的机械功；dW_m 为相应的磁场储能变化。

利用磁能表达式

$$W_m = \frac{1}{2}LI^2 \tag{4-12}$$

这里可认为流入控制绕组中的电流 I 为常数，每相控制绕组是两个极上绕组串接而成，且每极绕组的匝数为 N。由电感的定义和下列关系式可写出控制绕组的电感表达式

$$L = \frac{\Psi}{I} \tag{4-13}$$

$$\Psi = 2N\Phi = 2N\frac{F}{R_m} = 2N\frac{2NI}{R_m} = 4N^2 I\Lambda \tag{4-14}$$

式中，Ψ 为控制绕组匝链的磁链；F 为 A 相磁路上的磁动势；R_m 为 A 相磁路的磁阻；Λ 为 A 相磁路的磁导，磁路不饱和时可认为是极下气隙的磁导。

将式（4-14）代入式（4-13）得 $L = 4N^2\Lambda$。这样磁场储能的变化量

$$dW_m = d\left(\frac{1}{2}LI^2\right) = 2(NI)^2 d\Lambda \tag{4-15}$$

若将 $d\theta$ 化为电角度，则 $d\theta_e = Z_r d\theta$，即

$$d\theta = \frac{d\theta_e}{Z_r} \tag{4-16}$$

将式（4-15）和式（4-16）代入式（4-11）得

$$T = 2(NI)^2 Z_r \frac{d\Lambda}{d\theta_e} = 2F_\delta^2 Z_r \frac{d\Lambda}{d\theta_e} \tag{4-17}$$

式中，F_δ 为每极控制绕组的磁动势，$F_\delta = NI$，若忽略定、转子铁心中的磁压降，则为每个

极下单边气隙中的磁动势；Z_r 为转子齿数；$\dfrac{\mathrm{d}\varLambda}{\mathrm{d}\theta_e}$ 为气隙磁导对失调角的变化率。

步进电动机气隙磁导 $\varLambda$ 可用比磁导 λ 来表示。气隙比磁导 λ 定义为电动机单位铁心长度上一个齿距内定、转子之间的磁导，如图4-10中阴影部分所示。

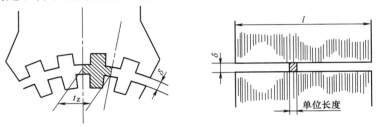

图 4-10　气隙比磁导定义图

于是气隙磁导可写成

$$\varLambda = \frac{1}{2}Z_s l\lambda \tag{4-18}$$

式中，Z_s 为定子每极下的小齿数；l 为铁心长度。

气隙比磁导的大小和齿的形状、齿宽与齿距之比、气隙与齿距之比及齿部的饱和度有关。气隙比磁导的变化规律与转子齿相对于定子齿的位置有关，如转子齿与定子齿对齐时，比磁导最大；转子齿与定子槽对齐时，比磁导最小；其他位置时介于两者之间。可见，气隙比磁导 λ 是转子位置 θ_e 的周期性函数，其周期为齿距 θ_{te}。通常可将气隙比磁导用傅氏级数来表示，即

$$\lambda = \lambda_0 + \sum_{n=1}^{\infty} \lambda_n \cos(n\theta_e) \tag{4-19}$$

式中，λ_0 为气隙比磁导的平均值；λ_n 为气隙比磁导中 n 次谐波的幅值，其中 λ_0、λ_1、λ_2、$\lambda_3 \cdots$ 可从有关文献资料中查得。

在粗略计算时，若略去高次谐波的影响，则式（4-19）可写成

$$\lambda = \lambda_0 + \lambda_1 \cos\theta_e \tag{4-20}$$

将式（4-20）和式（4-18）代入式（4-17）得

$$T = -F_\delta^2 Z_s Z_r l\lambda_1 \sin\theta_e \tag{4-21}$$

可见，步进电动机单相通电时，产生的静态转矩 T，在忽略高次谐波影响时为失调角 θ_e 的正弦函数，它的作用总是使转子位置趋向于失调角为零，与 θ_e 角增大的方向相反。在结构一定且磁路不饱和的条件下，静态转矩的大小与电流 I 的二次方成正比。

4.3.2　矩角特性

步进电动机的静态运行性能可以由矩角特性来描述。矩角特性不改变控制绕组通电状态，也就是保持一相或几相控制绕组通入直流电流时，电磁转矩与失调角的关系 $T = f(\theta_e)$。下面分别讨论单相和多相控制时的矩角特性。

1. 单相控制的矩角特性

由式（4-21）可得单相控制绕组通电时的矩角特性

$$T = -T_{sm}\sin\theta_e \qquad (4\text{-}22)$$

式中，$T_{sm} = F_\delta^2 Z_s Z_r l \lambda_1$ 为最大静转矩。最大静转矩直接影响步进电动机带负载的能力和性能，是重要的性能指标之一。图 4-11 为单相通电时的矩角特性。

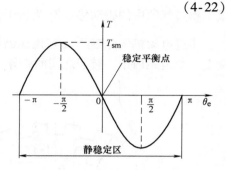

图 4-11　单相控制的矩角特性

2. 多相通电时的矩角特性

一般来说，多相通电时的矩角特性以及最大静态转矩 T_{sm} 与单相通电时不同。按照叠加原理，多相通电时的矩角特性近似地可由每相各自通电时的矩角特性叠加起来求出。

先以三相步进电动机为例。三相步进电动机可以单相通电，也可以两相同时通电。下面推导三相步进电动机当两相通电时（如 A、B 两相）的矩角特性。

如果转子失调角 θ_e 是指 A 相定子齿轴线与转子齿轴线之间的夹角，那么 A 相通电时的矩角特性是一条通过 0 点的正弦曲线，即

$$T_A = -T_{sm}\sin\theta_e$$

当 B 相也通电时，由于 $\theta_e = 0$ 时的 B 相定子齿轴线与转子齿轴线相距一个单拍制的步距角，这个步距角以电角度表示记为 θ_{se}，其值为 $\theta_{se} = \theta_{te}/3 = 120°$（电角度）或 $2\pi/3$（电弧度），如图 4-12 所示。所以 B 相通电时的矩角特性可表示为

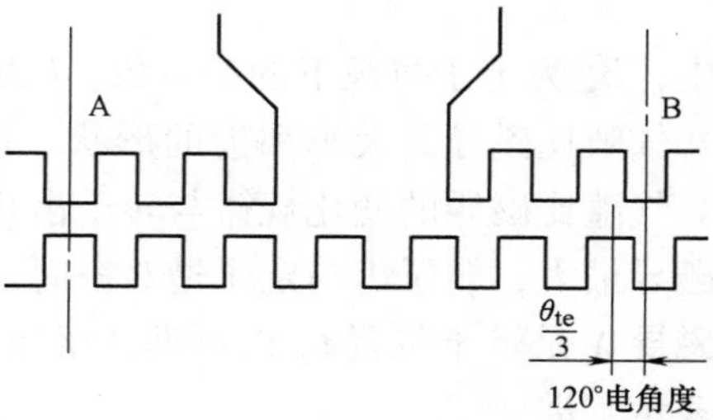

$$T_B = -T_{sm}\sin(\theta_e - 120°)$$

这是一条与 A 相矩角特性相距 $120°$（即 $2\pi/3$）的正弦曲线。当 A、B 两相同时通电时合成矩角特性应为两者相加，即

$$T_{AB} = T_A + T_B = -T_{sm}\sin\theta_e - T_{sm}\sin(\theta_e - 120°) = -T_{sm}\sin(\theta_e - 60°)$$

图 4-12　A 相、B 相定子齿相对
转子齿的位置

可见它是一条幅值不变、相移 $60°$（即 $\theta_{te}/6$）的正弦曲线。A 相、B 相及 A、B 两相同时通电的矩角特性如图 4-13a 所示。除了用波形图表示多相通电时矩角特性外，还可用矢量图来表示，如图 4-13b 所示。

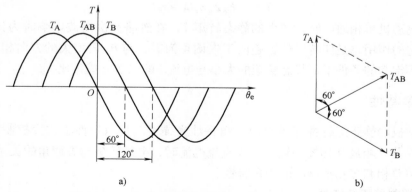

a)　　　　　　　　　　b)

图 4-13　三相步进电动机单相、两相通电时的转矩
a）矩角特性　b）转矩矢量图

从上面对三相步进电动机两相通电时矩角特性的分析可以看出，两相通电时的最大静态转矩值与单相通电时的最大静态转矩值相等。也就是说，对三相步进电动机来说，不能依靠增加通电相数来提高转矩，这是三相步进电动机一个很大的缺点。

如果不用三相，而用更多相时，多相通电是能提高静态转矩的。下面以五相电动机为例进行分析。

与三相步进电动机的分析方法一样，也可做出五相步进电动机的单相、二相、三相通电时矩角特性的波形图和矢量图，如图 4-14 和图 4-15 所示。由图可见，二相和三相通电时矩角特性相对 A 相矩角特性分别移动了 $2\pi/10$ 及 $2\pi/5$，静态转矩最大值两者相等，而且都比一相通电时大。因此，五相步进电动机采用二相～三相运行方式（如 AB→ABC→BC→…）不但最大转矩增加，而且矩角特性形状相同，这对步进电动机运行的稳定性是非常重要的，在使用时应优先考虑这样的运行方式。

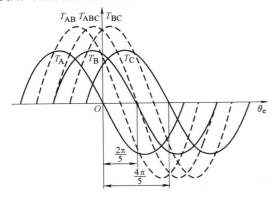

图 4-14　五相步进电动机单相、
二相、三相通电时的矩角特性

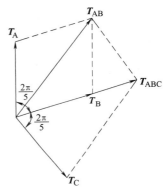

图 4-15　五相步进电动机转矩矢量图

下面给出 m 相电动机，n 相同时通电时矩角特性的一般表达式：

$$T_1 = -T_{sm}\sin\theta_e$$
$$T_2 = -T_{sm}\sin(\theta_e - \theta_{se})$$
$$\vdots$$
$$T_n = -T_{sm}\sin[\theta_e - (n-1)\theta_{se}]$$

所以，n 相同时通电时转矩

$$
\begin{aligned}
T_{1\sim n} &= T_1 + T_2 + \cdots T_n \\
&= -T_{sm}\{\sin\theta_e + \sin(\theta_e - \theta_{se}) + \cdots + \sin[\theta_e - (n-1)\theta_{se}]\} \\
&= -T_{sm}\frac{\sin(n\theta_{se}/2)}{\sin(\theta_{se}/2)}\sin\left[\theta_e - \frac{(n-1)}{2}\theta_{se}\right]
\end{aligned}
$$

式中，θ_{se} 为单拍制分配方式时的步距角。

因为步距角 $\theta_{se} = 2\pi/m$，所以

$$T_{1\sim n} = -T_{sm}\frac{\sin(n\pi/m)}{\sin(\pi/m)}\sin\left[\theta_e - \frac{(n-1)}{m}\pi\right]$$

因而 m 相电动机，n 相同时通电时转矩最大值与单相通电时转矩最大值之比为

$$\frac{T_{sm(1 \sim n)}}{T_{sm}} = \frac{\sin(n\pi/m)}{\sin(\pi/m)} \tag{4-23}$$

例如五相电动机两相通电时转矩最大值为

$$T_{sm(AB)} = T_{sm}\frac{\sin(2\pi/5)}{\sin(\pi/5)} = 1.62T_{sm}$$

三相通电时

$$T_{sm(ABC)} = T_{sm}\frac{\sin(3\pi/5)}{\sin(\pi/5)} = 1.62T_{sm}$$

可见多相步进电动机采用多相同时通电进行控制能够提高最大静态转矩，但三相步进电动机多相控制其最大静态转矩不变。所以一般功率较大的步进电动机（称为功率步进电动机）都采用大于三相的步进电动机，并选择多相通电的控制方式以提高最大转矩。

应该注意到式（4-22）中最大静态转矩 T_{sm} 与控制绕组中的电流 I（$F_\delta = NI$）的二次方成正比，其前提条件是磁路不饱和。但实际上当 I 达到一定数值后磁路开始饱和，受到饱和的影响，正比关系被破坏，随 I 增大 T_{sm} 增大得越来越慢，如图4-16所示。

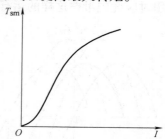

图4-16　最大静态转矩与控制电流的关系

4.3.3　静稳定区

由图4-11单相控制静态下的矩角特性可以看出，在 $\theta_e = 0$ 时，$T = 0$，该位置称为稳定平衡点。在 $-\pi < \theta_e < \pi$ 的区间内，T 与 θ_e 符号相反，T 总是阻止 θ_e 变化。若由于外力矩（负载）使转子偏离稳定平衡点，只要在上述范围内，一旦去掉外力，转子就能在静态转矩的作用下返回到稳定平衡点。上述区间称为静稳定区。在 $\theta_e = \pm\pi$，虽然也有 $T = 0$，但 $\theta_e < -\pi$ 或 $\theta_e > \pi$ 后，静态转矩与 θ_e 的符号一致，驱使转子背离稳定平衡点，故 $\theta_e = \pm\pi$ 的位置称为不稳定平衡点。

4.4　反应式步进电动机的动态特性

步进电动机运行的基本特点就是脉冲电压按一定的分配方式加到各控制绕组上，产生电磁过程的跃变，形成电磁转矩带动转子做步进式转动。由于外加脉冲频率的变化范围很广，因此脉冲频率不同，步进电动机的运行性能也不同。在分析动态特性时，常常按频率高低划分为三个区段，一段是脉冲频率极低的步进运行；另一段是高频率脉冲的连续运行；第三段是介于上述两段脉冲频率之间的运行。

4.4.1　步进运行状态时的动态特性

若控制绕组通电脉冲的间隔时间大于步进电动机机电过渡过程所需的时间，则这时电动机为步进运行状态。

1. 动稳定区和稳定裕度

动稳定区是指步进电动机从一种通电状态切换到另一种通电状态，不至引起失步的区域。

当步进电动机处于矩角特性曲线"n"所对应的稳定状态时，输入一个脉冲，使其控制绕组改变通电状态，矩角特性向前跃移一个步距角 θ_{se}，如图 4-17 所示的曲线"$n+1$"，稳定平衡点也由 0 变为 O_1，相对应的静稳定区为 $(-\pi + \theta_{se}) < \theta_e < (\pi + \theta_{se})$。在改变通电状态时，只有当转子起始位置在此区间，才能使它向 O_1 点运动，达到该稳定平衡位置。因此把区域 $(-\pi + \theta_{se}) < \theta_e < (\pi + \theta_{se})$ 称为动稳定区。显然，步距角 θ_{se} 越小，动稳定区越接近静稳定区。

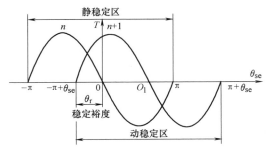

图 4-17　动稳定区和稳定裕度

把矩角特性曲线"n"的稳定平衡点 0 离开曲线 $(n+1)$ 的不稳定平衡点 $(-\pi + \theta_{se})$ 的距离，称为"稳定裕度"。稳定裕度为

$$\theta_r = \pi - \theta_{se} = \pi - \frac{2\pi}{m} = \frac{\pi}{m}(m-2) \tag{4-24}$$

式中，θ_{se} 为单拍制运行时的步距角。

由式（4-24）可知，反应式步进电动机的相数必须大于 2。所以，一般反应式步进电动机的最小相数为 3，并且相数越多，步距角越小，稳定裕度越大，运行的稳定性越好。

2. 最大负载能力（起动转矩）

步进电动机在步进运行时所能带动的最大负载可由相邻两条矩角特性交点所对应的电磁转矩 T_{st} 来确定。

由图 4-18 看出：当电动机所带负载转矩 $T_L < T_{st}$ 时，在 A 相通电时转子处在失调角为 θ'_{ea} 的平衡点 a 上，当控制脉冲由 A 相通电切换到 B 相通电瞬间，矩角特性跃变为曲线 T_B，对应于角度 θ'_{ea} 的电磁转矩 $T_{b'} > T_L$，于是在 $(T_{b'} - T_L)$ 作用下沿曲线 T_B 向前走过一步到达新的平衡位置 b，这样每切换一次脉冲，转子便转一个步距角。但是如果负载转矩 $T'_L > T_{st}$，即开始时转子处于失调角为 θ''_{ea} 的 a'' 点，当绕组切换后，对应角 θ''_{ea} 的电磁转矩小于负载转矩，电动机就不能做步进运动。所以各相矩角特性的交点（也就是全部矩角特性包络线的最小值对应点）所对应的转矩 T_{st}，乃是电动机做单步运动所能带动的极限负载，即负载能力，也称为起动转矩。实际电动机所带的负载 T_L 必须小于起动转矩才能运动，即

$$T_L < T_{st} \tag{4-25}$$

如果采用不同的运行方式，那么步距角就不同，矩角特性的幅值也不同，因而矩角特性的交点位置以及与此位置所对应的起动转矩值也随之不同。

若矩角特性曲线为幅值相同的正弦波形时，可得出

$$T_{st} = T_{sm}\sin\frac{\pi - \theta_{se}}{2} = T_{sm}\cos\frac{\theta_{se}}{2} = T_{sm}\cos\frac{\pi}{N} \tag{4-26}$$

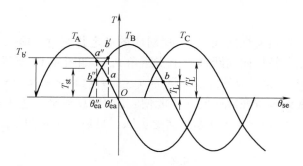

图 4-18　最大负载能力的确定

由式（4-26）可知，拍数 $N \geqslant 3$ 时，起动转矩 T_{st} 才不为零。电动机拍数愈多，起动转矩愈接近 T_{sm} 值。此外，矩角特性曲线的波形对电动机带动负载的能力也有较大的影响，其波形是平顶波形时，T_{st} 值接近于 T_{sm} 值，电动机带负载的能力就较大。因此，步进电动机理想的矩角特性应是矩形波。

T_{st} 是步进电动机能带动的负载转矩极限值。在实际运行时，电动机具有一定的转速，由于受脉冲电流的影响，最大负载转矩值比 T_{st} 还将有所减小，因此实际应用时应留有相当余量才能保证可靠地运行。

3. 转子的自由振荡过程

步进电动机在步进运行状态，即通电脉冲的间隔时间大于其机电过渡过程所需的时间时，其转子是经过一个振荡过程后才稳定在平衡位置的，如图 4-19 所示。

如果开始时 A 相通电，转子处于失调角 $\theta_e = 0$ 的位置。当绕组换接使 B 相通电时，B 相定子齿轴线与转子齿轴线错开 θ_{se} 角，矩角特性向前移动一个步矩角 θ_{se}，转子在电磁转矩作用下由 a 点向新的初始平衡位置 $\theta_e = \theta_{se}$ 的 b 点（即 B 相定子齿轴线和转子齿轴线重合）的位置做步进运动。到达 b 点位置时，转矩为零，但转速不为零。由于惯性作用，转子会越过平衡位置继续运动。当 $\theta_e > \theta_{se}$ 时电磁转矩为负值，电动机减速，失调角 θ_e 越大，制动转矩越大，电动机减速越快，直到速度为零的 c 点。如果电动机没有受到阻尼作用，c 点所对应的失调角为 $2\theta_{se}$，这时 B 相定子齿轴线与转子齿轴线反方向错开 θ_{se} 角。以后电动机在负转矩作用下向反方向转动，又越过平衡位置回到开始出发点 a 点。这样绕组每换接一次，如果无阻尼作用，电动机就环绕新的位置来回做不衰减的振荡，此称为自由振荡，如图 4-19b 所示。其振荡幅值为步距角 θ_{se}，若振荡角频率用 ω'_0 表示，相应的振荡频率和周期为 $f'_0 = \dfrac{\omega'_0}{2\pi}$，$T'_0 = \dfrac{1}{f'_0} = \dfrac{2\pi}{\omega'_0}$。自由振荡角频率 ω'_0 与振荡的幅值有关，当拍数很大时，步距角很小，振荡的振幅就很小。也就是说，转子在平衡位置附近做微小的振荡，这时振荡的角频率称为固有振荡角频率，用 ω_0 表示，理论上可以证明固有振荡角频率为

$$\omega_0 = \sqrt{T_{sm}Z_r/J} \tag{4-27}$$

式中，J 为转子转动惯量。

固有振荡角频率 ω_0 是步进电动机的一个很重要的参数。

随着拍数减少，步距角增大，自由振荡的振幅也增大，自由振荡频率就降低。比值 ω'_0/ω_0 与振荡幅值（即步距角）的关系如图 4-20 所示。

实际上转子做无阻尼的自由振荡是不可能的。由于轴上的摩擦、风阻及内部电阻尼等的

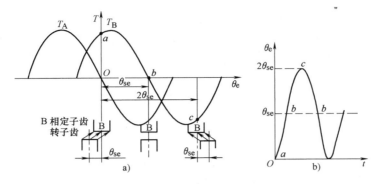

图 4-19　无阻尼时转子的自由振荡

a) 示意图　b) 振荡曲线

存在，单步运动时转子环绕平衡位置的振荡过程总是衰减的，如图 4-21 所示。阻尼作用越强，振荡衰减得越快，最后仍稳定于平衡位置附近。

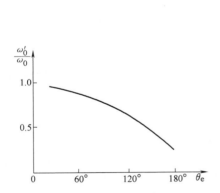

图 4-20　ω'_0/ω_0 与振荡的幅值的关系

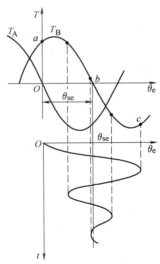

图 4-21　阻尼时转子的衰减振荡

必须指出，单步运行时所产生的振荡现象对步进电动机的运行是很不利的，它影响了系统的精度，带来了振动及噪声，严重时甚至使转子丢步。为了使转子振荡衰减得快，在步进电动机中往往专门设置特殊的阻尼器。

4.4.2　连续运行状态时的动态特性

当步进电动机在输入脉冲频率 f 较高，其周期比转子振荡过渡过程时间还短时，转子做连续的旋转运动，这种运行状态称为连续运行状态。

1. 动态转矩

在分析静态矩角特性时，最大静转矩 $T_{sm} = (NI)^2 Z_s Z_r l \lambda_1 \propto I^2$。在分析步进运行时又得到最大负载能力 $T_{st} = T_{sm} \cos \dfrac{\pi}{N} \propto T_{sm} \propto I^2$。

当控制脉冲频率达到一定数值之后，若频率再升高，步进电动机的负载能力便下降，其主要原因是因为定子绕组电感的影响。绕组电感有延缓电流变化的特性，使电流的波形由低频时的近似矩形波变为高频时的近似三角波，其幅值和平均值都较小，使动态转矩下降，负载能力降低。

此外，由于控制脉冲频率升高，步进电动机铁心中的涡流增加，其热损耗和阻转矩使输出功率和动态转矩下降。

2. 运行矩频特性

由以上分析得知，当控制脉冲频率达到一定数值之后，再增加频率，由于电感的作用使动态转矩减小，涡流作用使动态转矩又进一步减小。可见，动态转矩 T_{dm} 是电源脉冲频率的函数，把这种函数关系称为步进电动机运行时的转矩－频率特性，简称为运行矩频特性，如图 4-22 所示，为一条下倾的曲线。

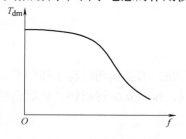

图 4-22 运行矩频特性

矩频特性表明，在一定控制脉冲频率范围内，随频率升高，功率和转速都相应地提高。超出该范围则随频率升高转矩下降，步进电动机带负载的能力也逐渐下降。到某一频率以后，就带不动任何负载，而且只要受到一个很小的扰动，就会振荡、失步以至停转。

总之，控制脉冲频率的升高是获得步进电动机连续稳定运行和高效率所必需的条件，然而还必须同时注意到运行矩频特性的基本规律和所带负载状态。

3. 最高连续运行频率

当控制电源的脉冲频率连续提高时，在一定性质和大小的负载下，步进电动机能正常连续运行时（不丢步、不失步）所能加到的最高频率称为最高连续运行频率或最高跟踪频率。这一参数对某些系统有很重要的意义。例如，在数控机床中，在退刀、对刀及变换加工程序时，要求刀架能迅速移动以提高加工效率，这一工作速度可由高的连续运行频率指标来保证。最高连续运行频率与负载的大小有关，一般分空载运行频率 f_{ru0} 和额定负载运行频率 f_{ruN}，而 $f_{ru0} > f_{ruN}$。例如，反应式步进电动机 70BF03，其空载运行频率 $f_{ru0} = 16000\mathrm{Hz}$，负载运行频率 $f_{ruN} = 4000\mathrm{Hz}$。最高连续运行频率是步进电动机的重要技术指标。

4. 低频共振和低频丢步现象

随着控制脉冲频率的增加，脉冲周期缩短，因而有可能会出现在一个周期内转子振荡还未衰减完时下一个脉冲就来到的情况。也就是说，下一个脉冲到来时（前一步终了时）转子位置处在什么地方与脉冲的频率有关。图 4-23 中，当脉冲周期为 T'（$T' = 1/f'$）时，转子离开平衡位置的角度为 θ'_{e0}，而周期为 T''（$T'' = 1/f''$）时，转子离开平衡位置的角度为 θ''_{e0}。

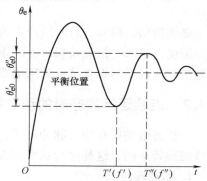

图 4-23 不同脉冲周期的转子位置

值得注意的是，当控制脉冲频率等于或接近于步进电动机振荡频率的 $1/K$ 倍时（$K = 1，2，3，\cdots$）。电动机就会出现强烈振荡甚至失步，以至于无法工作，这就是低频共振和低频丢步现象。下面以三相步进电动机为例来说明低频丢步现象。

低频丢步的物理过程如图 4-24 所示。假定开始时转子处于 A 相矩角特性曲线的平衡位置 a_0 点，当第一个脉冲到来时 B 相绕组通电，矩角特性向前跃动一个步距角 θ_{se}，则转子便沿特性曲线 T_B 向新的平衡位置 b_0 点移动。由于转子的运动过程是一个衰减的振荡过程，达到 b_0 点后要在 b_0 点附近做若干次振荡，其振荡频率接近于单步运动时的振荡角频率 ω'_0，周期为 $T'_0 = 2\pi/\omega'_0$。若控制脉冲的角频率也为 ω'_0，则第二个脉冲到来正好在转子回摆到接近负的最大值时，如图 4-24 中对应于曲线 T_B 上的 R 点。这时脉冲已换接到 C 相，特性又向前移动了一个步距角 θ_{se} 成曲线 T_C。如果转子对应于 R 点的位置是处在对于 b_0 点的动稳定区之外，即 R 点的

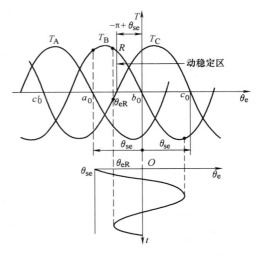

图 4-24　步进电动机的低频丢步

失调角 $\theta_{\text{eR}} <$ $(-\pi + \theta_{\text{se}})$，那么当 C 相绕组一相通电时，转子受到的电磁转矩为负值，即转矩方向不是使转子由 R 点位置向 c_0 点位置运动，而是向 c'_0 点位置移动。接着第三个脉冲到来，转子又由 c'_0 点返回 a_0 点。这样转子经过三个脉冲仍然回到原来位置 a_0 点，也就是丢了三步，这就是低频丢步的物理过程。一般情况下，一次丢步的步数是运行拍数 N 的整数倍，丢步严重时转子停留在一个位置上或围绕一个位置振荡。

如果阻尼作用比较强，那么电机振荡衰减得比较快，转子振荡回摆的幅值就比较小，转子对应于 R 点的位置如果处在动稳定区之内，电磁转矩就是正的，电机就不会失步。

另外拍数越多，步距角 θ_{se} 越小，动稳定区接近静稳定区，这样也可以消除低频失步。

当控制脉冲频率等于转子振荡频率的 $1/K$ 倍时，如果阻尼作用不强，即使电动机不发生低频失步，也会产生强烈振动，这就是步进电动机低频共振现象。图 4-25 表示转子振荡两次而在第二次回摆时下一个脉冲到来的转子运动规律，可见转子具有明显的振荡特性。共振时，电动机就会出现强烈振动，甚至失步而无法工作，所以一般不容许电动机在共振频率下运行。但是如果采用较多拍数，再加上一定的阻尼和干摩擦负载，电动机振荡的振幅可以减小，并能稳定运行。为了减少低频共振现象，很多电动机专门设置阻尼器，靠阻尼器来消耗振动的能量，限制振幅。

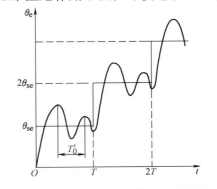

图 4-25　低频共振时的转子运动规律

5. 高频振荡

反应式步进电动机在脉冲电压频率达到相当高的情况下，有时也会出现明显的振荡现象。因为此时控制绕组内电流产生振荡，相应地使转子转动不均匀，以致失步。但脉冲频率若快速越过这一频段达到更高值时，电动机仍能继续稳定运行。这一现象称为高频振荡。

由于步进电动机定、转子上有齿槽存在，在转子的旋转过程中便在控制绕组中感应一个交变电动势和交流电流，于是便产生一个对转子运动起制动作用的电磁转矩。该内阻尼转矩

将随着转速的上升而下降，即具有负阻尼性质，因而使转子的运动有产生自发振荡的性质。在严重的情况下，电动机要失步甚至停转。

步进电动机铁心表面的附加损耗和转子对空气的摩擦损耗等形成阻尼转矩，它随着转速的升高而增大，若与电磁阻尼转矩配合恰当，则电动机总的内阻尼转矩特性可能不出现负阻尼区，高频振荡现象也就不会出现。

4.4.3 步进电动机的起动特性

步进电动机的起动过程与一般电动机不同。一般电动机常用堵转电流和堵转转矩来描述其起动特性，而步进电动机的起动与不失步联系在一起，因此其起动特性要用其矩频特性、惯频特性和起动频率等特性和性能指标来描述。

1. 起动矩频特性

在给定驱动电源的条件下，负载转动惯量一定时，起动频率 f_{st} 与负载转矩 T_L 的关系 $f_{st} = f(T_L)$，称为起动矩频特性，如图4-26所示。

当电动机带着一定的负载转矩起动时，作用在电动机转子上的加速转矩为电磁转矩与负载转矩之差。负载转矩越大，加速转矩就越小，电动机就不易转起来，只有当每步有较长的加速时间（即较低的脉冲频率）时电动机才可能起动。所以随着负载的增加，其起动频率是下降的。起动频率 f_{st} 随负载转矩 T_L 增大呈下降曲线。

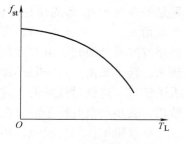

图4-26 起动矩频特性

2. 起动惯频特性

在给定驱动电源的条件下，负载转矩不变时，起动频率 f_{st} 与负载转动惯量 J 的关系 $f_{st} = f(J)$，称作起动惯频特性，如图4-27所示。

另外，随着电动机转动部分惯量的增大，在一定的脉冲周期内转子加速过程将变慢，因而难以趋向平衡位置。而要电动机起动，也需要较长的脉冲周期使电动机加速，即要求降低脉冲频率。所以随着电动机轴上转动惯量的增加，起动频率也是下降的。起动频率 f_{st} 随转动惯量 J 增大呈下降曲线。

3. 起动频率 f_{st}

电动机正常起动时（不丢步、不失步）所能加的最高控制频率称为起动频率或突跳频率，这也是衡量步进电动机快速性能的重要技术指标。起动频率要比连续运行频率低得

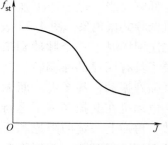

图4-27 起动惯频特性

多，这是因为电动机刚起动时转速等于零，在起动过程中，电磁转矩除了克服负载转矩外，还要克服转动部分的惯性矩 $Jd^2\theta/dt^2$（J 是电动机和负载的总惯量），所以起动时电动机的负担比连续运转时要重。而连续稳定运行时，加速度 $d^2\theta/dt^2$ 很小，惯性转矩可忽略。

起动频率的大小与负载大小有关，因而指标分为空载起动频率 f_{st0} 和负载起动频率 f_{stL}，且 f_{stL} 比 f_{st0} 低得多。例如，前例中的70BF03步进电动机，空载起动频率 $f_{st0} = 2000Hz$，在 $0.1176N \cdot m$ 负载下的起动频率 $f_{stL} = 1000Hz$。

若要提高起动频率，主要应从下面几个方面考虑：增大电动机的动态转矩；减小转动部

分的转动惯量；增加拍数，减小步距角，从而使矩角特性跃变角变小，减慢特性移动速度。

4.5　步进电动机的其他类型及主要性能指标

4.5.1　步进电动机的其他类型

步进电动机的种类繁多，除了前面介绍的单段结构反应式步进电动机之外，还有多段反应式步进电动机、永磁式步进电动机和混合式步进电动机等。另外，按运动形式又可分为旋转式和直线式。

1. 多段反应式步进电动机

目前使用最多的是前面所述的单段结构反应式步进电动机。这种结构形式使电机的结构简单，精度也易于保证；步距角可以做得较小，容易得到较高的起动频率和运行频率。但当电动机的直径较小，而相数又较多，使沿径向分相出现困难时，常做成轴向分相的多段式。

轴向磁路多段式步进电动机的结构如图 4-28 所示。定、转子铁心均沿电动机轴向按相分段，每一组定子铁心放置一相环形的控制绕组。定、转子圆周上冲有形状和数量相同的小齿。定子铁心（或转子铁心）每相邻两段错开 $1/m$ 齿距，m 为相数。图中 A 相加脉冲时磁通所经磁路如虚线所示。

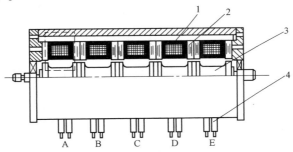

图 4-28　轴向磁路多段式步进电动机结构
1—线圈　2—定子　3—转子　4—引线

这种结构使电动机的定子空间利用率较好，环形控制绕组绕制较方便；转子的惯量较低；步距角也可以做得较小，起动和运行频率较高。但是在制造时，铁心分段和错位工艺较复杂，精度不易保证。

2. 永磁式步进电动机

永磁式步进电动机的典型结构如图 4-29 所示。定子上有两相或多相绕组，转子为一对或几对极的星形磁钢，转子的极数与定子每相的极数相同。图中画出的是定子为两相集中绕组（AO、BO），每相为两对极，转子磁钢也是两对极的情况。从图中不难看出，当定子绕组按 A→B→（-A）→（-B）→…轮流通脉冲电流时，如 A 相通入正脉冲电流，则在定子上形成上下 S、

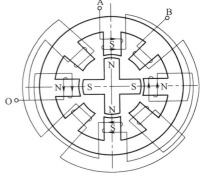

图 4-29　永磁式步进电动机典型结构

左右 N 四个磁极，按 N、S 磁极相吸原理，转子必为上下 N、左右 S，如图 4-29 所示。若 A 相断开、B 相接通，则定子极性将顺时针转过 45°，转子也将转过 45°，即步距角为 45°。一般步距角为 $\theta_s = \dfrac{360°}{2mp}$（式中 p 为转子极对数，m 为相数），用电角度表示有 $\theta_{se} = \dfrac{360°}{2m} = \dfrac{180°}{m}$（电角度）。

由上可知，永磁式步进电动机要求电源供给正负脉冲，否则不能连续运转，这就使驱动电源变得复杂。这个问题的解决，可在同一相的极上绕上二套绕向相反的绕组，电源只要供给正脉冲就行。这样做虽增加了用铜量和电动机的尺寸，但却简化了对电源的要求。

永磁式步进电动机的特点是：①大步距角，例如 5°、22.5°、30°、45°、90° 等；②起动频率较低，通常为几十到几百 Hz（但转速不一定低）；③控制功率小；④在断电情况下有定位转矩；⑤有强的内阻尼力矩。

3. 混合式步进电动机

混合式步进电机也称为感应子式步进电动机，是一种十分流行的步进电机。它既有反应式步进电动机小步距角的特点，又有永磁式步进电动机的高效率、绕组电感小的特点。图 4-30 所示为两相混合式步进电动机的结构。它的定子结构与单段反应式步进电动机相同，1、3、5、7 极上的控制绕组串联为 A 相，2、4、6、8 极上的控制绕组串联为 B 相。转子是由环形磁铁和两端铁心组成。两端转子铁心上沿外圆周开有小齿，两端铁心上的小齿彼此错过 1/2 齿距。定、转子齿数的配合与单段反应式步进电动机相同。

转子磁钢充磁后，一端（如图中 A 端）为 N 极，则 A 端转子铁心的整个圆周上都呈 N 极性，B 端转子铁心则呈 S 极性。当定子 A 相通电时，定子 1、3、5、7 极上的极性为 N、S、N、S，这时转子的稳定平衡位置就是图 4-30 所示的位置，即定子磁极 1 和 5 上的齿在 B 端与转子的齿对齐，在 A 端则与转子槽对齐，磁极 3 和 7 上的齿与 A 端上的转子齿及 B 端上的转子槽对齐，而 B 相四个极（2、4、6、8 极）上的齿与转子齿都错开 1/4 齿距。由于定子同一个极的两端极性相同，转子两端极性相反，但错开半个齿距，所以当转子偏离平衡位置时，两端作用转矩的方向是一致的。在同一端，定子第 1 个极与第 3 个极的极性相反，转子同一端极性相同，但第 1 和第 3 极下定、转子小齿的相对位置错开了半个齿距，所以作用转矩的方向也是一致的。

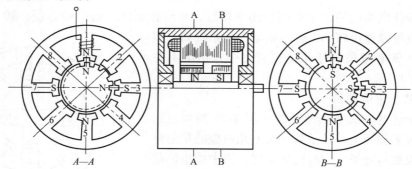

图 4-30 混合式步进电动机结构

当定子各相绕组按 $+A \rightarrow +B \rightarrow -A \rightarrow -B$ 顺序通以直流脉冲时，其步距角为 $\theta_s = \dfrac{360°}{2mZ_r}$

（机械角），或 $\theta_{se} = \theta_s Z_r = \dfrac{180°}{m}$（电角度）。

这种电动机也可以做成较小的步距角，因而也有较高的起动和运行频率；消耗的功率也较小；具有定位转矩，兼有反应式和永磁式步进电动机两者的优点。但是它需要有正、负电脉冲供电，并且在制造时比较复杂。

这种电动机的永久磁铁也可以由通入直流电流的励磁线圈产生的磁场来代替，此时就成了电励磁感应子式步进电动机。

4. 直线和平面式步进电动机

在自动控制装置中，要求某些机构（如自动绘图机、自动打印机等）快速地做直线或平面运动，而且要保证精确的定位，所以在旋转式步进电动机的基础上，又研制出一种新型的直线步进电动机和平面步进电动机。

图 4-31 为直线步进电动机的结构和工作原理图。直线步进电动机的定子（亦称反应板）和动子都用磁性材料制成。定子表面开有均匀分布的矩形齿和槽，齿距为 t，槽中填满非磁性材料（如环氧树脂），使整个定子表面非常光滑。动子上装有永久磁铁 A 和 B，每一磁极端部装有用磁性材料制成的 Π 形极片，每块极片上有两个齿（如 a 和 c、a′ 和 c′，d 和 b，d′ 和 b′），齿距为 $1.5t$。这样，刚好使齿 a 与定子齿对齐时，齿 c 便对准定子槽。同一磁铁的两个 Π 形极片间隔的距离刚好使齿 a 和 a′ 能对准定子的齿，它们之间的距离为 kt（$k=1$、2、3、…为任意整数）。磁铁 A 和 B 相同，但极性相反，它们之间的距离为 $(k+1/4)t$。这样，当其中一个磁铁（例如 A 磁铁）的齿完全与定子齿或槽对齐时，另一个磁铁（例如 B 磁铁）的齿则处在定子齿和槽的中间。在磁铁 A 和 B 的两个 Π 形极片上，分别装有 A相和 B 相控制绕组，如果某一瞬间在 A 相绕组中按图 4-31a 所示方向通入脉冲电流 i_A，这时由 A 相绕组产生的磁通在 a 和 a′ 中与永久磁铁的磁通相叠加（方向相同），而在 c、c′ 中却互相抵消（方向相反）。在这个过程中，B 相绕组不通电流，仅由磁铁 B 在 d、d′ 和 b、b′ 中产生的磁通可认为基本相等（磁路的磁阻基本相同），沿着动子移动方向各齿产生的磁推力互相平衡。在这种情况下，仅有齿 a 和 a′ 能产生磁力，驱使动子处于图 4-31a 所示位置。

当 A 相断电，B 相按图 4-31b 所示方向通入脉冲电流时，B 相绕组产生的磁通将使齿 b和 b′ 中的磁通增加，齿 d 和 d′ 中的磁通互相抵消。在齿 b 和 b′ 产生的磁推力作用下，驱使动子从图 4-31a 所示位置移动到图 4-31b 所示位置。即 b 和 b′ 移到与定子上的齿相对齐的位置上，这样动子沿水平方向向右移动 $t/4$。

如果切断 B 相电流，并给 A 相通入反向脉冲电流，如图 4-31c 所示。这时 A 相绕组和磁铁 A 产生的磁通，在齿 c 和 c′ 中叠加，而在齿 a 和 a′ 中互相抵消，在齿 c 和 c′ 产生的磁推力作用下，动子沿水平方向向右又移动 $t/4$，使齿 c 和 c′ 与定子齿相对齐，见图 4-31c。

同理，当 A 相断电，B 相通入反向电流时，动子沿水平方向又向右移动 $t/4$，使齿 d 和d′ 与定子齿对齐，如图 4-31d 所示。这样，经过图 4-31a ~ d 所示的四个阶段后，动子沿水平方向向右移动一个定子齿距。如果要继续向右移动，则只需重复前面过程。

要使动子沿水平方向向左移动，只需将上述 4 个阶段的通电顺序倒过来即可。

如果要求动子做平面运动，这时应将定子改为一块平板，其上开有 X 轴和 Y 轴方向的齿槽。定子齿排成方格形，槽中注入环氧树脂，而动子则由两台上述这样的直线步进电动机组成，如图 4-32 所示。它们分别保证动子沿互相垂直的 X 轴和 Y 轴移动。这样，只要设计

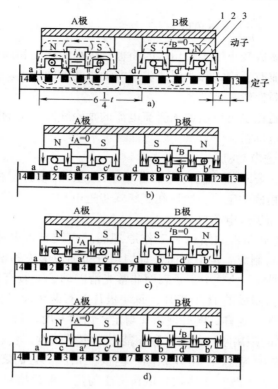

图 4-31 直线步进电动机结构和工作原理

a）A 相绕组正向通电 b）B 相绕组正向通电 c）A 相绕组反向通电 d）B 相绕组反向通电

1—永久磁铁 2—Π形极片 3—控制绕组

适当的控制程序，借以产生一定的脉冲信号，就可以使动子在 XY 平面上作任意几何轨迹的运动，并定位在平面上任何一点，这就成为平面步进电动机。

这种平面步进电动机采用气垫装置，将动子支承起来，使动子移动时，不与定子直接接触，因而无摩擦，且惯性小，噪声低，可快速移动，线速度高达 $1.02\mathrm{m/s}$。

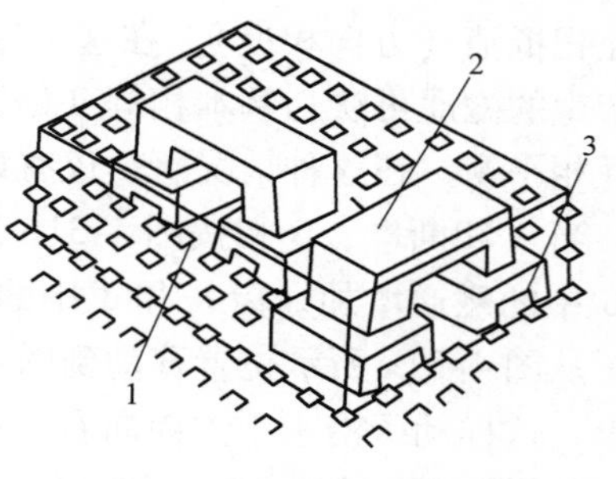

图 4-32 平面步进电动机结构

1—平台 2—磁钢 3—磁极

4.5.2 步进电动机的主要性能指标

1. 最大静转矩 T_{sm}

最大静转矩 T_{sm} 是指在规定的通电相数下矩角特性上的转矩最大值。通常在技术数据中所给定的最大静转矩是指一相绕组通上额定电流时的最大转矩值。

按最大静转矩的大小可把步进电动机分为伺服步进电动机和功率步进电动机。伺服步进电动机的输出转矩较小，有时需要经过液压力矩放大器或伺服功率放大系统放大后再去带动负载。而功率步进电动机最大静转矩一般大于 $4.9\mathrm{N\cdot m}$，它不需要力矩放大装置就能直接带动负载，从而大大简化了系统，提高了传动的精度。

2. 步距角 θ_s

步距角是指输入一个电脉冲转子转过的角度。步距角的大小直接影响步进电动机的起动频率和运行频率。相同尺寸的步进电动机，步距角小的起动和运行频率较高，但转速和输出功率不一定高。

3. 静态步距角误差 $\Delta\theta_s$

静态步距角误差 $\Delta\theta_s$ 是指实际步距角与理论步距角之间的差值，常用理论步距角的百分数或绝对值来表示。通常是在空载情况下测定。$\Delta\theta_s$ 小表示步进电动机的精度高。

4. 起动频率 f_{st} 和起动频率特性

起动频率 f_{st} 是指步进电动机能够不失步起动的最高脉冲频率。技术数据中给出空载和负载起动频率。实际使用时，大多是在负载情况下起动，所以又给出起动的矩频特性，以便确定负载起动频率。起动频率是一项重要的性能指标。

5. 运行频率 f_{ru} 和运行矩频特性

运行频率 f_{ru} 是指步进电动机起动后，控制脉冲频率连续上升而不失步的最高频率。通常在技术数据中也给出空载和负载运行频率。运行频率的高低与负载转矩的大小有关，所以又给出了运行矩频特性。

提高运行频率对于提高生产效率和系统的快速性具有很大的实际意义。由于运行频率比起动频率高得多，所以在使用时，通常采用能自动升、降频控制电路，先在低频（不大于起动频率）下进行起动，然后再逐渐升频到工作频率，使电动机连续运行，一般升频时间在 1s 之内。

步进电动机是数字控制系统中的一种执行元件，其功能是将脉冲电信号变换为相应的角位移或直线位移，其位移量与脉冲数成正比，其转速或线速度与脉冲频率成正比，它能按照控制脉冲的要求，迅速起动、反转、制动和无级调速；工作时能不失步，精度高，停止时能锁住。鉴于以上特点，步进电动机在自动控制系统中，特别是在开环数字程序控制系统中作为传动元件而得到广泛的应用。

4.6　步进电动机的驱动电源

步进电动机及其驱动电源是一个相互联系的整体。步进电动机的运行性能是由电动机和驱动电源两者配合所反映出来的综合效果。

4.6.1　驱动控制器概述

1. 驱动控制器的组成

步进电动机的驱动控制器组成如图 4-33 所示，基本上包括变频信号源、脉冲分配器和功率放大器三个部分。变频信号源就是一个脉冲发生器，通过指令信号可控制变频信号源的脉冲频率从几赫兹到几十千赫兹变化，脉冲分配器则按照步进电动机的相应工作方式将脉冲信号分配给相应绕组，再通过功率放大器为绕组通入电流脉冲，从而驱动步进电动机运行。

2. 对驱动控制器的要求

步进电动机驱动控制器无论工作在何种方式，都必须满足以下要求：

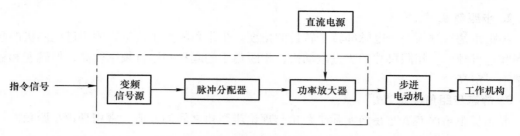

图 4-33　步进电动机驱动控制器框图

1）驱动控制器的相数、电压、电流和通电方式都要满足步进电动机的要求。

2）驱动控制器的频率要满足步进电动机起动频率和连续运行频率的要求。

3）能最大限度地抑制步进电动机的振荡，提高系统稳定性。

4）工作可靠，抗干扰能力强。

5）成本低，效率高，安装和维护方便。

3. 驱动控制系统的分类

1）步进电动机简单的控制过程可以通过各种逻辑电路来实现。这种控制方法线路较复杂，成本高，而且一旦成型，很难改变控制方案，缺少灵活性。

2）由于步进电动机能直接接受数字量输入，特别适合于微机控制。采用计算机控制不仅可以用很低的成本实现复杂的控制过程，而且具有很高的灵活性，便于控制功能的升级和扩充。

3）步进电动机的驱动控制系统还可以采用专用集成电路来构成。这种控制系统具有结构简单、性价比高的优点，在系列化产品中应该优先采用这种方式。

4.6.2　功率驱动电路

步进电动机的功率驱动电路有多种型式，按脉冲的驱动方式来分有：单一电压型驱动电路；高、低压切换型驱动电路；斩波恒流驱动电路；双极性驱动电路；细分驱动电路等。

1. 单一电压型驱动电路

单一电压型电路是最简单的驱动电路，其原理电路如图 4-34 所示。由 4.4 节可知，由于步进电动机绕组电感具有延缓电流变化的作用，使步进电动机高频运行时的动态转矩减小，动态特性变坏。若要提高动态转矩，就应缩短电流上升的时间常数 τ_a，使电流前沿变陡，这样电流波形可接近矩形。在图 4-34 中串入电阻 R_{f1}，可使时间常数 τ_a 减小，但为了达到同样的稳态电流值，电源电压也要做相应的提高。这样可增大动态转矩，提高起动和连续运行频率，并使起动和运行矩频特性下降缓慢。

图中并联于 R_{f1} 的电容 C 可强迫控制电流加快上升，使电流波形前沿更陡，改善波形。

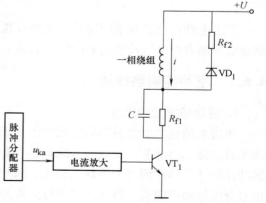

图 4-34　单一电压型驱动电路

因电容两端电压不能突变，在控制绕组通电瞬间将 R_{f1} 短路，电源电压可全部加在控制绕组上。

由于功率管 VT_1 由导通突然变为关断状态时，在相绕组中会产生很高的感应电动势，其极性与电源极性一致，二者叠加起来作用到功率管 VT_1 上，很容易使其击穿。为此，在相绕组两端并联一个二极管 VD_1 和电阻 R_{f2}，形成放电回路，限制功率管 VT_1 上的电压，保护功率管。

单一电压型电路只用一种电压，线路简单，功放元件少，成本低。但由于电阻 R_{f1} 上要消耗功率，引起发热和效率降低，这种电源只适用于驱动小功率步进电动机或性能指标要求不高的场合。

2. 高、低压切换型驱动电路

高、低压切换型驱动电路如图 4-35 所示。当输入控制脉冲信号 u_{ka} 时，功率管 VT_1、VT_2 导通，由于二极管 VD_1 承受反向电压处于截止状态，低压电源不起作用，高压电源加在控制绕组上，控制绕组中的电流迅速升高，使电流波形前沿变陡。当电流上升到额定值或比额定值稍高时，利用定时电路或电流检测电路，使功率管 VT_1 关断，VT_2 仍然导通，二极管 VD_1 由截止变为导通，控制绕组由低压电源供电，维持其额定稳态电流。当输入信号为零时，功率管 VT_2 截止，控制绕组中的电流通过二极管 VD_2 续流，向高压电源放电，绕组中的电流迅速减小。电阻 R_{f1} 的阻值很小，目的是为了调节相绕组中的电流，使各相电流平衡。这种电路效率较高，起动和运行频率也比单一电压型电路要高。

以上两种电源均属电流开环控制类型。

3. 斩波恒流驱动电路

步进电动机在运行过程中，经常会出现相绕组中电流波顶下凹的现象，如图 4-36 所示。这主要是由于电动机在转动时，气隙磁导变化在定子绕组中感应电动势以及绕组相间互感等原因造成的。这一现象会引起电动机转矩下降，动态性能变差，甚至使电动机失步。为了消除这种现象，通常采用斩波恒流驱动电路。

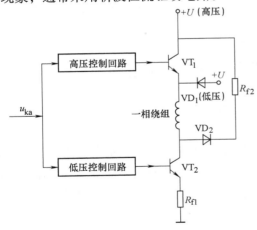

图 4-35　高、低压切换型驱动电路

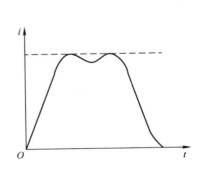

图 4-36　电流波顶下凹现象

图 4-37 为步进电动机斩波恒流驱动电路原理图，图中绕组电流的通断由开关管 VT_1、VT_2 共同控制，VT_2 的发射极接一个采样电阻 R，该电阻上的电压降与绕组电流大小成正比，电压 u_1 控制该相绕组是否通电流。

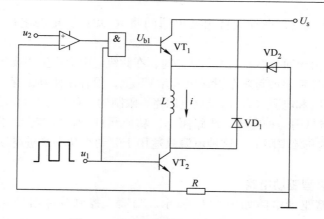

图 4-37　斩波恒流驱动电路原理图

当控制脉冲 u_1 为高电平时，开关管 VT_1 和 VT_2 均导通，直流电源 U_s 向该相绕组供电，产生电流 i。由于绕组电感的影响，采样电阻 R 上的电压逐渐升高，当超过给定电压 u_2 时，比较器输出低电平，使其后面与门的输出信号 U_{b1} 也变为低电平，VT_1 截止，直流电源被切断，绕组电流 i 经 VT_2、R、VD_2 续流衰减，采样电阻 R 上的电压随之下降。当采样电阻 R 上的电压小于给定电压 u_2 时，比较器输出高电平，其后的与门输出 U_{b1} 也变为高电平，VT_1 重新导通，直流电源又开始向绕组供电。如此循环，相绕组电流就稳定在由给定电压 u_2 所决定的电流 i 上。其电压、电流波形如图 4-38 所示。

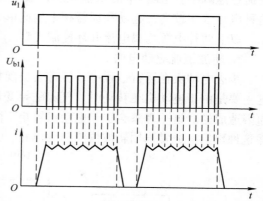

图 4-38　斩波恒流控制中电压、电流波形

当控制脉冲 u_1 变为低电平时，开关管 VT_1 和 VT_2 均截止，绕组中的电流 i 经二极管 VD_1、VD_2、直流电源和电源地放电，并迅速下降为 0，该相绕组停止工作。

斩波恒流驱动方式使步进电动机运行性能得到了显著的提高，相应地使起动和运行频率提高。但因在线路中增加了电流反馈环节，使其结构较为复杂，成本提高。它是属于电流闭环控制类型。

4. 双极性驱动电路

永磁式和混合式步进电动机工作时要求定子磁极的极性交变，通常要求其绕组由双极性电路驱动，即绕组电流能正、反向流动。也可在这种电动机绕组中间抽头，以便采用单极性电源驱动，但是这种绕组的利用率低，电动机的体积和成本都增大，输出转矩下降，故应用较少。

如果系统能够提供正负双极性电源，则双极性驱动电路将相当简单，如图 4-39a 所示，VT_1 导通时为绕组提供正向电流，VT_2 导通时为绕组提供反向电流。然而大多数系统只有单极性电源，这时需要采用如图 4-39b 所示的全桥驱动电路，当 VT_1 和 VT_4 导通时为绕组提供正向电流，而当 VT_2 和 VT_3 导通时提供反向电流。

由于双极性桥式驱动电路较为复杂，过去仅用于大功率步进电动机。但近年来出现了集

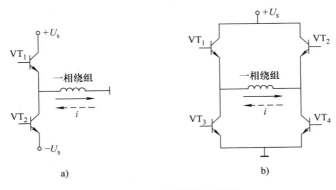

图 4-39　双极性驱动电路

a）正、负双极性电源　b）单极性电源

成化的双极性驱动芯片，使它能方便而廉价地应用于对效率和体积要求较高的产品中。

5. 细分驱动电路

一般步进电动机受制造工艺的限制，它的步距角不能做的太小。而实际应用中某些系统往往要求步进电动机的步距角很小，才能满足加工工艺要求。这时一般步进电动机驱动方式无法实现，需要采用细分驱动控制。

细分驱动控制又称为微步距控制，是步进电动机开环控制的新技术之一。其原理就是把原来的一个步距角再分为若干步完成，使步进电动机的转动近似为匀速运动，并能在任何位置停步。为达到这一要求，可将绕组的矩形波脉冲电流改为阶梯波电流，如图 4-40 所示。这样，在输入电流的每个台阶，电动机转动一小步，电流的台阶数越多，电动机的步距角越小，即通过将流入步进电动机绕组的电流台阶式投入

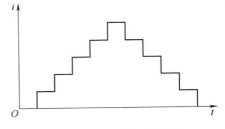

图 4-40　阶梯电流波形

或切除，而不是方波式投入或切除，从而实现步距角成倍地减小，步数成倍地增加。可见，细分驱动可使步进电动机运行平稳性提高，低频特性得到改善，负载能力也有所增加。目前的细分驱动技术已经可以将原步距角细分为数百份。

以两相四拍运行的混合式步进电动机为例，采用 4 细分驱动运行时，步进电动机 A、B相绕组电流变化波形如图 4-41 所示，绕组电流由原来的整步开通关断变为 4 阶梯波过渡的开通关断方式。因此，在某些时刻两相绕组均有电流通过，随着绕组电流大小的变化，产生了多个对应的合成磁动势矢量，这些合成磁动势矢量与原来的四拍磁动势分布在一个等幅匀速旋转磁场中，如图 4-42 所示。此时，步进电动机的实际步距角降低为原来的 1/4，实现了步进电动机的 4 细分驱动。

实现阶梯波电流细分驱动通常有以下 4 种方法：

1）把顺序脉冲发生器产生的各个等幅等宽脉冲，用几个完全相同的开关放大器分别进行功率放大，然后在电动机绕组中将这些脉冲电流进行叠加，形成阶梯波电流，如图 4-43a所示。使用这种方法时功率放大元件成倍增加，但元件的容量成倍降低，其结构简单，容易调整。它适合于驱动中、大功率的步进电动机。

2）把顺序脉冲发生器产生的等幅等宽脉冲，先合成为阶梯波，然后再对阶梯波进行功

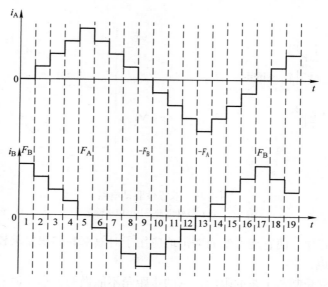

图 4-41　两相混合式步进电动机 4 细分驱动电流波形

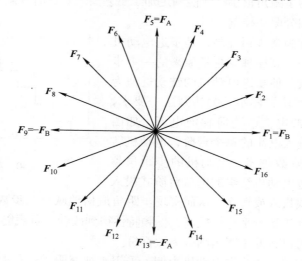

图 4-42　绕组合成磁动势矢量变化图

率放大，如图 4-43b 所示。这种方法的优点是功率元件减少，它适合于驱动小容量步进电动机。

3）随着微处理器（MCU）技术的发展与进步，将 PWM 调制技术、AD 采样/转换技术融合于 MCU 控制平台，通过编制控制软件可以灵活地实现步进电动机的各种细分驱动，系统控制电路基本结构如图 4-44 所示。借助电流闭环控制环节实现细分驱动，可以提高绕组电流控制精度，改善电动机运行性能，克服了传统细分驱动方式中电流开环控制带来的不足。

4）细分驱动专用集成电路。近年来，随着集成电路迅速发展，半导体厂商已开发生产了多种步进电动机专用集成驱动芯片，使它能够方便地应用于对效率和体积要求较高的产品中，也用于步进电动机的角度细分控制。如 SGS－THOMSON 公司的双极性两相步进电动机

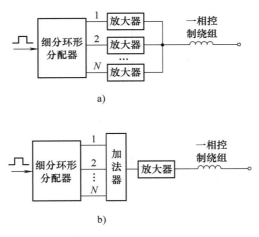

图 4-43 阶梯波电流合成原理图

a) 先放大后合成 b) 先合成后放大

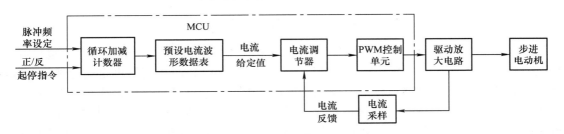

图 4-44 采用微处理器的步进电动机细分驱动电路基本结构图

细分控制驱动单片集成电路 L6217/L6217A、INTEL Motion 公司的两相步进电动机细分控制器 IM2000、东芝公司的步进电动机细分控制器 TA7289 等。

4.6.3 步进电动机驱动电源实例

下面以 LQ-1500 打印机字车步进电动机驱动电源及控制线路为例,说明步进电动机在实际工作中的应用。

打印机在打印前必须把打印头移动到要求开始打印的点上,在打印不同字体的字符时,又要求打印头以不同的速度沿着打印纸做出水平移动。这些操作都由主 CPU Z80 通过从 CPU 8042 (11D) 控制和驱动字车步进电动机,带动齿轮、齿皮带及机头小车等传动机构来完成。

8042 是 INTEL 公司的通用外围接口 (UPI) 8 位微处理器,它通过 8 位双向数据总线与主 CPU 交换信息,当 A0 是低电平时交换的是数据;高电平时交换的是命令和状态。它内部带有 2K 字节的 ROM 及 128 字节的 RAM。它还带有两个 8 位准双向端口,即端口 1 和 2,通过对它编程,可相当灵活地作各种外围设备的接口。

从图 4-45 可以看出,复位信号 $\overline{RST}$ 连到 8042 的 $\overline{RESET}$ 端,在整机复位时,8042 也被复位,此时程序计数器清零,总线成为高阻抗状态,将端口 1 和端口 2 设置为输入方式等。LQ-1500 打印机中 8042 使用的晶振频率为 12MHz。

字车步进电动机是一种四相电动机,有四个控制绕组,即图中的 LA、LB、LC、LD。它

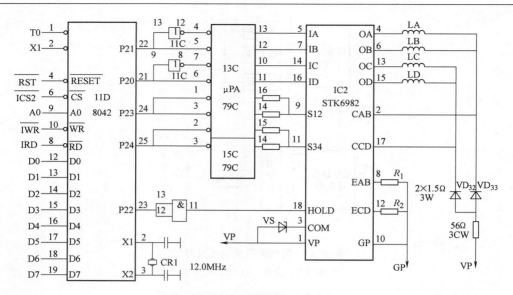

图 4-45　字车步进电动机驱动电路

们每两个绕组合用一个公共的供电端，在实际工作中 LA 和 LB 两绕组必有一个，也只有一个绕组通电，这种通电方式形成了"非"的关系。LC 和 LD 两相绕组也是这种情况。P21和 P20 分别控制 LA、LB 和 LC、LD 绕组的通电情况。步进电动机工作在四相双四拍方式，若按 AC→CB→BD→DA→… 的通电顺序，那么电动机就正向旋转；反之若按 AD→DB→BC→CA→… 的顺序换相，那么电动机就反向旋转。每改变一次通电状态，字车步进电动机就正向或反向转动一步。

下面以 A、B 两相为例来说明驱动电路。

假设一开始 8042 的 P21 线输出高电平，经 IIC（74LS04）反相后送到 13C（μPA79C）的 4 脚。μPA79C 是一种达林顿电路，具有很高的电流放大系数，它把 4 脚输入的低电平反相放大后送到 IC2（STK6982）的 5 脚，即 IA 输入端。STK6982 是一种专门用于驱动步进电动机的集成电路，其内部电路如图 4-46 所示。IA 输入接到 STK6982 内部的 VT_2 功率驱动管的基极，高电平使其导通，VT_2 集电极通过 4 脚输出连到字车步进电动机的 A 相线圈 LA上，使线圈 LA 通电。与此同时，P21 这个高电平经过 13C 反相后成为低电平连到 STK6982的 IB 输入端，IB 连到 VT_3 的基极，低电平使 VT_3 截止，线圈 LB 无电流通过。反之，若8042 的 P21 线输出低电平，那么 VT_2 截止，VT_3 导通，线圈 LB 通电而线圈 LA 无电流通过。

C、D 两相和 A、B 两相类似，由 8042 的 P20 来控制它们的导通，STK6982 中的 VT_8 驱动线圈 LC，VT_7 驱动线圈 LD。

在 LQ–1500 打印机中，每相控制绕组的直流电阻仅 4Ω 左右，若不加限制，驱动电流可达 6A，这将造成步进电动机和晶体管的损坏。为了达到既能提高步进电动机的速率，又不造成元器件损坏的目的，在设计上应使 VT_2、VT_3、VT_8、VT_7 这 4 个晶体管工作在放大区而不进入饱和区。这将通过驱动电流取样、反馈及两路供电系统等办法实现。以 A、B 两相为例，其驱动功率管为 VT_2 和 VT_3，其发射极均通过 STK6982 的 8 脚引出，又通过 1.5Ω 的 R_1 连到 GP，即 24V 电源的负端，R_1 是 A、B 相绕组驱动电流的采样电阻，R_2 是 C、D 两相驱动电流的采样电阻。另外从图 4-45 可以看到 A、B 两相的供电端，一是连到 STK6982 的 2

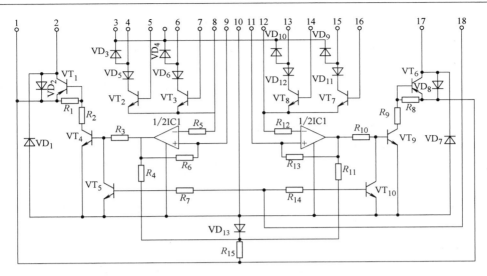

图 4-46　STK6982 内部电路

脚，VP 即 +24V 电源通过 VT$_1$ 对线圈供电，一是连在 VD$_{33}$，电源 VP 通过 56Ω 的电阻及 VD$_{33}$ 对线圈供电。工作时，8042 的 P21 送出高电平，起始 VT$_1$ 导通，VP 通过 VT$_1$、采样电阻 R_1 对线圈 LA 供电，电流以最大值为 6A 的趋势快速上升，使步进电动机很快产生要求的转矩，达到提高步进速率的目的。同时，电流采样电阻 R_1 上的压降也很快上升，当电流接近 0.9A 时，也即 R_1 上的压降达到 1.3V 左右，IC1 电压比较器的输入电压 U_- 就大于 U_+，其输出为低电平，使 TR4 截止，进而使 TR1 截止。从而使电源 VP 通过 TR2、56Ω 电阻及 VD$_{33}$ 对线圈供电，此时线圈 LA 中的电流下降。当下降到 0.5A 左右时 $U_- < U_+$，IC1 再次输出高电平，VT$_1$ 又导通，再次对线圈 LA 供电，电流又重新上升。这样就使线圈 LA 中的电流限制在 0.5 ~ 0.9A 之间。

当步进电动机处于锁定状态时，它要求的力矩较小，因此可降低线圈中的电流。这时 8042 就在 P22 端送出一个高电平到 STK6982 的引脚 HOLD 端，即保持端。这个高电平使 VT$_5$ 和 VT$_{10}$ 导通，造成 VT$_4$ 和 VT$_9$ 截止，进而使 VT$_1$ 和 VT$_6$ 截止。此时导通的线圈仅由 VP 通过 56Ω 的电阻供电，因此每个线圈只通过 0.2A 左右的保持电流。这里采用了大电流运行、小电流保持的工作方式，当步进电动机运行时，必须先撤销这个保持信号。

LQ – 1500 打印机的进纸机构也是由四相步进电动机驱动的，其控制电路原理与字车步进电动机类似，也是按四相双四拍方式工作。其速率低、功率小，线圈直流电阻为 45Ω。与字车步进电动机的差别是采用了高电压运行、低电压保持的工作方式，运行时用 24V 电源提供驱动电流，锁定时用 5V 电源提供保持电流。

思考题与习题

1. 简述反应式步进电动机的结构特点与基本工作原理。

2. 何谓拍？单拍制和双拍制有何区别？

3. 何谓步距角？有几种表示法？相互关系如何？

4. 影响步距角大小的因素有哪些？步距角大小对电动机性能又有哪些影响？

5. 什么叫作矩角特性? 什么叫作矩角特性曲线族?

6. 何谓静稳定区、动稳定区和稳定裕度? 它们与步距角有什么关系?

7. 何谓运行矩频特性和运行频率? 何谓起动矩频特性、起动惯频特性和起动频率?

8. 负载转矩和转动惯量对起动频率和运行频率有何影响? 为什么连续运行频率比起动频率高?

9. 静态转矩最大值与哪些因素有关? 试求三相、四相和六相步进电动机两相通电时和一相通电时最大静转矩的比值。

10. 步进电动机的步距角小、最大静转矩大时, 起动频率和运行频率高还是低? 为什么?

11. 步进电动机为什么会发生振荡现象? 什么条件下易发生共振和丢步现象? 如何避免?

12. 综述步进电动机的主要技术指标及其含义。

13. 反应式、永磁式和永磁感应子式步进电动机工作原理上有何异同点?

14. 一台三相反应式步进电动机, 转子齿数为 50, 试求步进电动机三相三状态和三相六状态运行时的步距角。

15. 一台五相反应式步进电动机, 其步距角为 1.5°/0.75°, 试问该电动机的转子齿数是多少?

16. 一台五相反应式步进电动机, 当采用五相十拍运行方式时, 步距角为 1.5°, 若电源脉冲频率为 3000Hz, 试问电动机的转速是多少?

17. 一台四相步进电动机, 若单相通电时矩角特性为正弦形, 其幅值为 T_{sm}, 试求:

（1）四相八拍运行方式时一个循环的通电顺序, 并画出各相控制电压波形图;

（2）两相同时通电时的最大静转矩;

（3）分别做出单相及两相通电时的矩角特性;

（4）四相八拍运行方式时的起动转矩。

18. 一台五相十拍运行的步进电动机, 转子齿数 $Z_r = 48$, 在 A 相中测得电流频率为 600Hz, 试求:

（1）电动机的步距角;

（2）转速;

（3）设单相通电时矩角特性为正弦形, 其幅值为 30N · m, 求三相同时通电时的最大静转矩 $T_{sm(ABC)}$。

19. 步进电动机的驱动电源有哪几种类型? 各有什么特点?

第 5 章　测速发电机

5.1　概述

测速发电机是一种把转子转速转换为电压信号的机电式元件。它的输出电压与转速成正比关系，即

$$U_a = Kn \tag{5-1}$$

或

$$U_a = K'\Omega = K'\frac{\mathrm{d}\theta}{\mathrm{d}t} \tag{5-2}$$

式中，U_a 为测速发电机的输出电压；n 为测速发电机的转速；Ω 为测速发电机的角速度；θ 为测速发电机转子的转角（角位移）；K、K' 为比例系数。

式（5-1）说明，测速发电机的输出电压能表征转速，因而可用来测量转速，故得名测速发电机。式（5-2）说明，测速发电机的输出电压正比于转子转角对时间的微分，因此在解算装置中可以把它作为微分或积分元件。所以在自动控制系统和计算装置中，测速发电机可以作为测速元件、校正元件、解算元件和角加速度信号元件。

按结构和工作原理的不同，测速发电机分为直流测速发电机、感应测速发电机和同步测速发电机。近年来还有采用新原理、新结构研制的霍尔效应测速发电机等。

自动控制系统对测速发电机的基本要求是：

1）输出电压应与转速成正比且比例系数要大。

2）转动惯量小。

此外，还要求它对无线电通信干扰小、噪声低、工作可靠等。

5.2　直流测速发电机

按励磁方式不同，直流测速发电机可分为电磁式和永磁式两大类。其结构和工作原理与普通直流发电机基本相同，图 5-1 是电磁式直流测速发电机的原理电路。

5.2.1　输出特性

直流测速发电机的输出特性是指输出电压 U_a 与输入转速 n 之间的函数关系。

当直流测速发电机的输入转速为 n 且励磁磁通恒定不变时，电枢电动势可写为

$$E_a = C_e n\Phi = K_e n$$

即输出电压与转速成正比。

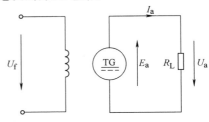

图 5-1　直流测速发电机原理电路

当接负载时，电压平衡方程式为

$$U_a = E_a - I_a R_a \tag{5-3}$$

由于负载电流 $I_a = U_a/R_L$，代入式（5-3）并整理得

$$U_a = \frac{E_a}{1 + R_a/R_L} \tag{5-4}$$

或

$$U_a = \frac{C_e \Phi n}{1 + R_a/R_L} \tag{5-5}$$

式（5-5）是测速发电机负载时输出电压与转速的关系。可以看出，只要保持 Φ、R_a、R_L 不变，U_a 与 n 之间就能成正比关系。当负载 R_L 变化时，将使输出特性斜率发生变化。图 5-2 是不同负载时的理想输出特性。显然，当负载 R_L 的阻值减小时，在同一转速下，其输出电压将降低。

改变转子转向，U_a 的极性随之改变。

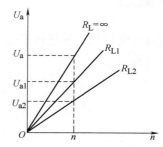

图 5-2　不同负载时的理想输出特性

5.2.2　直流测速发电机的误差及其减小方法

在实际运行中，$U_a \sim n$ 之间并不能严格地保持正比关系，实际特性曲线将偏离由式（5-5）所确定的线性关系，即出现误差。现在分析产生误差的主要原因和解决方法。

1. 电枢反应的影响

当发电机带上负载后，电枢中有电流 I_a 通过，故产生电枢磁场。电枢磁场的大小与电枢电流 I_a 有关，方向与励磁磁场正交。由于电枢磁场的存在，使气隙中的合成磁场产生畸变，这种作用称为电枢反应。

电枢反应的影响可通过图 5-3 来说明，图 5-3a 是定子励磁绕组产生的主磁场。当转子顺时针旋转时，电枢绕组产生的电枢磁场如图 5-3b 所示，在半个极下电枢磁通和主磁通同向，另外半个极下电枢磁通与主磁通反向，因此合成磁场的磁密在半个极下加强了，在另外半个极下削弱了，在整个极下合成磁场被扭斜了，如图 5-3c 所示。通常电机的磁路都处于饱和状态，使得同样的磁动势在不同饱和程度下产生的磁通不同。在图 5-4 中，N 极的左半

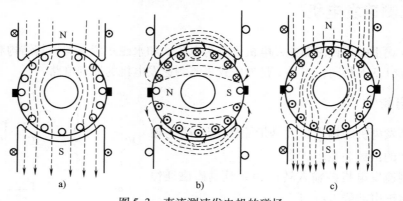

图 5-3　直流测速发电机的磁场

a）主磁场　b）电枢磁场　c）气隙合成磁场

极下合成磁动势 $F'_0 = F_0 - F_a$（式中 F_0 为一个极下的励磁磁动势，F_a 为电枢磁动势），右半极下合成磁动势为 $F''_0 = F_0 + F_a$，它们产生的磁通分别为 Φ' 和 Φ''。虽然两半极下磁动势的加减量相同，但因两部分磁路的饱和程度不同，其磁通的加减量也不同，$\Delta\Phi' > \Delta\Phi''$。因此 N 极总的磁通 Φ 有所减小。同理，S 极的情况也是如此。

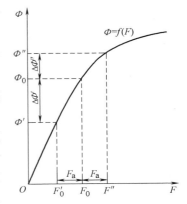

图 5-4　电机的磁化曲线

由此可知，电枢反应对主磁场有去磁效应。所以，即使电机励磁电流不变，其空载时（$I_a = 0$）的磁通 Φ_0 也会大于负载时（$I_a \neq 0$）的合成磁通 Φ。因此在相同的转速下，空载时的感应电动势 E_{a0} 大于负载时的感应电动势 E_a，而且负载电阻值越小或转速越高，负载电流就越大，磁通被削弱得越多。由式（5-5）可知，输出特性偏离直线越远，非线性误差越大，如图 5-5 所示。

为了减小电枢反应对输出特性的影响，在直流测速发电机的技术条件中标有最高转速和最小负载电阻值。在使用时，转速不得超过最高转速，所接负载不得小于给定的电阻值，以保证非线性误差较小。

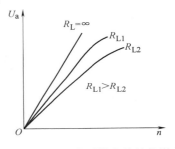

图 5-5　电枢反应对输出特性的影响

2. 延迟换向的影响

电枢绕组元件的电流方向是以电刷为分界线的。当电枢绕组元件从一条支路经过电刷进入另一条支路时，其电流便由 $+i_a$ 变成 $-i_a$。但是当元件经过电刷而被电刷短路的瞬间，它的电流既不是 $+i_a$ 也不是 $-i_a$，而是处于由 $+i_a$ 变到 $-i_a$ 的过渡过程中。这个过程叫作元件的换向过程，进行换向过程的元件叫作换向元件，换向元件从开始换向到换向终了所经历的时间称为换向周期 T_K。

在换向周期内换向元件将产生两种电动势：

1）电抗电动势 e_L：在换向周期 T_K（几个 ms）内，换向元件电流从 $+i_a$ 到 $-i_a$，所以，换向元件中有感应电动势 $e_L = -L_s \dfrac{\mathrm{d}i}{\mathrm{d}t} \approx -L_s \dfrac{2i_a}{T_K}$。根据楞次定律可知，$e_L$ 的方向与换向前电流方向一致。

2）旋转电动势 e_a：换向元件位于几何中线上，该处主磁场为 0，但存在电枢磁场 B_a，换向元件切割 B_a 产生电动势 e_a，通过分析图 5-3b 可知，e_a 的方向也与换向前电流方向一致。

因此，换向元件中总电动势为 $e_K = e_L + e_a$。e_K 阻碍电流变化，使换向延迟，称为延迟换向。由于换向元件被电刷短路，e_K 在换向元件中产生与其方向一致的附加电流 i_K，i_K 产生磁通 Φ_K，Φ_K 对主磁通起去磁作用，如图 5-6 所示，这样的去磁作用叫作延迟换向去磁。

由于直流测速发电机的输出电压随转速的升高而增大，因此当其负载电阻一定时，它的电枢电流 I_a 及其绕组元件电流 i_a 也随转速的升高而增大；另外，电机转速越高，其换向周期越短。所以 $e_L \propto n^2$，$e_a \propto n^2$，因此延迟换向去磁磁通也与转速的二次方成正比（$\Phi_K \propto n^2$）。这样一来输出特性便呈现出图 5-5 所示的形状。所以直流测速发电机的转速上限主要是受延迟换向去磁效应的限制。

为提高测速发电机输出特性的线性度，对小容量电机，通常采用限制最高转速的措施来减小延迟换向去磁效应的影响。这与限制电枢反应去磁作用的措施是一致的，即规定测速发电机的最高工作转速。

3. 温度的影响

从关系式 $U_a = C_e \Phi n / (1 + R_a / R_L)$ 可知，使 U_a、n 保持线性关系的条件之一是磁通 Φ 恒定。但在实用中，发电机本身会发热，而且环境温度也是变化的。例如，铜导线的温度系数 $a = 0.0041/℃$，$20℃$ 时，铜的电阻率为 $0.0175 \times 10^{-6} \Omega \cdot m$；$45℃$ 时，其电阻率变为 $\rho_{45} = \rho_{20} +$

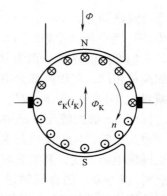

图 5-6　换向元件中的电动势方向

$\rho_{20} (t_2 - t_1) a = 0.01925 \times 10^{-6} \Omega \cdot m$。这就是说，温度增加 $25℃$，绕组电阻增加了 10%，励磁绕组电阻的增大会引起励磁电流减小，磁通也随之减小，输出电压降低。反之，当温度下降时，输出电压便升高。解决方法如下：

1）励磁回路串联热敏电阻并联网络，如图 5-7 所示。热敏电阻应具有负的温度系数，当温度增加时，并联网络电阻的减小补偿了励磁绕组电阻的增加，励磁回路总电阻基本不变。

2）励磁回路串联阻值较大的附加电阻 R，R 用温度系数很小的锰镍或镍铜合金制成。当温度增加时，励磁回路总电阻 $(R + R_f)$ 变化甚微。

3）将磁路设计得比较饱和，电流变化较大时，磁通变化很小。

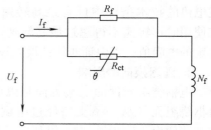

图 5-7　励磁绕组补偿电路

4. 纹波的影响

根据 $E_a = C_e \Phi n$，当 Φ、n 为定值时，电刷两端输出不随时间变化的直流电动势。然而，实际的电机并非如此，其输出电动势总是带有微弱的脉动，通常把这种脉动称为纹波。

纹波的大小和频率与电枢绕组的元件数有关，元件数越多，其脉动的频率越高，幅值越小。但由于工艺所限，电枢的槽数和换向片数不可能做得很多，因此纹波电压是不可避免的。

纹波电压的存在对于测速发电机是不利的，当用于转速控制或阻尼元件时，对纹波电压的要求较高，而在高精度的解算装置中则要求更高。所以近代实用测速发电机在设计、结构以及制造工艺上都采取了一系列措施来减小纹波电压的幅值，以降低纹波系数。所谓纹波系数是指在一定转速下，输出电压中交变分量的有效值与直流分量之比。目前国产测速发电机已做到纹波系数小于 1%，国外高水平测速发电机纹波系数已降到 0.1% 以下。

5. 电刷接触压降 ΔU_b 对输出特性的影响

输出特性 $U_a = f(n)$ 为线性关系的另一个条件是电枢回路的总电阻 R_a 为恒值。实际上，R_a 中包含的电刷与换向器之间接触电阻不是常数，随转速和电流的变化而变化。当电枢电流很小，转速很低时，接触电阻为恒值，其接触压降与电枢电流则成正比关系；当电流稍大，转速稍高时，接触电阻开始下降，而接触电压 ΔU_b 则基本不变，其随 i_a 的变化规律如

图 5-8 所示。当 i_a 很小时，随着 i_a 的增大，ΔU_b 急剧增大，而后当 i_a 再增加时，ΔU_b 则不变，可近似认为常数。通常电刷接触压降 ΔU_b 是指正负电刷下的总压降。ΔU_b 的大小及变化与电刷和换向器的材料、电刷的电流密度、电流方向、电刷单位面积上的压力、接触表面的温度、换向器圆周上的线速度、换向器表面上的化学状态及机械方面的因素等密切相关。各种牌号的电刷在技术数据中都标明其 ΔU_b 的数值。

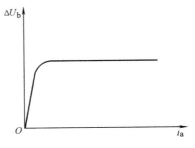

图 5-8　电刷接触电压 $\Delta U_b = f(i_a)$

考虑到电刷接触电压 ΔU_b 的影响，输出特性的方程式可改写为

$$U_a = E_a - I_a R_a = E_a - I_a R_W - \Delta U_b$$

即

$$U_a = \frac{C_e \Phi n - \Delta U_b}{1 + R_W / R_L} \qquad (5\text{-}6)$$

式中，R_W 为电枢回路中除电刷接触电阻外的总电阻；ΔU_b 为电刷的接触电压降。

根据式（5-6）以及上述 ΔU_b 和电流的关系，就可以得出考虑电刷接触压降后直流测速发电机的输出特性，如图 5-9 所示。

由图 5-9 可见，在转速较低时，输出特性上有一段斜率显著下降的区域。此区域内，测速发电机虽有输入信号（转速），但输出电压很小，对转速的反应很不灵敏，所以此区域称为不灵敏区 n_{dz}。

为了减少电刷接触压降的影响，缩小不灵敏区，在直流测速发电机中，常常采用接触压降较小的银－石墨电刷。在高精度的直流测速发电机中还采用铜电刷，并在它和换向器接触表面上镀上银层，使换向器不易磨损。

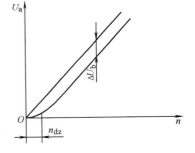

图 5-9　考虑电刷接触压降后的输出特性

如上所述，电刷和换向器的接触情况还与化学、机械等因素有关，它们引起电刷和换向器滑动接触的不稳定性以至使电枢电流含有高频尖脉冲。为了减少这种无线电频率的噪声对邻近设备和通信电缆的干扰，常常在测速发电机的输出端连接滤波电路。

5.2.3　直流测速发电机的主要性能指标

直流测速发电机作为测量元件在自动控制系统中获得了广泛的应用，并对它提出了一系列的技术性能方面的要求。随着控制系统对精度要求的提高，对测速发电机的各种性能指标也提出了更高的要求。

1. 线性误差 δ_l

线性误差 δ_l 是在工作转速范围内，实际输出特性曲线与过 OB 的线性输出特性之间的最大差值 ΔU_m 与最高线性工作转速 n_{max} 在线性特性曲线上对应的线性电压 U_m 之比。即

$$\delta_l = \frac{\Delta U_m}{U_m} \times 100\%$$

在图 5-10 中，B 点为 $n = \dfrac{5}{6} n_{\max}$ 时实际输出特性的对

应点。一般 δ_1 为 $1\% \sim 2\%$，对于精密系统要求 δ_1 为 $0.1\% \sim 0.25\%$，它是恒速控制系统或作为解算元件使用时选择测速发电机的重要性能指标。

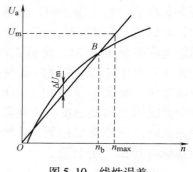

图 5-10　线性误差

2. 灵敏度

灵敏度也称输出斜率，是指在额定励磁电压下，转速为 $1000\mathrm{r/min}$ 时所产生的输出电压。一般直流测速发电机空载时输出电压可达 $10 \sim 20\mathrm{V}$。测速发电机作为阻尼元件使用时，灵敏度是其重要的性能指标。

3. 最高线性工作转速 $n_{\max}$ 和最小负载电阻 R_{Lmin}

最高线性工作转速 $n_{\max}$ 和最小负载电阻 R_{Lmin} 是保证测速发电机工作在允许的线性误差范围内的两个使用条件。

4. 不灵敏区 n_{dz}

由电刷接触压降 ΔU_{b} 而导致输出特性斜率显著下降（几乎为零）的转速范围。该性能指标在超低速控制系统中是重要的。

5. 输出电压的不对称度 K_{as}

输出电压的不对称度 K_{as} 是指在相同转速下，测速发电机正、反转时，输出电压绝对值之差 ΔU_2 与两者平均值 U_{av} 之比，即

$$K_{\mathrm{as}} = \frac{\Delta U_2}{U_{\mathrm{av}}} \times 100\%$$

这是由电刷不在几何中性线上或存在剩余磁通造成的。一般 K_{as} 在 $0.35\% \sim 2\%$ 范围内，对要求正、反转的控制系统需考虑该指标。

6. 纹波系数 K_α

纹波系数 K_α 是指测速发电机在一定转速下，输出电压中交流分量的有效值与直流分量之比。目前可做到 $K_\alpha < 1\%$，高精度速度伺服系统对 K_α 的要求是其值应尽量小。

上述主要性能指标是选择直流测速发电机的依据。但在不同系统中起不同作用时各项技术要求也不同。

5.3　感应测速发电机

交流测速发电机分为同步测速发电机和感应测速发电机两大类。同步测速发电机定子输出绕组感应电动势的大小和频率都随转速 n 的变化而变化，致使电机本身的内阻抗和负载阻抗的大小也随转速而改变，所以不宜用于自动控制系统中。而感应测速发电机定子输出绕组感应电动势频率则恒为励磁电源的频率，与转速无关，仅大小与转速成正比，这正是自动控制系统所要求的。因此，本节只讨论感应测速发电机。

5.3.1　结构特点

感应测速发电机的定子上有两相正交绕组，其中一相接电源励磁，另一相则用作输出电

压信号。转子有笼式和非磁性空心杯式两种。笼型转子感应测速发电机的输出斜率大，但特性差、误差大、转子惯量大，一般只用在精度要求不高的系统。空心杯形转子感应测速发电机的惯量小、精度高、快速性好，适合使用在小功率随动系统和解算装置中，是目前应用最广泛的一种交流测速发电机。

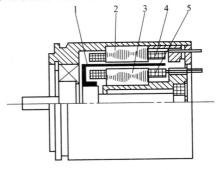

杯形转子感应测速发电机转子通常采用高电阻率的磷青铜、硅锰青铜和锡锌青铜等非磁性材料做成空心杯形。在小机座号的电机中，一般把两相定子绕组都放在内定子上；在机座号较大的电机中，常把励磁绕组放在外定子上，输出绕组放在内定子上，空间仍保持90°的相角差。杯形转子感应测速发电机的结构如图 5-11 所示。

图 5-11　杯形转子感应测速发电机结构

1—杯形转子　2—外定子铁心

3—内定子铁心　4、5—定子绕组

5.3.2　工作原理

空心杯形转子感应测速发电机的工作原理如图 5-12 所示。图中 N_f 为励磁绕组，N_2 为正交的输出绕组。转子为非磁性空心杯，杯壁可看成是无数条鼠笼导条紧密靠在一起排列而成。

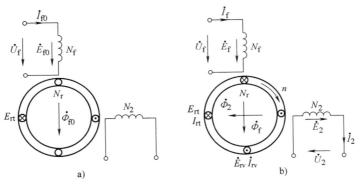

图 5-12　感应测速发电机工作原理

a) 转子静止　b) 转子旋转

当转子静止，即 $n=0$ 时，若在励磁绕组上加频率为 f_1 的励磁电压 U_f，由于 N_f 中流过电流 I_f，在气隙中产生频率为 f_1 的脉振磁场，其轴线在 N_f 的轴线上，它产生的磁通 $\dot{\Phi}_{f0}$ 与励磁绕组和转子杯导体相匝链，并以频率 f_1 交变，于是构成了一台以励磁绕组 N_f 为一次绕组和以转子导体构成的绕组 N_r 为二次绕组的变压器。由 $\dot{\Phi}_{f0}$ 在 N_f 和 N_r 中感应出的电动势称为变压器电动势，其大小为

$$E_{f0} = 4.44 f_1 k_{wf} N_f \Phi_{f0}$$

$$E_{fr} = 4.44 f_1 k_{wr} N_r \Phi_{f0}$$

当忽略励磁绕组的电阻和漏电抗后，由变压器电压平衡方程式可知

$$U_f \approx E_{f0} \propto \Phi_{f0}$$

$$(5-7)$$

这说明当电源电压 U_f 一定时，磁通 Φ_{f0} 也保持不变。由图 5-12a 看出，磁通 $\dot{\Phi}_{f0}$ 只在 N_f 和

N_r 中感应电动势，因 $\dot{\Phi}_{f0}$ 脉振轴线与输出绕组 N_2 正交，所以在 N_2 之中不产生电动势。可见，当输入转速 $n = 0$ 时，输出电压 U_2 也为零，没有信号电压输出，即 $U_2 = 0$。

当转子以转速 n 旋转时，励磁绕组和转子导体中仍有变压器电动势感应。此外，由于转子旋转，转子导体切割励磁磁场还产生旋转电动势。由式（5-7）知，由于励磁电压 U_f 不变，励磁磁通的幅值仍为 Φ_{f0}。在图 5-12b 所示瞬间，转子导体切割励磁磁场产生的旋转电动势为

$$E_{rv} = 4.44 f_v k_{wr} N_r \Phi_{f0} = 4.44 k_{wr} N_r \Phi_{f0} \frac{p}{60} n = k_1 \Phi_{f0} n \qquad (5-8)$$

式中，k_1 为电动势常数，$k_1 = 4.44 k_{wr} N_r \dfrac{p}{60}$。

由于电动势 $E_{rv} \propto \Phi_{f0} n$，励磁磁通又是以电源频率 f_1 在 N_f 轴上脉振的交变磁通，所以转子旋转电动势是以 f_1 为频率的交变电动势。若转子旋转方向为顺时针，则感应电动势 e_{rv} 的方向如图 5-12b 杯环中所示，上半为流入纸面，下半为流出纸面。

由于杯形转子相当于导条端部短路的转子绕组，在导条中有电流产生，又因导条的电阻较大，相比其漏电抗 X_r 可以忽略，因而转子电流 $\dot{I}_{rv}$ 与电动势 $\dot{E}_{rv}$ 相位相同，因此 $I_{rv} \propto E_{rv} \propto \Phi_{f0} n$，自然 $\dot{I}_{rv}$ 也是以频率 f_1 交变的电流。

同时，转子电流又产生磁场，按右手螺旋法则，由 I_{rv} 产生磁通 Φ_2 在空间的方向为与 Φ_{f0} 正交，即在输出绕组 N_2 轴上，并以电流 $\dot{I}_{rv}$ 的频率 f_1 脉振。其大小有

$$\Phi_2 \propto I_{rv} \propto \Phi_{f0} n \qquad (5-9)$$

交变的 Φ_2 在 N_2 中产生感应电动势：$E_2 = 4.44 f_1 k_{w2} N_2 \Phi_2$。所以，忽略 N_2 中的漏阻抗压降有：$U_2 \approx E_2 \propto \Phi_{f0} n$，或

$$U_2 = kn \qquad (5-10)$$

综上所述，感应测速发电机的理想空载输出电压有下列特点：

1）$\dot{U}_2$ 与 $\dot{U}_f$ 的频率相同。

2）$\dot{U}_2$ 与 $\dot{U}_f$ 相位相同或相反（改变转向，$\dot{E}_{rv}$、$\dot{I}_{rv}$、$\dot{\Phi}_2$ 的相位都变化 $180°$，故 $\dot{U}_2$ 的相位改变 $180°$）。

3）U_2 与转速 n 成正比。

5.3.3　感应测速发电机的输出特性

感应测速发电机的输出特性是指当转轴上有转速信号 n 输入时，定子输出电压 $\dot{U}_2$ 的大小和相位随转速的变化关系，即电压幅值特性和电压相位特性。

1. 电压幅值特性

当励磁电压 U_f 和频率 f_1 为常数时，感应测速发电机输出电压 U_2 的大小与转速 n 的函数关系，即 $U_2 = f(n)$，称为测速发电机的电压幅值特性。

式（5-10）为理想状态下测速发电机电压的表达式，其输出特性为过原点的一条直线，如图 5-13 曲线 1 所示。实际特性由于各绕组漏阻抗和磁通等都有些变化，使输出电压的大小与转速不是严格的直线关系，如图 5-13 中曲线 2 所示。影响输出电压线性度的因素是本章的重点内容之一，在下面将做具体分析。

2. 电压相位特性

当励磁电压 U_f 和频率 f_1 为常数时，感应测速发电机输出电压 $\dot{U}_2$ 与励磁电压 $\dot{U}_f$ 之间的相位差 φ 与输入转速 n 的函数关系，即 $\varphi = f(n)$，称为测速发电机的电压相位特性，如图 5-14 所示。

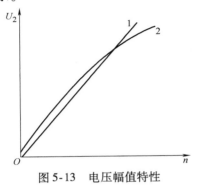

图 5-13　电压幅值特性

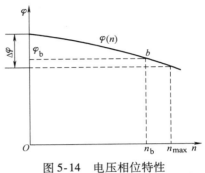

图 5-14　电压相位特性

在自动控制系统中，希望测速发电机的输出电压和励磁电压相位相同。实际上，测速发电机的输出电压和励磁电压之间总是存在着相位移，并且相位移的大小随着转速的改变而变化。下面将分析误差产生的原因及补偿措施。

5.3.4　感应测速发电机的主要技术指标及误差分析

表征感应测速发电机性能的主要技术指标有线性误差、相位误差、剩余电压和输出斜率。

1. 线性误差及分析

（1）线性误差的定义

在额定励磁条件下，测速发电机在最大线性工作转速范围内，实际输出电压与理想线性输出电压的最大绝对误差 ΔU_{max} 与线性输出电压特性所对应的最大输出电压 U_{2m} 之比，称作线性误差 δ_1，即

$$\delta_1 = \frac{\Delta U_{max}}{U_{2m}} \times 100\% \qquad (5-11)$$

为表示感应测速发电机的线性误差，工程上是把实际电压输出特性上对应于 $\sqrt{3}/2\, n_{max}$ 的补偿点 b 点与原点 O 连成直线，作为理想线性输出特性，U_{2m} 为该线性特性对应于最高工作转速 n_{max} 的最高电压，如图5-15所示。

感应测速发电机在控制系统中的用途不同，对线性误差的要求也不同。一般作为阻尼元件时，允许线性误差可大些，约为千分之几到百分之几；而作为解算元件时，线性误差必须很小，约为万分之几到千分之几。目前高精度感应测速发电机线性误差为 0.05% 左右。

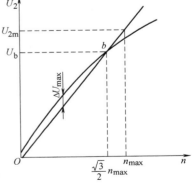

图 5-15　线性误差

（2）线性误差产生的原因

在叙述感应测速发电机的工作原理时，忽略了定子漏阻抗 Z_f，即励磁绕组的电阻 $r_f = 0$

和漏电抗 $x_f = 0$，认为 $U_f = E_f$，即 $\Phi_f = \Phi_{f0}$ 不变，以及忽略转子杯导条的漏电抗 x_r，从而使 Φ_2 在 N_2 绕组轴线上脉振。若考虑这些因素，直轴磁通 Φ_f 的大小是变化的，破坏了 U_2 与 n 成正比的关系，产生了线性误差。

1）励磁绕组的漏阻抗 Z_f 引起直轴磁通 Φ_f 的变化，考虑 Z_f 之后励磁绕组的电压平衡方程式为

$$\dot{U}_f = -\dot{E}_f + \dot{I}_f Z_f \tag{5-12}$$

由于感应电动势 $\dot{E}_f$ 的大小正比于磁通 Φ_f，而其相位比 $\dot{\Phi}_f$ 落后90°，因此可写成

$$\dot{E}_f = -jk_1\dot{\Phi}_f = -k\dot{\Phi}_f \tag{5-13}$$

式中，$k_1 = 4.44 f_1 k_{wf} N_f$ 为比例常数；$k = jk_1$ 为复数比例常数。

将式（5-13）代入式（5-12）可得

$$\dot{U}_f = k\dot{\Phi}_f + \dot{I}_f Z_f$$

因而

$$\dot{\Phi}_f = \frac{\dot{U}_f - \dot{I}_f Z_f}{k} \tag{5-14}$$

因为励磁绕组和转子杯之间的关系相当于变压器一、二次绕组之间的关系，所以当转子杯中感应电流随转速的变化而变化时，作为变压器一次电流 $\dot{I}_f$ 也必将随二次侧转子导条电流 $\dot{I}_r$ 的变化而变化。由式（5-14）知，当转速变化时，漏阻抗压降 $\dot{I}_f Z_f$ 也随着变化，引起直轴磁通 $\dot{\Phi}_f$ 也随着变化。

2）转子杯绕组漏电抗 x_r 产生的直轴去磁效应。当忽略转子漏电抗 x_r 时，转子导条中电流 $\dot{I}_{r2}$ 与切割直轴磁通 $\dot{\Phi}_f$ 产生的感应电动势 $\dot{E}_{rv}$ 同相位，其方向如图5-16中的内圈符号所示。由该电流产生的磁场为交轴的，磁通 $\dot{\Phi}_2$ 与 $\dot{\Phi}_f$ 在空间上正交。当考虑 x_r 时，电流 $\dot{I}_{r3}$ 将在时间相位上落后 $\dot{E}_{rv}$ 一个角度 θ。在同一瞬时，转子杯导条中电流方向的空间分布如图5-16中的外圈符号所示。这样，电流 I_{r3} 所产生的磁通 Φ_3 在空间与 Φ_f 不正交，可将其分解成交轴分量 Φ_2 和直轴分量 Φ'_2。由图5-16看出，由于 x_r 引起电流滞后，所产生的磁通在直轴上的分量 Φ'_2 与 Φ_f 是反方向的，因此起去磁作用。

3）交轴磁通 Φ_2 在直轴上的去磁效应。当转子旋转时，除切割直轴磁通 Φ_f 外，同时也切割交轴磁通 Φ_2。根据 Φ_2 和 n 的方向，按右手定则，切割电动势 E'_{rv} 和电流 I'_{rv}（为简化起见仍不计 x_r 的影响）方向如图5-17所示。显然 I'_{rv} 产生的磁通 Φ''_2 在直轴上，且方向与 Φ_f 相反，其作用也是去磁的。

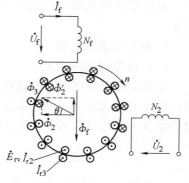

图5-16 转子漏电抗 x_r
对 Φ_f 的影响

由式（5-10）看出，输出电压 U_2 与转速 n 呈线性关系是以直轴磁通 Φ_f 不变为条件的。但根据上面的分析知道，当转速 n 改变时，励磁电流 I_f 及其漏阻抗压降 $I_f Z_f$ 发生变化，同时由于存在转子漏电抗 x_r 而产生的直轴去磁磁通分量 Φ'_2 和由旋转切割 Φ_2 产生的直轴去磁磁通分量 Φ''_2 都随之改变。因而在实际交流感应测速发电机中，磁通 Φ_f 不是恒值，而是随转速 n 的变化而变化的量，这样就破坏了输出电压 U_2 与转速 n 的线性关系，造成了线性误差。

为了减小线性误差，应尽可能地减小励磁绕组的漏阻抗 Z_f，并采用高电阻率材料制成

非磁性杯形转子，最大限度地减小转子漏电抗 x_r。

2. 相位误差及分析

（1）输出相位移和相位误差

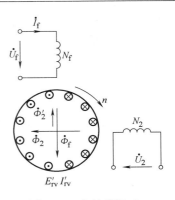

图 5-17　交轴磁通 Φ_2 对 Φ_f 的影响

感应测速发电机输出电压 $\dot{U}_2$ 与励磁电压 $\dot{U}_f$ 之间的相位差 φ，称为感应测速发电机的输出相位移。由于输出相位移 φ 随转速的改变而变化，所以国标规定，在额定励磁电压条件下，电机以补偿点 b 的转速 n_b 旋转时，输出电压的基波分量与励磁电压的基波分量之相位差 φ_b 作为感应测速发电机的输出相位移。并且规定，在额定励磁电压条件下，电机在最大线性工作转速范围内，输出电压基波分量相位随转速的变化值 $\Delta\varphi$ 称作相位误差，如图 5-14 所示。一般相位移为 $5° \sim 30°$，相位误差为 $0.5° \sim 1°$。

（2）输出相位移和相位误差产生的原因

感应测速发电机输出电压相位与励磁电压相位不一致的原因，可以由其基本电磁关系并借助图 5-18 所示的电压相量图进行分析。只要看一下图 5-18 的时间相量图就可以大致明了。图中 $\dot{\Phi}_f$ 为沿着励磁绕组轴线脉振的合成磁通，$\dot{E}_f$ 为磁通 $\dot{\Phi}_f$ 在励磁绕组中所产生的变压器电动势，其相位比 $\dot{\Phi}_f$ 落后 $90°$，$\dot{E}_{rv}$ 为转子导体切割磁通 $\dot{\Phi}_f$ 产生的切割电动势，其相位与磁通 $\dot{\Phi}_f$ 相同。在 $\dot{E}_{rv}$ 的作用下，产生滞后于 $\dot{E}_{rv}$ θ 角的转子电流 $\dot{I}_{rv}$，由 $\dot{I}_{rv}$ 产生的磁通 $\dot{\Phi}_2$ 应与 $\dot{I}_{rv}$ 同相位，因而也与 $\dot{\Phi}_f$ 相夹 θ 角。由于磁通 $\dot{\Phi}_2$ 的交变，在输出绕组中产生电动势 $\dot{E}_2$ 的相位应比 $\dot{\Phi}_2$ 落后 $90°$，而与 $\dot{E}_f$ 相夹 θ 角，其输出电压 $\dot{U}_2$ 就与 $-\dot{E}_f$ 相夹 θ 角。再根据电压平衡方程式（5-12），$-\dot{E}_f$ 加上励磁绕组的阻抗压降 $\dot{I}_f Z_f$ 与电源电压 $\dot{U}_f$ 相平衡。假定 $\dot{I}_f$ 与 $-\dot{E}_f$ 的夹角为 β，就可在 $-\dot{E}_f$ 上加 $\dot{I}_f r_f$ 和 $j\dot{I}_f x_f$，这样便得到 $\dot{U}_f$。由图可以看出，这时输出绕组产生的输出电压 $\dot{U}_2$ 与加在励磁绕组上电源

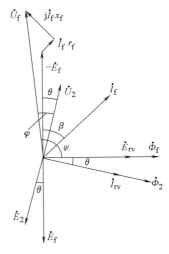

图 5-18　电压相量图

电压 $\dot{U}_f$ 不同相位，它们之间存在着相移，这个相移 φ 就是感应测速发电机的输出相位移。

如果磁通 $\dot{\Phi}_f$ 的相位不随转速而变化，也就是说，$\dot{U}_f$ 与 $\dot{\Phi}_f$ 之间相移角 ψ 一定，那么由于 $\varphi = \psi - 90° + \theta$，而 θ 是固定不变的，则相位移 φ 也不随转速而变。这种与转速无关的相位移称为固定相位移，是可以通过在励磁绕组中串入适当的电容来加以补偿的。但是值得注意的是，由式（5-14）可以看出，由于励磁绕组存在阻抗 Z_f，电流 $\dot{I}_f$ 的大小和相位都随转速而变，因而磁通 $\dot{\Phi}_f$ 相位也随转速而变，即相角 ψ 与转速有关，所以输出电压 $\dot{U}_2$ 与励磁电压 $\dot{U}_f$ 之间的相位移 φ 也随转速的变化而变化。图 5-14 画出了感应测速发电机输出电压相位移 φ 随转速的变化曲线，即相位特性 $\varphi = f(n)$。这种与转速有关的相位移是难以补偿的，造成了相位误差，如图 5-14 中的 $\Delta\varphi$。

（3）固定相位移的补偿

感应测速发电机输出电压与电源电压之间的固定相位移，可以通过在励磁绕组中串入适

当的电容来加以补偿，如图 5-19 所示。这时加在励磁绕组 N_f 上的电压不是电源电压 $\dot{U}_1$ 而是电压 $\dot{U}_f$，电源电压 $\dot{U}_1$ 与电容上的电压 $\dot{U}_C$ 及 $\dot{U}_f$ 相平衡，但是加在励磁绕组上的电压 $\dot{U}_f$ 仍然是与 $-\dot{E}_f$ 及阻抗压降 $\dot{I}_f Z_f$ 相平衡，因此电压相量图如图 5-20 所示。

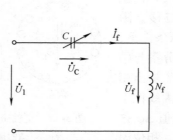

图 5-19　励磁回路串接的电容补偿

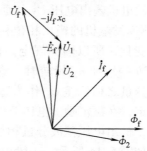

图 5-20　固定相位移补偿相量图

3. 剩余电压 U_r

理论上测速发电机在转速为零时输出电压应为零，但实际上当转速为零时输出电压并不为零，从而使控制系统产生误差。所谓剩余电压是指感应测速发电机在励磁绕组接额定励磁电压，转子静止时输出绕组中所产生的电压 U_r。

（1）剩余电压产生的原因

剩余电压产生的原因是多种多样的，归纳起来主要由两部分组成：一部分是固定分量 $\dot{U}_{ra}$，其大小与转子位置无关；另一部分是交变分量 $\dot{U}_{rv}$（又称波动分量），其值与转子位置有关，当转子位置变化（以电角度 α 表示）时，其值做周期性变化，如图 5-21 所示。

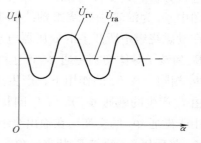

图 5-21　剩余电压的固定
分量和交变分量

1）固定分量。固定分量产生的原因主要是两相绕组不正交、磁路不对称、绕组匝间短路、铁心片间短路以及绕组端部电磁耦合等。图 5-22 所示为加工过程造成输出绕组 N_2 与励磁绕组 N_f 不正交，将励磁绕组接电源后，使励磁磁通与 N_2 不正交，将有部分磁通与 N_2 交链感应出电动势的情况。图 5-23 所示为由于加工不理想，使定子内孔成椭圆形而产生剩余电压的情况。此时因为气隙不均匀，而磁通又具有力图走磁阻最小路径的性质，因此当励磁绕组加上电压后，它所产生的交变磁通 Φ_f 的方向就不与励磁绕组轴线方向一致，而扭斜了一个角度，这样磁通 Φ_f 就与输出绕组相耦合，因而即使转速为零，输出绕组也有感应电动势出现，这就产生了剩余电压的固定分量。

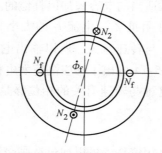

图 5-22　两绕组不正交

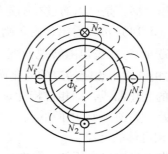

图 5-23　气隙不均匀

2）交变分量。产生交变分量的原因主要是由于转子结构的不对称性所引起的。如转子杯材料不均匀，杯壁厚度不一致等。实际上非对称转子作用相当于一个对称转子加上一个短路环的作用，如图 5-24 所示。其中对称转子不产生剩余电压，而短路环会引起剩余电压。因为励磁绕组产生的脉振磁通 Φ_f 会在短路环中感应出电动势 $\dot{E}_k$ 和电流 $\dot{I}_k$。因而沿着短路环轴线就会产生一个附加脉振磁通 Φ_k。当短路环的轴线与输出绕组轴线不成

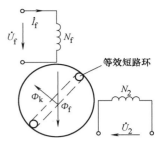

图 5-24　剩余电压的交变分量

90°时，脉振磁通 Φ_k 就会在输出绕组中感应出电动势，即产生剩余电压，显然这种剩余电压的大小是与转子位置有关的。若图 5-24 中短路环的轴线与输出绕组的轴线重合时，短路环中的 E_k、I_k 和 Φ_k 最小，所以在输出绕组中所感应出的剩余电压也最小；当短路环轴线与输出轴线垂直时，输出绕组中感应的剩余电压也为最小；而当短路环轴线与输出绕组轴线相夹 45°左右时，剩余电压为最大。这样，由于转子结构的不对称性就产生了如图 5-21 所示的随转子位置成周期性变化的剩余电压。

当发电机为四极时，由于转子和磁路的非对称性所引起的剩余电压可减到最小。图5-25 所示为一台四极发电机励磁绕组产生的脉振磁场，非对称性转子用一个对称转子和短路环代替。由图可见，当转子不动时，每一瞬间穿过短路环的两路脉振磁通的方向正好相反，因而在短路环中所感应的电动势和电流以及短路环产生的附加脉振磁通 Φ_k 都很小。这样的磁通 Φ_k 在输出绕组中产生的剩余电压就很小。同样道理，由于磁路不对称所产生的剩余电压在四极发电机中也有所减小。所以为了减小由于磁路和转子结构的不对称对性能的影响，杯形转子感应测速发电机通常是四极结构。

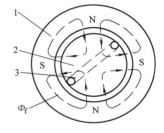

图 5-25　四极发电机的剩余电压
1—定子　2—转子杯　3—等效短路环

（2）剩余电压对系统的影响

剩余电压 $\dot{U}_r$ 的相位与励磁电压 $\dot{U}_f$ 的相位也是不同的，如图5-26 所示。这时可将 $\dot{U}_r$ 分解为两个分量：一个相位与 $\dot{U}_f$ 相同的称为同相分量 $\dot{U}_{rs}$；另一个相位与 $\dot{U}_f$ 成 90°的称为正交分量 $\dot{U}_{rq}$。剩余电压同相分量主要是由于输出绕组与励磁绕组间的变压器耦合所产生的，如绕组不正交、磁路不对称等原因都会使脉振磁通 Φ_f 既与励磁绕组又与输出绕组相匝链，如图 5-22 和图 5-23 所示。这时磁通 Φ_f 在两绕组中感应出的电动势，其相位是相同的，因而输出绕组中所产生的剩余电压 $\dot{U}_r$ 就与励磁电压 $\dot{U}_f$ 近似同相，如图 5-27 所示。

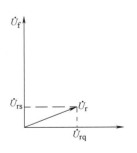

图 5-26　剩余电压的同相和正交分量

剩余电压的正交分量主要是由于定子绕组匝间短路或铁心片间短路、转子杯非对称性等原因所产生。图 5-28a 表示定子有一短路线匝 K，脉振磁通 $\dot{\Phi}_f$ 在短路线匝中感应出电动势 $\dot{E}_k$ 和电流 $\dot{I}_k$，因而也产生脉振磁通 $\dot{\Phi}_K$。当短路线匝 K 的轴线与输出绕组轴线不等于 90°时，$\dot{\Phi}_k$ 就在输出绕组中感应电动势 $\dot{E}_r$，也就产生了剩余电压 $\dot{U}_r$。由图 5-28b 的相量图可以看出，这时剩余电压 $\dot{U}_r$ 具有正交分量 $\dot{U}_{rq}$ 和同相分量 $\dot{U}_{rs}$。

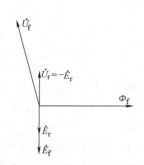

图 5-27　剩余电压的同相分量

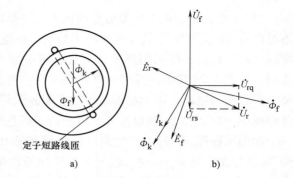

图 5-28　剩余电压正交分量的产生

a）定子绕组匝间短路分析示意图　b）对应的相量图

　　在自动控制系统中，剩余电压的同相分量将使系统产生误动作而引起系统的误差，正交分量会使放大器饱和及伺服电动机温升增大。

　　另外，由于导磁材料的磁导率不均匀、电机磁路饱和等原因，在剩余电压中还会出现高于电源频率的高次谐波分量，这个分量也会使放大器饱和及伺服电动机温升增大。

　　（3）降低剩余电压的措施

　　为了减小剩余电压，可将输出绕组与励磁绕组分开，把它们分别嵌在内、外定子的铁心上，此时内定子应做成相对于外定子能够转动的。当电机制造好后，在转子不动时将励磁绕组通上电源，慢慢地转动内定子，并观察输出绕组所产生的剩余电压的大小，直到调整到剩余电压最小，这时就用防松螺钉将内定子固定好。图 5-29 就是采用这种方法的示意图，为了消除图 5-23 所示的剩余电压，内定子应调整到图 5-29 所示的位置，这时励磁绕组产生的磁通 Φ_f 的方向就与输出绕组轴线相垂直，不再在其中感应出剩余电压。

　　此外，还经常采用补偿绕组来消除剩余电压。这种补偿绕组和励磁绕组相串联，但嵌在输出绕组的槽中，如图 5-30 所示。这样，在转子不动的情况下合上电源时，流过补偿绕组的电流所产生的磁通 Φ' 与输出绕组完全匝链，因而在输出绕组中又要感应出补偿电压。如果补偿绕组匝数选择

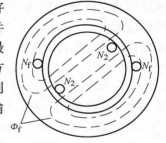

图 5-29　转动内定子
消除剩余电压

得恰当，使磁通 Φ' 产生的补偿电压与剩余电压大小相等，相位相反，则补偿电压可以完全抵消剩余电压。也可采用图 5-31 所示的串联移相电压补偿，或图 5-32 所示的磁通补偿。

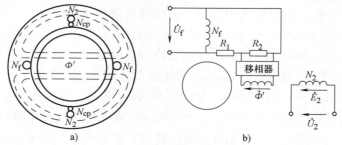

图 5-30　采用补偿绕组消除剩余电压

a）结构原理图　b）电路图

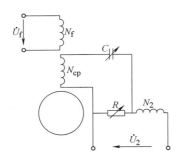

图 5-31　串联移相电压补偿电路图

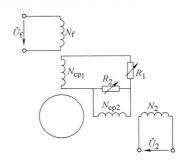

图 5-32　磁通补偿电路图

在实际使用中，除了依靠电机本身的结构来消除剩余电压外，还可以采用外接补偿装置，它产生的附加电压，大小接近于剩余电压的固定分量，而相位相反。图 5-33 为阻容电桥补偿法的原理图，调节图中 R_1 的大小可以改变附加电压的大小；调节电阻 R 的大小可以改变附加电压的相位，以达到完全补偿剩余电压的目的。

应该注意的是剩余电压中的交变分量是难以用补偿法把它除去的，只得依靠改善转子材料性能和提高转子杯加工精度来减小它。对于已制成的电机可以将转子杯进行修刮，使剩余电压波动分量减小到容许的范围。

目前感应测速发电机剩余电压可以做到小于 10mV，一般的约为十几毫伏到几十毫伏。

4. 输出斜率

与直流测速发电机一样，感应测速发电机的输出斜率是在额定励磁电压下，转速为 1000r/min 时的输出电压。输出斜率越大，输出特性上比值 $\Delta U_2 / \Delta n$（见图 5-34）越大，测速发电机对于转速变化的灵敏度就越高。但是与同样尺寸的直流测速发电机相比，交流测速发电机的输出斜率比较小，一般为 $0.5 \sim 5\text{V}/(\times 10^3 \text{r/min})$。

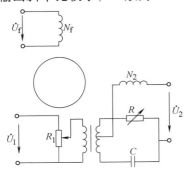

图 5-33　阻容电桥补偿电路图

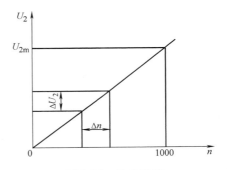

图 5-34　输出斜率

5.3.5　调整和使用

1. 负载的影响及补救措施

我们希望测速发电机在正常工作时，输出电压 $\dot{U}_2$ 仅为转速 n 的函数，不受负载 Z_L 的影响。但实际上，输出电压 $\dot{U}_2$ 的大小和相位不仅与负载 Z_L 的大小有关，而且还与 Z_L 的性质有关。欲正确地掌握和使用感应测速发电机，必须了解负载对输出电压的影响。

在图 5-35 所示的感应测速发电机输出回路等效电路中，仿照直流测速发电机可得

$$\dot{U}_2 = \frac{\dot{E}_2}{1 + \dfrac{r_2 + jx_2}{Z_L}} \qquad (5\text{-}15)$$

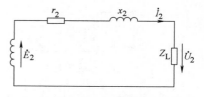

图 5-35　输出回路等效电路

（1）Z_L 为纯电阻负载

若感应测速发电机接纯电阻负载，则 $Z_L = R_L$ 代入式（5-15）并整理得

$$\dot{U}_2 = \frac{\dot{E}_2}{\sqrt{\left(1 + \dfrac{r_2}{R_L}\right)^2 + \left(\dfrac{x_2}{R_L}\right)^2}} e^{-j\varphi_1} \qquad (5\text{-}16)$$

式中，φ_1 为 $\dot{U}_2$ 落后于 $\dot{E}_2$ 的相位角，$\varphi_1 = \arctan \dfrac{x_2}{r_2 + R_L}$。

而输出电压 $\dot{U}_2$ 与励磁电压 $\dot{U}_f$ 之间的相位移为

$$\varphi(R_L) = \varphi_0 + \varphi_1 = \varphi_0 + \arctan \frac{x_2}{r_2 + R_L} \qquad (5\text{-}17)$$

式中，φ_0 为 $\dot{E}_2$ 滞后于 $\dot{U}_f$ 的角度。

由式（5-16）和（5-17）可以看出：当负载电阻减小时，输出电压 U_2 也随着减小，如图 5-36 中曲线 $U_2(R_L)$ 所示，而输出电压的相位移 φ 随着增大，如图 5-37 中曲线 $\varphi(R)$ 所示。当负载电阻 $R_L = 0$ 时，输出电压 $U_2 = 0$；而当负载 $R_L \rightarrow \infty$，即输出绕组开路时，输出电压 $U_2 = E_2$，相位移 $\varphi = \varphi_0$。

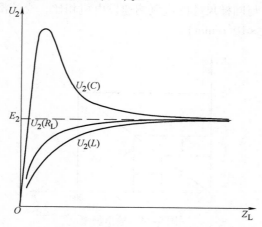

图 5-36　输出电压与负载的关系

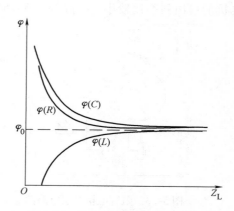

图 5-37　输出相位移与负载的关系

（2）纯电感负载

当感应测速发电机接纯电感负载时，将 $Z_L = jX_L$ 代入式（5-15）并整理得

$$\dot{U}_2 = \frac{\dot{E}_2}{\sqrt{\left(1 + \dfrac{x_2}{X_L}\right)^2 + \left(\dfrac{r_2}{X_L}\right)^2}} e^{-j\varphi_1} \qquad (5\text{-}18)$$

式中，$\varphi_1 = -\arctan\dfrac{r_2}{x_2 + X_L}$。

输出电压 $\dot{U}_2$ 与励磁电压 $\dot{U}_f$ 之间的相位移为

$$\varphi(L) = \varphi_0 + \varphi_1 = \varphi_0 - \arctan\frac{r_2}{x_2 + X_L} \tag{5-19}$$

由式（5-18）和式（5-19）可以看出：当负载电感减小时，输出电压 $\dot{U}_2$ 的大小和相位移都随着减小，如图 5-36 中曲线 $U_2(L)$ 和图 5-37 中曲线 $\varphi(L)$ 所示。当负载感抗很小时，输出电压和相位移都很小，而相位移 φ 还可能为负值，使输出电压 $\dot{U}_2$ 的相位超前于励磁电压 $\dot{U}_f$。

（3）纯电容负载

当 $Z_L = -jX_C$ 代入式（5-15）并整理得

$$\dot{U}_2 = \frac{\dot{E}_2}{\sqrt{\left(1 - \dfrac{x_2}{X_C}\right)^2 + \left(\dfrac{r_2}{X_C}\right)^2}}\, e^{-j\varphi_1} \tag{5-20}$$

式中，$\varphi_1 = \arctan\dfrac{r_2}{X_C - x_2}$。

输出电压 $\dot{U}_2$ 与励磁电压 $\dot{U}_f$ 之间的相位移为

$$\varphi(C) = \varphi_0 + \varphi_1 = \varphi_0 + \arctan\frac{r_2}{X_C - x_2} \tag{5-21}$$

由式（5-20）和（5-21）可以看出，接纯电容负载时输出电压和相位移将按如下规律变化：

1）负载容抗 $X_C > x_2$：由于输出绕组接较大的容抗负载，使输出回路呈容性。当 X_C 很大时，U_2 趋向 E_2，φ 趋向 φ_0。随着负载容抗 X_C 的减小，输出电压 U_2 和输出相位移 φ 都将随着增大，输出电压 U_2 甚至可能高于感应电动势 E_2。令 $\dfrac{\mathrm{d}U_2}{\mathrm{d}X_C} = 0$ 可知，在 $X_C = \dfrac{r_2^2 + x_2^2}{x_2}$ 时，输出电压达到最大值，即

$$U_2 = E_2\sqrt{1 + \left(\frac{x_2}{r_2}\right)^2} \tag{5-22}$$

2）负载容抗 $X_C = x_2$：电路发生串联谐振，输出电压 $U_2 = \dfrac{X_C}{r_2}E_2$，$\varphi_1$ 在此点不连续。

3）负载容抗 $X_C < x_2$：输出回路呈感性。随着负载容抗的减小，输出电压 U_2 也减小，而输出相位移 φ 却随着增大。其变化规律如图 5-36 中曲线 $U_2(C)$ 和图 5-37 中曲线 $\varphi(C)$ 所示。

综上所述，可得如下结论：

1）当感应测速发电机的转速一定，且负载阻抗足够大时，即使负载阻抗 Z_L 在较大范围内变化，输出电压 U_2 和输出相位移 φ 也都几乎不变。这就是测速发电机负载阻抗不得小于规定最小值的原因。

2）对于纯电阻负载和 $X_C > x_2$ 的纯电容负载，当负载阻抗改变时引起输出电压大小变化的趋势是相反的。因此，输出绕组接电阻 - 电容负载时，阻抗改变对输出电压的影响是互

相补偿的，有可能在调整阻抗时输出电压的大小几乎不受负载变化的影响。但它不能补偿输出电压相位移的偏差，因为纯电阻负载和纯电容负载对输出电压相位移的影响是一致的。

3）为了补偿输出电压相位移的改变，可选用电阻-电感负载。此时二者对输出电压相位移的影响正好互相补偿，但对输出电压大小的变动却不能进行补偿，可能使之变动更大。

究竟是对输出电压的大小还是对其相位移进行补偿，应视系统的需要来确定。一般而言，主要是补偿负载改变所引起的输出电压大小的变化。

2. 励磁电源的影响

感应测速发电机对励磁电源的稳定度、失真度要求是比较高的，特别是解算用的测速发电机，要求励磁电源的幅值、频率都很稳定，电源内阻及电源与测速发电机之间连线的阻抗也应尽量小。电源电压幅值不稳定，会直接引起输出特性的线性和相位误差，而频率的变化会影响感抗和容抗的值，因而也会引起输出特性的线性和相位误差。如对于400Hz的感应测速发电机来说，在任何转速下，频率每变化1Hz，输出电压约变化0.03%。另外，波形失真度较大的电源，会引起输出电压中高次谐波分量过大。所以在精密系统中励磁绕组一般采用单独电源供电，以保持电源电压和频率的稳定。

3. 移相问题

在自动控制系统中，往往希望输出电压 $\dot{U}_2$ 与励磁电压 $\dot{U}_f$ 相位相同，因而要进行移相。移相可以在励磁回路中进行，也可以在输出回路中进行，或者在两回路中同时进行。最简单的方法是在励磁回路中串联移相电容 C 进行移相，如图5-19所示。电容值可用实验办法确定，但应注意的是在励磁回路中串上电容后，会对输出斜率、线性误差等特性产生影响，因此在补偿相移后，电机的技术指标应重新测定。

目前应用得较多的是在输出回路中进行移相，这时输出绕组通过 RC 移相网络后再输出电压，如图5-38所示。图中 CR_1 就是移相电路，主要通过调节 C 和 R_1 的值来对输出电压 $\dot{U}_2$ 进行移相。电阻 R_3 和 R_2 组成分压器，改变 R_3 和 R_2 的阻值可调节输出电压 U_2 的值。采用这种方法移相时，C、R_1、R_2、R_3 及后面的负载一起组成了测速发电机的负载阻抗。

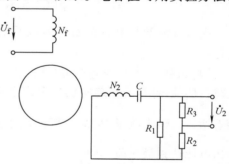

图5-38 输出回路移相电路图

4. 最大线性工作转速

在测速发电机的技术条件中还规定了最大线性工作转速 n_{max}，它表示当电机在转速 $n < n_{max}$ 的情况下工作时，其线性误差不超过标准规定的范围。所以在使用中，若对测速发电机线性度有一定要求时，电机的工作转速就不应超出最大线性工作转速。下面简略地说明线性误差与转速的关系。

根据前面的分析，线性误差主要是由于转子直轴去磁磁通 $\dot{\Phi}''_2$ 的作用使直轴磁通 $\dot{\Phi}_f$ 和励磁电流 $\dot{I}_f$ 发生变化所引起的，而磁通 $\dot{\Phi}''_2$ 是转子杯导体切割交轴磁通 $\dot{\Phi}_2$ 而产生的，由图5-17看出，$\Phi''_2 \propto I'_{rv} \propto E'_{rv} \propto \Phi_2 n$，由式（5-9）可知，$\Phi_2 \propto \Phi_{f0} n$，所以 $\Phi''_2 \propto \Phi_{f0} n^2$。

可以看出，线性误差近似随转速的二次方而增大。为了把线性误差限制在一定的允许范围内，就要规定测速发电机工作转速的范围。

5. 温度对性能的影响

测速发电机在运行过程中自身发热及电机所处的环境温度发生变化时，会使定子绕组和转子杯的电阻发生变化，同时温度变化也会影响磁性材料的导磁性能，这都会对电机的性能产生影响。例如当温度升高时，电阻压降 $I_f r_f$ 及 $I_2 r_2$ 增大，直轴磁通 Φ_f 和交轴磁通 Φ_2 会减小，从而使输出特性的斜率下降，相位移会发生变化，使线性误差和相位误差加大。对于某些作为解算元件用的精度要求很高的感应测速发电机，为使电机的特性不受温度变化的影响，应采用温度补偿措施。简单的补偿方法是在励磁回路、输出回路或同时在两回路中串联温度系数为负的热敏电阻 R_{cp} 来补偿由于温度变化产生的影响。

5.4　测速发电机的选择及应用举例

5.4.1　选用的基本原则

选用测速发电机时，应根据系统的频率、电压、工作速度范围和在系统中所起的作用来选。例如：作为解算元件时考虑线性误差要小、输出电压的稳定性要好；作为一般速度检测或阻尼元件时灵敏度要高；对要求快速响应的系统则应选转动惯量小的测速发电机等。当使用直流或交流测速发电机都能满足系统要求时，则需考虑到它们的优缺点，全面权衡，合理选用。

与直流测速发电机比较，交流感应测速发电机的主要优点是：①不需要电刷和换向器，构造简单，维护方便，运行可靠；②无滑动接触，输出特性稳定，精度高；③摩擦力矩小，惯量小；④不产生干扰无线电的火花；⑤正、反转输出电压对称。主要缺点是：①存在相位误差和剩余电压；②输出斜率小；③输出特性随负载性质改变（电阻性、电感性、电容性）而有所不同。

直流测速发电机不存在输出电压相位移；无剩余电压；输出功率较大，可带较大负载；温度补偿也比较容易。因有电刷换向器，故结构复杂，维护困难，且摩擦转矩较大，对无线电有干扰，存在不灵敏区。

5.4.2　应用举例

1. 作为速度测量元件

图 5-39 所示为一个单闭环恒速控制系统。用直流测速发电机 TG 作速度检测元件，通过负反馈使电动机 M 恒速运转。改变转速 n，只需调节 U_b。

2. 作为阻尼元件

图 5-40 所示为测速发电机作阻尼元件系统框图，其中直流伺服电动机的轴上耦合一台直流测速发电机，在该系统中测速发电机的输出用于位置的微分反馈校正，起速度阻尼作用。图中 α、β 分别为直流伺服电动机的位置给定和位置输出变量。

不接测速发电机时：$U_a = U'_a = K_1(\alpha - \beta)$，当 $\alpha > \beta$ 时，$U_a > 0$，电动机正转，使 $(\alpha - \beta)$ 缩小；当 $\alpha = \beta$ 时，$U_a = 0$，但由于惯性的作用，n 并不为 0，而是继续向 β 增大的方向转动；到出现 $\alpha < \beta$ 时，$U_a < 0$，产生制动转矩，电动机在转速下降到 0 后将反转。同样，

反转时电动机也能冲过头，又出现 $\alpha > \beta$（但差别比原来小），使位置伺服系统产生振荡。

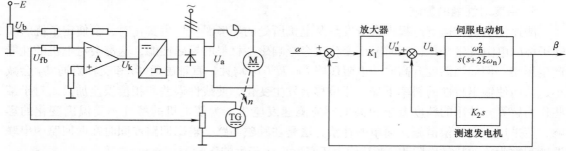

图 5-39　单闭环恒速控制系统电路　　　　图 5-40　测速发电机作阻尼元件系统框图

接上测速发电机机时，它输出一个与转速成正比的直流电压 $K_2 \dfrac{\mathrm{d}\beta}{\mathrm{d}t}$，并负反馈到电压调节器输入端。在 β 增加过程中，$K_2 \dfrac{\mathrm{d}\beta}{\mathrm{d}t} > 0$，当 β 接近及等于 α 时，就出现 $U_a < 0$，直流伺服电动机产生制动力矩，使系统很快停留在 $\alpha = \beta$ 的位置上，改善了系统的动态性能。

思考题与习题

1. 直流测速发电机产生误差的原因有哪些？如何减小其影响？
2. 直流测速发电机的主要性能指标有哪些？
3. 在分析感应测速发电机的工作原理中，哪些与直流发电机的情况相同？哪些与变压器相同？请分析它们之间的相似之处和不同点。
4. 转子不动时，交流感应测速发电机为何没有电压输出？转动时，为何输出电压与转速成正比，但频率却与转速无关？
5. 何为感应测速发电机的线性误差、相位误差、剩余电压和输出斜率？
6. 说明图 5-18 相量图上的各符号所代表的物理量及其相位关系，并说明相位误差产生的原因。
7. 请说明感应测速发电机的剩余电压各种分量的含义、产生的原因及对系统的影响。
8. 感应测速发电机的线性误差与哪些因素有关？为什么在工作时要规定最高转速？
9. 简要说明在纯电阻、纯电感和纯电容负载下，负载变化对感应测速发电机输出特性的影响。若要求输出电压的大小不受负载变化的影响，应采用什么性质的负载组合？
10. 为什么测速发电机在使用时其负载阻抗不得小于规定值？

第6章 自整角机

6.1 概述

自整角机是一种将转角变换成电压信号或将电压信号变换成转角，以实现角度传输、变换和指示的元件。它可以用于测量或控制远距离设备的角度位置，也可以在随动系统中用作机械设备之间的角度联动装置，以使机械上互不相连的两根或两根以上转轴保持同步偏转或旋转（这种性能称为自整步特性）。通常是两台或多台组合使用。

6.1.1 自整角机的功能与分类

根据在系统中的作用不同，自整角机可分为控制式和力矩式两大类（见表6-1）。

表6-1 自整角机的分类与功用

分类		国内代号	国际代号	功用
力矩式	发送机	ZLF	TX	将转子转角变换成电信号输出
	接收机	ZLJ	TR	接收力矩发送机的电信号，变换成转子的机械能输出
	差动发送机	ZCF	TDX	串接于力矩发送机与接收机之间，将发送机转角及自身转角的和（或差）转变为电信号，输送到接收机
	差动接收机	ZCJ	TDR	串接于两个力矩发送机之间，接收其电信号，并使自身转子转角为两发送机转角的和（或差）
控制式	发送机	ZKF	CX	同力矩发送机
	自整角变压器	ZKB	CT	接收控制式发送机的信号，变换成与失调角呈正弦关系的电信号
	差动发送机	ZKC	CDX	串接于发送机与变压器之间，将发送机转角及其自身转角的和（或差）转变为电信号，输送到变压器

力矩式自整角机主要用于同步指示系统中。当发送机与接收机转子之间出现角度差（即失调角）时，接收机输出与失调角呈正弦函数关系的转矩，带动从动轴转动，消除失调角。它能直接达到转角随动的目的，即将机械角度变换为力矩输出。但本身无力矩放大作用，带负载能力较差。力矩式自整角机系统为开环系统，它只适用于接收机轴上负载很轻（如指针、刻度盘等），且角度传输精度要求不高的系统，如远距离指示液面的高度、阀门的开度、电梯和矿井提升机的位置、变压器的分接开关位置等。

控制式自整角机主要用于由自整角机和伺服机构组成的随动系统中。其接收机的转轴不直接带动负载，即没有力矩输出，当发送机和接收机转子之间存在角度差（失调角）时，接收机将输出与失调角呈正弦函数关系的电压，将此电压加给伺服放大器，用放大后的电压来控制伺服电动机，进而驱动负载。与此同时接收机的转子也朝向减小失调角的方向转动，直到接收机与发送机的转角差为零，即达到协调位置时，接收机的输出电压为零，伺服电动机停止转动。由于接收机是工作在变压器状态，通常称其为自整角变压器。控制式自整角机系统为闭环系统，它应用于负载较大及精度要求高的随动系统。

按供电电源相数不同，自整角机有单相和三相之分。在自动控制系统中通常使用的自整角机，均由单相交流电源供电，故又称为单相自整角机。常用的电源频率有 50Hz 和 400Hz 两种。此外，按极数多少，自整角机可分为单对极和多对极；按有无滑环和电刷的滑动接触，可分为接触式和非接触式；按工作原理可分为旋转式和固态式（利用电力电子器件、微电子器件组成的非旋转式的数字型自整角机，适用于伺服系统的数字量控制）等。

6.1.2 自整角机的结构

自整角机大都采用两极凸极或隐极结构，定、转子铁心由高磁导率、低损耗的优质硅钢片叠压而成，其结构搭配如图 6-1 所示。在凸极一边安放单相励磁绕组，隐极一边安放三相对称绕组或单相绕组。

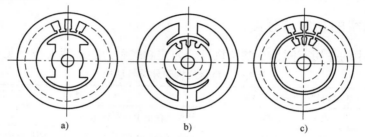

图 6-1 自整角机定、转子结构搭配
a）转子凸极结构 b）定子凸极结构 c）隐极结构

1. 凸极结构

控制式自整角发送机和容量较小的力矩式自整角机，其定子均采用隐极结构，嵌有星形联结的三相绕组，称为整步绕组。转子为凸极结构，嵌有单相集中绕组作为励磁绕组，如图6-1a 所示。由于励磁绕组在转子上（见图 6-2），故转子重量轻、集电环少、摩擦转矩小、精度高、可靠性因滑环少也提高了。但励磁绕组长期经电刷和滑环通入励磁电流，接触处长期发热易烧坏，适用于小容量角传送系统中。

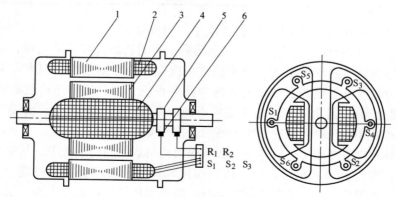

图 6-2 自整角机的结构简图
1—定子铁心 2—三相整步绕组 3—转子铁心 4—转子绕组 5—集电环 6—电刷

当力矩式自整角机的容量较大时，转子采用隐极结构，放置三相整步绕组，而定子采用凸极结构，放置单相励磁绕组，如图 6-1b 所示。这种结构的优点是改善了平衡条件，集电环和电刷仅在转子转动时才有电流通过。但存在转子重量大、集电环多、摩擦转矩大、精度低等缺陷。

2. 隐极结构

差动发送机和接收机因定、转子上都有三相对称绕组，因此，均采用图 6-1c 所示的隐极结构，转子三相绕组通过三个集电环引出。

控制式自整角变压器也采用隐极结构。定子为三相对称绕组，转子隐极铁心上放置单相高精度正弦绕组作为输出绕组，以提高电气精度和降低零位电压。

3. 非接触结构

非接触结构去掉了集电环和电刷，因不存在滑动接触，故具有可靠性高、寿命长、不产生无线电干扰等优点。缺点是结构较复杂、电气性能指标稍差。新一代非接触式自整角机电气误差可小于 5′，与接触式相近。因此在军事装备、航空航天、重要工业的装置中已逐渐代替接触式结构，以满足可靠性要求。

常采用的非接触结构如图 6-3 所示。图 6-3 中用环形变压器 5 代替了集电环和电刷，环形变压器的铁心做成带内外槽的两环形，分别安装在定子和转子上。环内分别装有变压器的一、二次绕组，其余部分与接触式相同。当一次绕组接电源后，二次绕组中便感应电动势，然后把该电动势加到转子励磁绕组上。

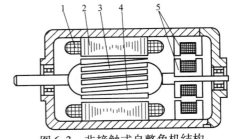

图 6-3　非接触式自整角机结构

1—整步绕组　2—定子铁心　3—转子铁心
4—转子槽　5—环形变压器

6.2　控制式自整角机的工作原理

在自动控制系统中，广泛采用控制式自整角机与伺服机构组成的组合系统。图 6-4 为控制式自整角机的工作原理图。图中 ZKF 为控制式自整角机的发送机，ZKB 为控制式自整角机的接收机，也称为自整角变压器；ZKF 的转子励磁绕组接交流电源励磁，ZKF 和 ZKB 的整步绕组对应连接；ZKB 的转子绕组向外输出电压，该电压通常接到放大器的输入端，经放大后再加到伺服电动机的控制绕组，来驱动负载转动。同时伺服电动机还经过减速装置带 ZKB 的转子随同负载一起转动，使失调角减小，ZKB 的输出电压随之减小。当达到协调位置时，ZKB 的输出电压为零，伺服电动机停止转动。

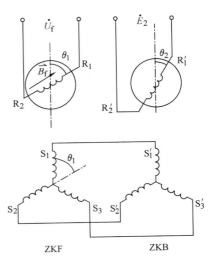

图 6-4　控制式自整角机的工作原理图

6.2.1 发送机 ZKF 的定子磁场

在自整角机中，通常以励磁绕组轴线与 S_1 相绕组轴线之间的夹角作为转子的位置角，如图 6-4 中的 θ_1 和 θ_2。把这两轴线重合的位置叫作基准零位，S_1 相称为基准相，并规定顺时针方向转角为正，两个转子转角之差（$\theta_1 - \theta_2$）称为失调角。下面来分析定子合成磁场及输出电压与失调角之间的关系。

1. 定子电动势

当 ZKF 的励磁绕组接交流电源励磁后，便产生一个在其轴线上脉振的磁场 B_f，该脉振磁场的磁通与定子各相绕组匝链。由于控制式自整角发送机整步绕组中的电动势是由同一个励磁绕组的脉振磁场所感应的，所以在各相绕相中感应出同相位的变压器电动势。各相中电动势的幅值与绕组在空间的位置有关，各相绕组匝链的励磁磁通幅值分别为

$$\left. \begin{array}{l} \Phi_1 = \Phi_m \cos\theta_1 \\ \Phi_2 = \Phi_m \cos(\theta_1 + 120°) \\ \Phi_3 = \Phi_m \cos(\theta_1 - 120°) \end{array} \right\} \tag{6-1}$$

以上磁通必然在定子三相绕组中感应电动势，这种感应电动势是由于线圈中磁通交变所引起的，所以也称为变压器电动势，根据 $E = 4.44 f N \Phi$ 可知，在 ZKF 定子各绕组中的感应电动势有效值分别为

$$\left. \begin{array}{l} E_1 = E \cos\theta_1 \\ E_2 = E \cos(\theta_1 + 120°) \\ E_3 = E \cos(\theta_1 - 120°) \end{array} \right\} \tag{6-2}$$

式中，$E = 4.44 f N_S \Phi_m$，表示某相定子绕组轴线与励磁绕组轴线重合时的电动势有效值，N_S 为定子绕组每相的有效匝数。

2. 定子电流

由于 ZKF 与 ZKB 的整步绕组相互对应连接，这些电动势必定在定子绕组回路中产生电流，如图 6-5 所示。

根据电路的基本定律，各相电流的有效值分别为

$$\left. \begin{array}{l} I_1 = \dfrac{E_1}{Z} = \dfrac{E\cos\theta_1}{Z} = I\cos\theta_1 \\[2mm] I_2 = \dfrac{E_2}{Z} = \dfrac{E\cos(\theta_1 + 120°)}{Z} = I\cos(\theta_1 + 120°) \\[2mm] I_3 = \dfrac{E_3}{Z} = \dfrac{E\cos(\theta_1 - 120°)}{Z} = I\cos(\theta_1 - 120°) \end{array} \right\} \tag{6-3}$$

式中，Z 为 ZKF 相绕组的阻抗 Z_F、ZKB 相绕组的阻抗 Z_B 和连接线的阻抗 Z_L 之和，$Z = Z_F + Z_B + Z_L$；$I = E/Z$ 为某相定子绕组轴线与励磁绕组轴线重合时的相电流有效值。

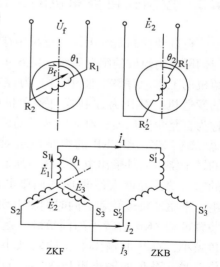

图 6-5 定子绕组中的电动势及电流

3. 定子磁场

很显然定子三相电流在时间上同相位，各自在自己的相轴上产生一个脉振磁场，磁场的幅值正比于各相电流，即 $B_m = K\sqrt{2}I$，于是 3 个脉振磁场可分别写成

$$\left.\begin{array}{l} B_1 = B_m\cos\theta_1\sin\omega t \\ B_2 = B_m\cos(\theta_1 + 120°)\sin\omega t \\ B_3 = B_m\cos(\theta_1 - 120°)\sin\omega t \end{array}\right\} \tag{6-4}$$

ZKF 定子各相绕组脉振磁场的磁通密度用向量 $\vec{B}_1$、$\vec{B}_2$ 和 $\vec{B}_3$ 表示，如图 6-6 所示，此时发送机的转子轴线相对定子 S_1 轴线的夹角为 θ_1。

为得到合成磁场的大小和位置，可沿励磁绕组轴线作 x 轴，并作 y 轴与之正交，先把 $\vec{B}_1$、$\vec{B}_2$ 和 $\vec{B}_3$ 分解为 x 轴分量和 y 轴分量，然后再合成。

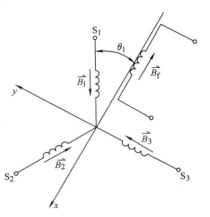

图 6-6　定子磁场的分解与合成

$$\left.\begin{array}{l} B_{1x} = B_1\cos\theta_1 \\ B_{1y} = -B_1\sin\theta_1 \\ B_{2x} = B_2\cos(\theta_1 + 120°) \\ B_{2y} = -B_2\sin(\theta_1 + 120°) \\ B_{3x} = B_3\cos(\theta_1 - 120°) \\ B_{3y} = -B_3\sin(\theta_1 - 120°) \end{array}\right\} \tag{6-5}$$

x 轴方向总磁通密度为

$$B_x = B_{1x} + B_{2x} + B_{3x} = B_1\cos\theta_1 + B_2\cos(\theta_1 + 120°) + B_3\cos(\theta_1 - 120°)$$

将式（6-4）带入上式得

$$B_x = B_m\left[\cos^2\theta_1 + \cos^2(\theta_1 + 120°) + \cos^2(\theta_1 - 120°)\right]\sin\omega t$$

根据三角公式 $\cos^2\theta = \dfrac{1 + \cos(2\theta)}{2}$，得出

$$\left[\cos^2\theta_1 + \cos^2(\theta_1 + 120°) + \cos^2(\theta_1 - 120°)\right] = \frac{3}{2}$$

则有

$$B_x = \frac{3}{2}B_m\sin\omega t \tag{6-6}$$

同理得 y 轴方向总磁通密度为

$$B_y = B_{1y} + B_{2y} + B_{3y} = -B_1\sin\theta_1 - B_2\sin(\theta_1 + 120°) - B_3\sin(\theta_1 - 120°)$$

$$= \frac{B_m}{2}\left[\sin(2\theta_1) + \sin2(\theta_1 + 120°) + \sin2(\theta_1 - 120°)\right]\sin\omega t$$

利用三角公式可证明上式方括号内三项之和等于零，所以 $B_y = 0$。合成磁场为

$$B = B_x + B_y = \frac{3}{2}B_m\sin\omega t \tag{6-7}$$

由上面的分析结果可知，定子合成磁场仍为脉振磁场，对此说明如下：

1）合成磁场总是位于励磁绕组轴线上，即与励磁磁场在同一轴线上。

2）合成磁场磁通密度的幅值为 $\dfrac{3}{2}B_m$，合成磁场空间位置不变，磁场大小为时间的函数，所以定子合成磁场仍为脉振磁场。

从物理本质上去理解，ZKF 相当于一台变压器，励磁绕组为一次侧，三相对称定子绕组为二次侧，一、二次侧的电磁关系也就类似变压器。定子合成磁场必定对励磁磁场起去磁作用。当励磁电流的瞬时值增加时，定子合成磁场也增加，但方向与励磁磁场方向相反，如图 6-7 所示。

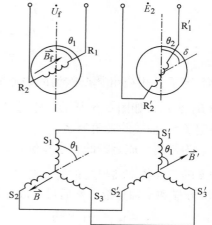

6.2.2　接收机 ZKB 的定子磁场

不难理解，ZKB 的三相绕组与 ZKF 的三相绕组中流过的是同一电流，故 ZKB 的定子合成磁场也是脉振磁场，其大小与 ZKF 的定子合成磁场相等、轴线与 S_1' 相绕组轴线的夹角也为 θ_1。但由于电流方向相反，所以合成磁场 $\vec{B'}$ 的方向与 $\vec{B}$ 的方向相反，如图 6-7 所示。

图 6-7　自整角机定、转子磁场关系

很明显，ZKB 的定子绕组为一次侧，转子单相绕组为二次侧。由于 ZKB 的二次侧输出绕组轴线与定子 S_1' 相绕组轴线的夹角为 θ_2，所以定子合成磁场的轴线与输出绕组轴线的夹角为 $\theta_1 - \theta_2$，也就是发送轴与接收轴的转角差 δ。

6.2.3　ZKB 的输出电动势

当 ZKB 定子合成磁场的轴线与输出绕组轴线的夹角 $\theta_1 - \theta_2 = \delta$ 时，合成磁场在输出绕组中感应电动势的有效值为

$$E_2 = E_{2\max}\cos\delta \tag{6-8}$$

式中，$E_{2\max}$ 是定子合成磁场轴线与输出绕组轴线重合时的感应电动势。

当自整角发送机的励磁电压一定，且一对自整角机的参数一定时，$E_{2\max}$ 为常数。

由式（6-8）可以看出，输出电动势与转角差 δ 的余弦成正比。当 $\delta = 0$，即自整角变压器处在协调位置时，输出电压最大。而随动系统一般要求当失调角为零时，输出电压为零，即无电压信号输出。另外希望控制电压能够反映发送机的转向，而式（6-8）中 $\cos(-\delta) = \cos\delta$，无论失调角是正还是负，输出电压极性不变。为此，在实际使用 ZKB 时，需要把输出电压为零的转子绕组轴线位置作为协调位置，这就需要把起始协调位置由原来 S_1' 的位置转过 $90°$ 电角度，并以转子绕组轴线相对该位置的角度作为转子位置角 θ_2'，以定子合成磁场 $\vec{B'}$ 转过 $90°$ 的位置为当前的协调位置，以转子偏离此位置的角度 γ 作为失调角，如图 6-8 所示。由图可见，$\gamma = \theta_1 - \theta_2'$，考虑到 $\theta_2' = \theta_2 - 90°$，则

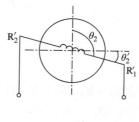

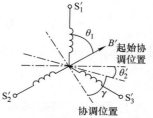

图 6-8　控制式自整角机的协调位置

$\gamma = \theta_1 - \theta_2 + 90° = \delta + 90°$，于是自整角变压器输出电压为

$$E_2 = E_{2max}\cos(\gamma - 90°) = E_{2max}\sin\gamma \tag{6-9}$$

式（6-9）表明，ZKB 的输出电动势 E_2 与失调角 γ 的正弦成正比，其相应的曲线如图 6-9 所示。

由于系统的自动跟随作用，失调角 γ 一般很小，可近似认为 $\sin\gamma = \gamma$，ZKB 的输出电压为

$$U_2 = E_2 = E_{2max}\gamma \tag{6-10}$$

式中，γ 用弧度表示。

这样输出电压的大小直接反映发送轴与接收轴转角差值的大小。当 $\gamma \leqslant 10°$ 时，所造成的误差不大于 0.6%。

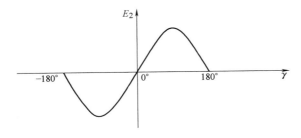

图 6-9　ZKB 的输出电动势曲线

6.2.4　小结

综合以上分析，将控制式自整角机的工作原理归纳如下：

1）ZKF 励磁磁场是脉振磁场，它在 ZKF 的定子绕组中感应变压器电动势，ZKF 定子各相绕组的感应电动势在时间上同相位，其有效值与定、转子的相对位置有关。

2）ZKF、ZKB 的三相定子绕组是对应连接的，在 ZKF 定子绕组感应电动势作用下，两个自整角机绕组中的相电流总是大小相等、方向相反。

3）ZKF 定子绕组产生的合成脉振磁场轴线在励磁绕组轴线上，或者说合成磁场轴线与定子 S_1 轴线的夹角为 θ_1。ZKB 定子合成磁场也是脉振磁场，其轴线与定子 S_1' 相轴线的夹角为 θ_1，故 ZKB 定子合成磁场轴线与输出绕组轴线的夹角为 $\delta = \theta_1 - \theta_2$。

4）在自整角机控制式运行时，将 ZKB 起始协调位置规定为与 S_1' 绕组轴线垂直的位置，相应地协调位置为与 ZKB 定子合成磁场垂直的位置，协调时输出电动势 $E_2 = 0$。输出绕组轴线相对协调位置的转角 γ 称为失调角。

5）输出绕组的电动势是变压器电动势，其有效值 $E_2 = E_{2max}\sin\gamma$，在失调角 γ 很小时，可认为 $E_2 = E_{2max}\gamma$。

6）当出现失调角 γ 时，自整角机变压器输出电压经放大器控制伺服电动机转动，并同时带动自整角变压器的转子转动，使失调角 γ 逐渐减小直到为零，此时自整角变压器输出电压为零，伺服电动机停止转动。若发送机根据指令连续转动，则自整角变压器的转子跟随其同步旋转。

6.3 控制式自整角机的差动运行

在随动系统中，有时需要传递两个转轴的角度和或者角度差，这就要在上述控制式自整角机对 ZKF 和 ZKB 之间串入一台差动发送机 ZKC，做差动运行，如图 6-10 所示。

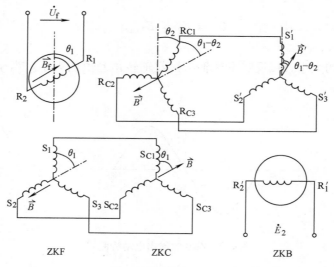

图 6-10 带有 ZKC 的控制式自整角机原理图

6.3.1 工作原理

在图 6-10 中，ZKB 输出绕组轴线与其 S_1' 相轴线相互垂直，ZKF 转轴输入 θ_1 角，ZKC 转轴输入 θ_2 角。根据前面的分析结果可知，ZKC 定子绕组产生的合成磁场 $\vec{B}$ 与定子 S_{C1} 相轴线的夹角为 θ_1。$\vec{B}$ 作为 ZKC 的励磁磁通，在它的转子三相绕组中产生感应电动势。由于 ZKC 转子三相绕组是对称的，所以其电流产生的合成磁场 $\vec{B'}$ 必定与激励它的励磁磁通 $\vec{B}$ 反向，如图 6-10 所示。ZKC 定子绕组所产生的磁场 $\vec{B}$ 与 ZKC 转子绕组 R_{C1} 的夹角为 $\theta_1 - \theta_2$，所以 ZKC 转子绕组所产生的磁场 $\vec{B'}$ 必定与转子绕组 R_{C1} 的夹角为 $180° - (\theta_1 - \theta_2)$。因为 ZKC 转子三相绕组和 ZKB 定子三相绕组对应连接，所以它们对应相的电流大小相等、方向相反，因此同一电流在 ZKB 定子三相绕组中所产生的磁场 $\vec{B'}$ 必定与 S_1' 相绕组轴线夹角为 $\theta_1 - \theta_2$。此磁场作为 ZKB 励磁磁场，它与输出绕组 R_1'-R_2' 轴线的夹角为 $90° - (\theta_1 - \theta_2)$，因此，输出电动势 $E_2 = E_{2\max}\cos[90° - (\theta_1 - \theta_2)] = E_{2\max}\sin(\theta_1 - \theta_2)$。输出电动势经放大器放大后，加到交流伺服电动机的控制绕组，交流伺服电动机带动 ZKB 按顺时针方向转动，当转过角 $\theta_1 - \theta_2$ 时，由于 ZKB 的励磁磁场磁通密度向量 $\vec{B'}$ 和输出绕组轴线垂直，输出电动势 $E_2 = 0$，电机就不再转动了。可见，通过这样一个系统可以实现两发送轴角度差的传递。

如果 ZKC 从初始位置按逆时针方向转过 θ_2（ZKF 仍按顺时针方向转过 θ_1），则自整角变压器转过角 $\theta_1 + \theta_2$，其分析方法同上，此时可实现两发送轴角度和的传送。

6.3.2 控制式差动发送机的应用

图 6-11 是舰艇上火炮相对于罗盘方位角的控制原理图。图中，θ_1（取为 45°）是目标相对于正北方向的方位角，θ_1 作为 ZKF 的输入角；θ_2（取为 15°）是舰艇航向相对于正北方向的方位角（即舰艇的方位角），θ_2 作为 ZKC 的输入角；ZKB 的输出电动势为

$$E_2 = E_{2\max}\sin(\theta_1 - \theta_2) = E_{2\max}\sin30°$$

伺服电动机在 E_2 的作用下，带动火炮转动。因为 ZKB 的转轴与火炮转轴耦合，当火炮相对罗盘方位角转过角 $\theta_1 - \theta_2$ 时，自整角变压器也转过了角 $\theta_1 - \theta_2$，此时输出电动势 E_2 为零，伺服电动机停止转动，火炮所处的方位角正好对准目标。由此可见，尽管舰艇的航向不断变化，但火炮始终能自动对准某一目标。

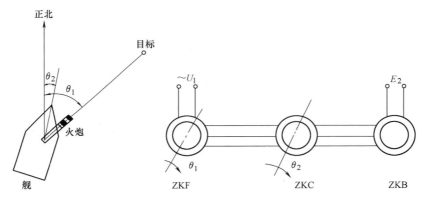

图 6-11　火炮相对于罗盘方位角的控制原理图

6.4 控制式自整角机的性能指标

6.4.1 误差概述

当控制式自整角机的失调角很小时，ZKB 的输出电压由式（6-10）确定，即

$$U_2 = E_2 = E_{2\max}\gamma$$

在协调位置时 $\gamma = 0$，$U_2 = 0$。必须指出：这个结论是在理想的自整角机中得出来的。实际上，由于结构和工艺上的各种因素，即使在协调位置，输出绕组中仍有某些电压 $\Delta \dot{U}_2$ 存在。在一般情况下，这个电压的相位与基本输出电压 $\dot{U}_2$ 不一致。为研究方便，把 $\Delta \dot{U}_2$ 分解成两个分量，一个分量与基本输出电压相位一致，用 $\Delta \dot{U}_2'$ 表示；另一个分量与 $\dot{U}_2$ 相位差 90°，用 $\Delta \dot{U}_2''$ 表示。如图 6-12 所示。

第一个分量 $\Delta \dot{U}_2'$ 称为同相分量，将引起转角随动的误差。因为在该系统中，只有当 ZKB 输出绕组两端电压等于零时，伺服电动机才停止转动。现在由于协调位置时输出绕组两端的电压不为零，因此，ZKB 最后所处的位置并不是 $\gamma = 0$ 的地方，而是偏离协调位

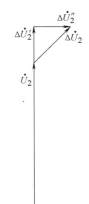

图 6-12　输出电压相量图

置一个 $\Delta\gamma$ 角，此处 $\Delta\dot{U}_2'$ 和 $U_{2\max}\Delta\gamma$ 恰好抵消，使输出绕组电压为零。这样就造成了转角随动的误差，这个误差用 $\Delta\gamma$ 表示。

第二个分量 $\Delta\dot{U}_2''$ 称为正交分量，它不能用 ZKB 偏离协调位置所产生的输出电压来抵消，所以它不引起误差，但它使放大器和系统的工作恶化。

在静态时，由第一个分量 $\Delta\dot{U}_2'$ 所引起的误差与变压器定、转子相对位置有关；在旋转时，$\Delta\dot{U}_2'$ 所引起的误差还与电机的旋转速度有关，因此自整角机的误差还分为静态误差和速度误差。

6.4.2 控制式自整角机的主要技术指标

1. 电气误差 $\Delta\gamma_e$

ZKB 的电气误差：理论上自整角变压器和自整角发送机处于协调位置时（即 $\gamma=0$），自整角变压器输出电压为零，但实际上在协调位置时自整角变压器输出电压不为零，而是为 $\Delta\dot{U}_2'$，所以静态时由 $\Delta\dot{U}_2'$ 所引起的误差称为 ZKB 的电气误差。该误差取决于每一台自整角机偏离理想条件的程度，所以出厂时要逐台测定。而且它还与变压器定、转子的相对位置有关，所以要测出对应定、转子不同位置时的误差值，测定方法如下：

选用一台同机座号或大机座号而精度为零级的自整角发送机，将它安装在一台精密的定位装置上，把被测的变压器安装在一台能读到 0.05° 的精密分度盘上。先用定位装置把发送机转子固定在刻度盘的 0° 位置，然后加交流励磁电压；再转动分度盘以带动变压器转动，直到输出电压最小。把这时的 ZKB 位置作为协调位置，并设它为 0°。此后使 ZKF 转过 15° 并转动分度盘，使 ZKB 输出电压达到最小。如果没有误差，则分度盘的读数也应为 15°，但实际读数可能是 14.9° 或 15.15°，则第一点的误差就是 -0.1° 或 +0.15°。接着再将 ZKF 转子转过 15°，用同样的方法测出第二点误差。这样转一圈共测 24 点误差值。取其中正、负最大误差绝对值之和的一半作为该自整角变压器的电气误差，即

$$\Delta\gamma_e = \frac{|+\Delta\delta_m| + |-\Delta\delta_m|}{2}$$

造成电气误差的原因是由于工艺、结构、材料等诸方面的因素使理论分析时的条件与实际有差别，导致 ZKB 定子绕组所产生的合成磁场的方向与 ZKF 励磁绕组轴线不完全对应，并且使得气隙磁通密度也不完全按正弦分布而含有谐波。这样当 ZKB 与 ZKF 处在协调位置 $\gamma=0$ 时，ZKB 输出绕组仍可能有电压 $\Delta\dot{U}_2'$ 存在，因此造成了转角随动的误差。

ZKF 的电气误差：控制式自整角机整步绕组的感应电动势应符合式（6-2）的关系。当转子转过某一电气角 θ_1 时，线电动势 E_{ab}、E_{bc}、E_{ca} 相应地各有一个确定的理论值。但由于设计、工艺、材料等因素的影响，各组线电动势的实际值不等于理论值；转动转子使其偏离给定的电气角，直到实际的线电动势与理论值相等。将电气角与实测角相比，超前为正误差，滞后为负误差，每隔 15° 测一次，定义正、负最大误差绝对值之和的一半为 ZKF 的电气误差。

ZKF 和 ZKB 的精度由电气误差决定，它分为三级：0 级为 5′；1 级为 10′；2 级为 20′。

2. 零位电压 U_0

接收机转子与发送机转子处于协调位置时，输出绕组出现的端电压叫零位电压。在理论上，$\gamma=0$ 时，$U_0=0$；实际上不论怎样转动 ZKB 的转子，都不会使 $U_0=0$，一般有 50 ~

180mV 的残余电压。

零位电压主要由高次谐波电动势和基波电动势中的正交分量（即上述的 $\Delta\dot{U}_2''$）组成，它的存在造成伺服放大器饱和，并使系统的灵敏度下降。故常采用检相器、滤波器削弱其影响，必要时还可用补偿电压来部分抵消它。控制式自整角机的零位电压值不得超过表 6-2 的规定值。

表 6-2　控制式自整角机的零位电压

电压等级/V	频率/Hz	零位电压/mV	
		发送机	变压器
20	400	50	70
36	400	70	80
115	400	150	100
110	50	180	150

3. 比电压 U_θ

ZKB 在协调位置附近，单位失调角（取 $\gamma = 1°$）时的输出电压称为比电压 U_θ。U_θ 的单位为 V/(°)，即伏/度。目前国产 ZKB 的比电压数值范围为 $0.1 \sim 1\mathrm{V}/(°)$。同样大小的失调角，比电压越大，所获得的信号电压也越大，系统的灵敏度也越高。

4. 输出相位移 φ

输出相位移是指 ZKB 输出电压的基波分量对 ZKF 励磁电压基波分量的时间相位差。目前，国产 ZKB 的输出相位移为 $2° \sim 20°$。

当用两相感应伺服电动机作为伺服驱动机构的驱动电动机时，为了使伺服电动机起动转矩大，其控制电压必须与它的励磁电压相位互差 90°。由于感应伺服电动机励磁电压和 ZKF 的励磁电压通常取自同一电源，而控制电压是由 ZKB 的输出电压经放大后供给的，因此输出相位移 φ 将直接影响系统中的移相措施。

5. 速度误差 $\Delta\gamma_\mathrm{v}$

当转子转速较高时，由于 ZKF 定子绕组切割转子磁场产生切割电动势，并在两定子绕组中产生附加电流和磁场，因而在 ZKB 输出绕组中感应出电动势，此电动势称为速度电动势 E_v，它正比于转速。速度电动势和基本输出电动势的相位不同，它可以分解成两个分量：与基本输出电压 $\dot{U}_2$ 同相位的分量 $\dot{E}_\mathrm{v}'$；与 $\dot{U}_2$ 正交的分量 $\dot{E}_\mathrm{v}''$。由于速度电动势分量 E_v' 的存在，使得 ZKB 转子最后所处的位置不是 $\gamma = 0$ 的地方，而是使输出电动势 $E_{2\max}\Delta\gamma_\mathrm{v}$ 与 E_v' 相抵消的地方。这就偏离了协调位置角 $\Delta\gamma_\mathrm{v}$，这一角度称为速度误差 $\Delta\gamma_\mathrm{v}$。转速越高，速度电动势越大，速度误差 $\Delta\gamma_\mathrm{v}$ 也越大。

速度误差一方面与转速成正比，另一方面与电源的频率成反比，因为频率高时，变压器电动势大，速度电动势相对变小，影响也小。

例如当转速为 300r/min 时，一般 50Hz 的自整角机的速度误差为 $0.6° \sim 2°$。对于参数范围相同的 500 Hz 自整角机，其速度误差可降到 $0.06° \sim 0.2°$。所以为了减小速度误差，一方面可选用高频自整角机，另一方面应当限制发送机和变压器的转速。也可使相敏放大器的基准电压相对速度电动势相移 90°，这样就消除了速度电动势的影响，使速度误差大大减小。

6.5 力矩式自整角机

6.5.1 力矩式自整角机的工作原理

在自动装置、遥测和遥控系统中，常需要在一定距离以外（特别是危险环境）监视和控制人无法接近的设备，以便了解它们的位置（如高度、深度、开启度等）和运行情况。在这种情况下，利用 ZLF 和 ZLJ 组成的角度传输系统是最合适的。ZLF 为发送机，ZLJ 为接收机，它们的励磁绕组接入同一单相交流电源，三相整步绕组按相序对应相接，其工作原理如图 6-13 所示。

为简明起见，忽略磁路饱和的影响，应用叠加原理分别考虑 ZLF 励磁磁通和 ZLJ 励磁磁通的作用，并假设这一对自整角机的结构和参数相同。

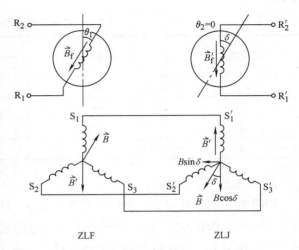

图 6-13　力矩式自整角机的工作原理图

先考虑 ZLF 励磁，而将 ZLJ 励磁绕组开路，此时所发生的情况与控制式运行时相同，即 ZLF 转子励磁磁通在其定子绕组中产生感应电动势，因而在 ZLF、ZLJ 定子绕组中流过电流，这些电流在 ZLF 气隙中形成与其励磁磁场 $\vec{B}_f$ 轴线一致、方向相反的合成磁场 $\vec{B}$，从而在 ZLJ 气隙中形成合成磁场 $\vec{B}$。该磁场的轴线偏离 S_1' 绕组轴线的角度与 ZLF 中定子合成磁场 $\vec{B}$ 偏离 S_1 绕组轴线的角度相同，但方向相反，如图 6-13 所示。

然后再来考虑只有 ZLJ 励磁，ZLF 励磁绕组开路的情况。不言而喻，此时 ZLJ 绕组起到了前述的 ZLF 绕组的励磁作用，而此时的 ZLF 绕组与前述的 ZLJ 绕组的情况相同。即 ZLJ 定子合成磁场 $\vec{B}'$ 与 ZLJ 的励磁磁场 $\vec{B}_f'$ 方向相反，而 ZLF 定子合成磁场 $\vec{B}'$ 的方向也可由上述方法确定。

实际上，ZLF 和 ZLJ 同时励磁，ZLF 和 ZLJ 定子绕组同时产生磁场 $\vec{B}$、$\vec{B}'$，因此定子绕组所产生的合成磁场应该是 $\vec{B}$ 和 $\vec{B}'$ 的叠加。

现在讨论 ZLJ 是如何产生转矩的。为分析方便，把 ZLJ 中的 $\vec{B}$ 向量分解成两个分量：一个分量与转子绕组轴线一致，其长度用 $B\cos\delta$ 表示，另一个分量与转子绕组轴线垂直，其长度用 $B\sin\delta$ 表示。因此在转子绕组轴线方向上，此定子合成磁通密度向量的长度为 $B' - B\cos\delta$。因为 $B' = B$，所以 $B' - B\cos\delta = B(1 - \cos\delta)$。其方向与 ZLJ 励磁磁密向量 $\vec{B}_f'$ 相反，起去磁作用。

定子合成磁场与转子电流相互作用可认为是定子磁场的直轴分量 $B(1 - \cos\delta)$ 与转子电流 i_f 以及其交轴分量 $B\sin\delta$ 与转子电流 i_f 之间相互作用的结果。由图 6-14a 可以看出，磁场

的直轴分量 $B(1-\cos\delta)$ 与 i_f 相互作用产生电磁力，但不产生转矩；交轴分量 $B\sin\delta$ 与 i_f 相互作用产生转矩，如图 6-14b 所示，转矩的方向为顺时针，即该转矩使 ZLJ 转子向失调角减小的方向转动。当失调角 δ 减小到零时，磁场的交轴分量 $B\sin\delta$ 为零，即转矩为零，使 ZLJ 转子轴线停止在与 ZLF 转子轴线一致的位置上，即达到协调位置。这种使自整角机转子自动转向协调位置的转矩称作整步转矩。可见，ZLJ 是在整步转矩作用下，实现其自动跟随作用的。

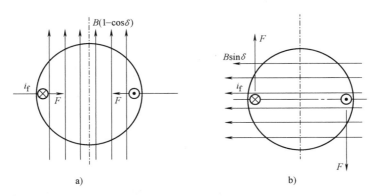

图 6-14　转子电流与定子磁场相互作用产生转矩
a）磁场直轴分量的作用　b）磁场交轴分量的作用

力矩式自整角机的接收机转子在处于失调位置时，将产生转矩使接收机转子转动到失调角为零处，该转矩由电磁作用产生，起整步作用，称之为整步转矩 T，T 的大小与 $B\sin\delta$ 成正比，即 $T=K\sin\delta$。当失调角 δ 很小时，$\sin\delta\approx\delta$，则

$$T=K\delta \tag{6-11}$$

根据上述分析可知，当出现失调时，ZLF 中也会产生整步转矩，整步转矩的方向也是向着减小失调角 δ 的方向。

6.5.2　力矩式自整角机的差动运行

当需要指示的角度为两个已知角的和或差时，可以在一对力矩式自整角机之间加入一台力矩式差动发送机 ZCF，构成差动发送机系统。也可以在一对力矩式自整角机之间加入一台力矩式差动接收机 ZCJ，构成差动接收机系统。在随动系统中，通常采用差动发送机系统。

在差动发送机系统中，力矩式差动发送机 ZCF 的结构与控制式差动发送机 ZKC 极为相近，转子采用隐极式，且定、转子都有三相对称绕组。ZLF 和 ZLJ 的励磁绕组接同一交流电源励磁，它们的整步绕组分别与 ZCF 的定子和转子三相绕组对应连接，如图 6-15 所示。下面分析该差动系统的工作原理。

若 ZLF 的转子从基准零位（定子 S_1 相轴线）顺时针转过角度 θ_1，差动发送机 ZCF 的转子从基准零位（定子 S_{C1} 相轴线）顺时针转过角度 θ_2，而接收机 ZLJ 的转子从基准零位（定子 S_1' 相轴线）转过角度 $\theta_3=\theta_1-\theta_2$。按自整角机的作用原理可画出此刻空间磁密向量的分布如图 6-15 所示。显然，由于 ZLF 励磁后在 ZCF 定子中产生磁密向量 $\vec{B}_C$ 与 S_{C1} 相轴线的夹角为 θ_1，而 ZCF 因转子已顺时针转过 θ_2，使 $\vec{B}_C$ 与 S_1' 相轴线的夹角为 $\theta_1-\theta_2$，于是 ZLJ 转

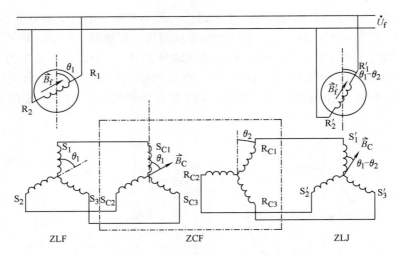

图 6-15　带有 ZCF 的力矩式自整角机系统

子必然从 S_1' 相轴线转过 $\theta_1 - \theta_2$ 达到协调位置。此时该差动系统的失调角 $\delta = 0$，ZLJ 停止在 $\theta_1 - \theta_2$ 的位置。因此，当 ZLF 和 ZCF 的转子同向偏转时，可实现两角之差的传送；若 ZLF 和 ZKC 的转子异向偏转时，则能实现两角之和的传送。力矩式差动发送机 ZCF 的作用是将力矩式发送机 ZLF 转角与自身转子转角之和或之差变换成电信号传输给接收机 ZLJ，实现两角之和或差的传送。

6.5.3　力矩式自整角机的主要技术指标

1. 静态误差 $\Delta\theta_S$

发送机处于停转或转速很低时的工作状态称为静态。在理想情况下，接收机应与发送机转过相同的角度。但由于接收机轴上存在摩擦转矩和阻尼转矩，所以使两者的转角出现差值。把静态空载运行而达到协调位置时，发送机转子转过的角度与接收机转子转过的角度之差称为静态误差。

静态误差通常用度或角、分表示，它决定接收机的精度。根据静态误差的大小可分为 3 个精度等级：0 级为 $0.5°$，1 级为 $1.2°$，2 级为 $2°$。

2. 比整步转矩 T_θ

在协调位置附近，失调角为 $1°$ 时接收机轴上所产生的整步转矩，即

$$T_\theta = K\sin1° \approx 0.01745K$$

比整步转矩越大，其整步能力越强，静态误差越小，所以比整步转矩是 ZLJ 的一项重要性能指标。一般产品数据中均列出它的数值。

3. 零位误差 $\Delta\theta_0$

当 ZLF 的转子励磁后，在理论上，从线电动势为零的某一位置（基准零位）开始，转子每转过 $60°$，整步绕组中必有一线电动势（E_{ab} 或 E_{bc} 或 E_{ca}）为零，此位置称为理论电气零位。但是由于设计、工艺、材料等因素的影响，实际电气零位与理论电气零位存在着差异，两者之差称为力矩式自整角机的零位误差 $\Delta\theta_0$。零位误差以角、分表示，发送机的精度由它决定，根据零位误差的大小分 3 个精度等级：0 级为 $5'$，1 级为 $10'$，2 级为 $20'$。

4. 阻尼时间 t_D

指强迫接收机转子失调（177 ±2）°，放松后，经过衰减振荡达到协调位置时所需要的时间。按规定阻尼时间不应大于 3s。阻尼时间越短，表示接收机的跟随性能越好。为此，在力矩式接收机中通常都装有阻尼绕组，也有的装有机械阻尼器。

6.5.4　力矩式自整角机的应用举例

因为 ZLJ 整步转矩一般都很小，只能带动如指针、刻度盘类的很小负载，所以力矩式自整角机也称作指示式自整角机，它主要用于角度传输的指示系统中。

图 6-16 所示为一个液面位置指示器，浮子随液面的高度升降，通过滑轮带动自整角发送机 ZLF 的转子转动，将液面位置转换成发送机转子的转角。发送机与接收机之间通过导线远距离连接起来，于是接收机转子就带动指针准确地跟随着发送机转子的转角变化而偏转，从而实现了远距离位置的指示。这种指示系统还可以用于电梯和矿井提升机位置的指示及核反应堆中的控制棒指示器等装置中。

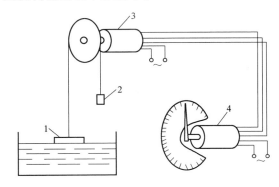

图 6-16　液面位置指示器

1—浮子　2—平衡锤　3—自整角发送机　4—自整角接收机

6.6　直线自整角机

在同步随动系统中，有时要求系统做直线同步位移，如雷达直线测量仪中就采用直线自整角机；而以往大都采用电位器，其精度差，齿轮装置复杂，可靠性也较差。

直线自整角机的工作原理与旋转式自整角机基本相同。图 6-17 为直线自整角机结构示意图。图 6-17a 中 1 为 3 个凸极定子，在定子上绕有三相对称绕组；2 为磁回路；定子 1 与磁回路 2 之间为直线位移的印制动子 3，它是在绝缘材料基片的两面上印制导线而成。图 6-17b 为印制电路板导线连接图，其中粗线表示上层印制导线，细线表示下层印制导线，上、下层导线通过印制基片孔连接，印制基片上有两根平行的引出导线 4 和 5，通过电刷与外电路相连接。由图 6-17b 可见，印制动子 3 上的印制电路为分布单相绕组。

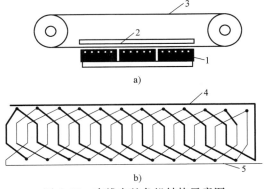

图 6-17　直线自整角机结构示意图

a）结构图　b）印制电路板导线连接图

1—凸极定子　2—磁回路　3—印制动子　4、5—引出导线

印制绕组基片通过两个圆盘轮绞动，当印制绕组中通入交流电流时，定子各相绕组中感应与印制绕组位置有关的电压；若定子三相绕组通电，印制绕组做平行直线运动，其输出端就产生一个与位置有关的输出电压。因此利

用一对这样的直线自整角机，就可实现两绞轮间的直线位移同步。

直线自整角机与传统的旋转自整角机一样，可与直线伺服电动机和直线测速机一起组成直线伺服闭环系统。它适用于直线同步连接系统，可减少齿轮装置，提高系统精度及系统可靠性。

6.7　自整角机的选择和使用

力矩式和控制式自整角机各有不同的特点，选用时应根据电源情况、负载种类、精度要求、系统造价等方面综合考虑。

6.7.1　控制式和力矩式自整角机的特点及其适用的系统和负载

由表6-3可见，若系统对精度要求不高，且负载又很轻时，选用力矩式。其特点是系统简单，不需要放大器、伺服电动机等辅助元件，所以价格低。若系统对精度要求较高，且负载较大，则选用控制式自整角机组成伺服系统。其特点是传输精度高，负载能力取决于系统中伺服电动机和放大器的功率，但系统结构复杂，需辅助元件，所以成本高。

表6-3　控制式和力矩式自整角机的比较

项　目	控制式自整角机	力矩式自整角机
负载能力	自整角变压器只输出信号，负载能力取决于系统中伺服电动机及放大器的功率	接收机的负载能力受到精度及比整步转矩的限制，故只能带动指针、刻度盘等轻负载
精度	较高	较低
系统结构	较复杂，需要用伺服电动机、放大器、减速齿轮等	较简单，不需要用其他辅助元件
系统造价	较高	较低

6.7.2　自整角机的选用

1. 自整角机的技术数据

选用自整角机应注意其技术数据必须与系统的要求相符合，控制式和力矩式自整角机系列的技术数据见有关产品目录，下面给出主要技术数据。

1）励磁电压：指加在励磁绕组上，产生励磁磁通的电压。对于ZKF、ZLF、ZLJ而言，励磁绕组均为转子单相绕组；对于ZKB，励磁绕组是定子绕组，其励磁电压是指加在定子绕组上的最大线电压，它的数值应与所对接的自整角发送机定子绕组的最大线电压一致。

2）最大输出电压：指额定励磁时，自整角机二次侧的最大线电压。对于上述的发送机和接收机均指定子绕组最大线电动势；对于ZKB，则指输出绕组的最大电动势。

3）空载电流和空载功率：二次侧空载时，励磁绕组的电流和消耗的功率。

4）开路输入阻抗：指二次侧开路，从一次侧（励磁端）看进去的等效阻抗。对于上述的发送机和接收机是指定子绕组开路，从励磁绕组两端看进去的阻抗；对于ZKB是指输出绕组开路，从定子绕组两端看进去的阻抗。

5）短路输出阻抗：指一次侧（励磁端）短路，从二次绕组两端看进去的阻抗。

6）开路输出阻抗：指一次侧（励磁端）开路，从二次绕组两端看进去的阻抗。

2. 选用时应注意的事项

1）自整角机的励磁电压和频率必须与使用的电源符合。当电源可以任意选择时，对尺寸小的自整角机，选电压低的比较可靠；对长传输线，选用电压高的可降低线路压降的影响；要求体积小、性能好的，应选 400Hz 的自整角机；否则，采用工频的比较方便（不需要专用中频电源）。

2）相互连接使用的自整角机，其对接绕组的额定电压和频率必须相同。

3）在电源容量允许的情况下，应选用输入阻抗较低的发送机，以便获得较大的负载能力。

4）选用自整角变压器和差动发送机时，应选输入阻抗较高的产品，以减轻发送机的负载。

3. 使用中应注意的问题

1）零位调整：当自整角机在随动系统中用作测量角差时，在调整之前，其发送机和变压器刻度盘上的读数通常是不一致的，因此需要进行调零。调零的方法是：转动发送机的转子使其刻度盘上的读数为零，然后固定发送机转子，再转动变压器定子，使变压器在协调位置时，刻度盘的读数也为零，并固定变压器定子。

2）发送机和接收机切勿调错：为了简化理论分析，曾假设发送机与接收机结构相同。实际上，发送机和接收机是有差异的。对于 ZKF，其转子为凸极结构，而 ZKB 的转子为隐极结构，因为隐极转子的磁通密度在空间上的分布更接近正弦。另外，ZKF 和 ZKB 的定、转子绕组的参数也不一样，因此 ZKF 与 ZKB 不能互换。对于力矩式自整角机，ZLJ 带有电阻尼（与励磁绕组相交 90° 处有一短路绕组，称阻尼绕组）或机械阻尼，而 ZLF 则没有阻尼，若二者对调，易发生振荡，使跟随性能变差。在自整角系统中，有时会遇到不同自整角机相互替换的问题，应注意它们的性能、参数和阻尼等因素。

思考题与习题

1. 自整角机有什么用途？控制式和力矩式各有什么特点及应用范围？

2. 简述控制式和力矩式自整角机的工作原理。

3. 一对控制式自整角机的协调位置和失调角是如何定义的？与力矩式有何不同？

4. 在力矩式自整角机中，接收机整步转矩是怎样产生的？其方向如何？此时发送机转子上受不受整步转矩的作用？

5. 控制式和力矩式自整角机各有哪些性能指标？都是如何定义的？

6. 差动自整角机有什么用途？其结构和连接与普通自整角机有何异同？

7. 一对自整角机定子三相整步绕组的 3 根出线是否可以任意连接，若 S_1 仍与 S_1' 连接，而 S_2 与 S_3' 连接，S_3 与 S_2' 连接，试问将会产生什么结果？

8. 如果一对自整角机定子整步绕组的 3 根连线中有一根断线，或接触不良，试问能不能同步转动？

9. 一对控制式自整角机定、转子相对位置如图 6-18 所示。当发送机转子励磁绕组接电源后，在气隙中产生脉振磁场 $\phi = \Phi_{\mathrm{m}}\sin\omega t$，并在转子绕组感应出电动势 E_{f}，设定、转子绕

组的匝数比 $K = \dfrac{N_S}{N_R}$，定子回路每相总阻抗为 Z，阻抗角为 φ。要求：

（1）写出发送机定子绕组各相电流瞬时值的表达式；

（2）画出自整角变压器转子的协调位置；

（3）求出失调角；

（4）写出输出电压瞬时值的表达式（设输出电压最大值为 U_{2m}）。

10. 一对力矩式自整角机的接线和定、转子位置如图6-19所示。要求：

（1）求出失调角，并画出接收机的协调位置；

（2）判断接收机转子是否受转矩作用，若受转矩作用，则标出其方向。

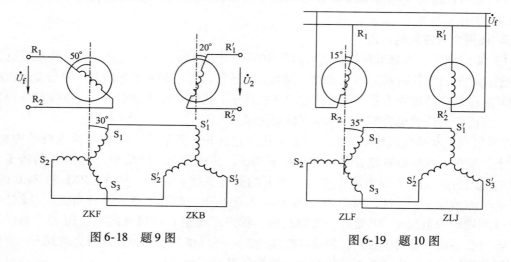

图6-18 题9图　　　　　　图6-19 题10图

11. 图6-20所示为一力矩式差动自整角机系统。当左、右两台发送机转子分别转过角 θ_2、θ_1 时，试问协调时中间差动接收机转过的角度 θ 为多少？

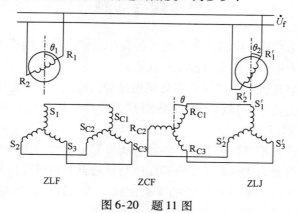

图6-20 题11图

第7章 旋转变压器

旋转变压器是用于自动控制装置中的一类精密控制微电机。从物理本质看，可以认为是一、二次绕组分别放置在定子和转子上的可以旋转的变压器。当旋转变压器的一次侧施加交流电压励磁时，其二次侧输出电压将与转子的转角保持某种严格的函数关系，从而实现角度的检测、解算或传输等功能。

7.1 概述

7.1.1 旋转变压器的分类

旋转变压器有多种分类方法。按有无电刷与集电环之间的滑动接触来分，可以分为有刷和无刷两种；按电机的极数多少来分，可以分为两极式和多极式；按输出电压与转子转角间的函数关系，又可以分为正余弦旋转变压器、线性旋转变压器和比例式旋转变压器等。

根据应用场合的不同，旋转变压器又可分为两大类：一类是解算用旋转变压器，如利用正余弦旋转变压器进行坐标变换、角度检测等，这已在数控机床及高精度交流伺服电动机控制中得以应用；另一类是随动系统中角度传输用旋转变压器，这与控制式自整角机的作用相同，也可以分为旋变发送机、旋变差动发送机和旋变变压器等。利用旋转变压器组成的位置随动系统，其角度传送精度更高，因此多用于高精度随动系统中。

7.1.2 旋转变压器的结构特点

顾名思义，旋转变压器可看作是一种能够旋转的变压器。旋转变压器的基本结构与隐极转子的控制式自整角机相似，只是绕组形式不同。其定子、转子铁心采用高磁导率的铁镍软磁合金片或高导磁性硅钢片冲剪叠压而成。在定子铁心内圆周和转子铁心外圆周都有均布的齿槽，里面放置两组空间轴线互相垂直的定、转子绕组。旋转变压器的结构示意图如图7-1a所示，其中 S_1-S_2 为定子励磁绕组，S_3-S_4 为定子交轴绕组，两绕组结构上完全相同，在定子槽中互差90°对称放置；R_1-R_2 为转子余弦输出绕组，R_3-R_4 为转子正弦输出绕组，它们的结构也完全相同，仅空间位置互差90°，如图 7-1b 所示。

对于有刷结构，转子绕组由集电环和电刷引出接到固定的接线板上；对于无刷结构，一般也多采用与控制式自整角机无刷结构相同的形式，如图 6-4 所示。

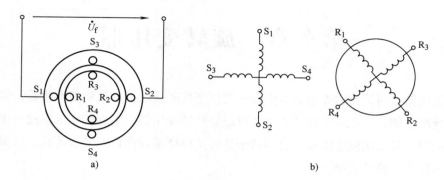

图 7-1 旋转变压器定、转子绕组

a）结构示意图 b）绕组原理图

7.2 正余弦旋转变压器

就工作原理而言，旋转变压器与普通变压器一样，定子绕组相当于变压器的一次侧，转子绕组相当于变压器的二次侧，利用定子绕组和转子绕组之间的电磁耦合进行工作。不同点在于变压器是静止器件，而旋转变压器是旋转器件，定子绕组和转子绕组之间的耦合程度随转子转角的改变而改变，正余弦旋转变压器输出绕组的电压与转子转角呈正弦和余弦函数关系。

7.2.1 正余弦旋转变压器的工作原理

1. 空载运行

为便于理解，先分析空载时的输出电压。设输出绕组 R_1-R_2 和 R_3-R_4 以及定子交轴绕组 S_3-S_4 开路，在励磁绕组 S_1-S_2 施加交流励磁电压 U_f，此时气隙中将产生一个脉振磁场 B_f，脉振磁场的轴线在定子励磁绕组 S_1-S_2 的轴线上，如图 7-2 所示。

与自整角机一样，脉振磁场 B_f 将在转子输出绕组 R_1-R_2 和 R_3-R_4 中分别感应变压器电动势，这些电动势在时间上是同相位的，其有效值与绕组的位置有关。

设余弦输出绕组 R_1-R_2 轴线和定子绕组 S_1-S_2 轴线的夹角为 θ，仿照在自整角机中所得出的式（6-2），就可以写出旋转变压器励磁磁通 Φ_f 在励磁绕组 S_1-S_2 和正弦、余弦输出绕组 R_3-R_4 和 R_1-R_2 中感应的电动势 E_f、E_s 和 E_c

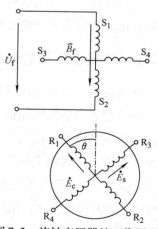

图 7-2 旋转变压器的工作原理

$$\left.\begin{aligned}
E_f &= 4.44fN_1k_{W1}\Phi_m \\
E_c &= 4.44fN_2k_{W2}\Phi_m\cos\theta \\
E_s &= 4.44fN_2k_{W2}\Phi_m\cos(90°-\theta) = 4.44fN_2k_{W2}\Phi_m\sin\theta
\end{aligned}\right\} \tag{7-1}$$

式中，Φ_m 为脉振磁通的幅值；E_s 为在输出绕组 R_3 – R_4 中的感应电动势；E_c 为在输出绕组 R_1 – R_2 中的感应电动势；$N_1 k_{W1}$ 为定子绕组的有效匝数；$N_2 k_{W2}$ 为转子绕组的有效匝数。

若把转子绕组的有效匝数 $N_2 k_{W2}$ 与定子绕组的有效匝数 $N_1 k_{W1}$ 之比定义为旋转变压器的变压比 K_u，即

$$K_u = \frac{N_2 k_{W2}}{N_1 k_{W1}} \tag{7-2}$$

则得

$$\left. \begin{array}{l} E_s = K_u E_f \sin\theta \\ E_c = K_u E_f \cos\theta \end{array} \right\} \tag{7-3}$$

与变压器一样，如果忽略励磁绕组的电阻和漏抗，则 $E_f = U_f$，于是式(7-3)变成

$$\left. \begin{array}{l} E_s = K_u U_f \sin\theta \\ E_c = K_u U_f \cos\theta \end{array} \right\} \tag{7-4}$$

由式(7-4)可见，当电源电压不变时，输出电动势与转子转角 θ 有严格的正弦、余弦关系。

2. 负载运行

在实际使用中，旋转变压器要接上一定的负载，如图 7-3 所示。实验表明一旦输出绕组 R_3 – R_4 带上负载以后，其输出电压不再是转角的正弦、余弦函数，并且负载电流越大，二者的差别也越大。图 7-4 所示为该旋转变压器空载和负载时输出特性的对比。这种输出特性偏离正弦、余弦规律的现象称为输出特性的畸变。

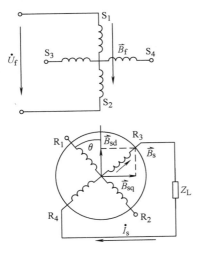

图 7-3　正弦绕组接负载 Z_L

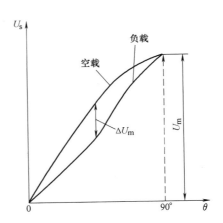

图 7-4　输出特性的畸变

这种畸变是必须加以消除的，为此应分析畸变的原因，并寻找消除畸变的措施。

如图 7-3 所示，当转子正弦输出绕组 R_3 – R_4 接上负载 Z_L 时，绕组中便有电流 I_s 流过，并在气隙中产生相应的脉振磁场。设该磁场的磁通密度沿定子内圆做正弦分布，正弦曲线的幅值位于绕组 R_3 – R_4 的轴线上，所以可以用位于 R_3 – R_4 轴线上的磁通密度空间向量 $\vec{B}_s$ 来表示。为分析方便，把 $\vec{B}_s$ 看作转子电流达到最大时的磁通密度空间向量，并把它分解成两个分量：一个分量与励磁绕组 S_1 – S_2 轴线一致，称为直轴分量，即 $B_{sd} = B_s \sin\theta$；另一个分

量与 $S_1 - S_2$ 轴线正交，即与交轴绕组 $S_3 - S_4$ 轴线一致，称为交轴分量，即 $B_{sq} = B_s cos\theta$。直轴分量所对应的直轴磁通对励磁绕组 $S_1 - S_2$ 来说，相当于变压器二次绕组所产生的磁通。按变压器磁动势平衡关系，当二次侧接上负载流过电流 I_2 时，为维持磁动势平衡，一次电流必将增加一负载分量 I_L，以维持主磁通 Φ_m 和感应电动势 E_1 基本不变。但由于一次电流增加会引起一次侧阻抗压降的增加，因此实际上感应电动势 E_1 和主磁通 Φ_m 均略有减小。同理在旋转变压器中，二次电流所产生的直轴磁场对一次电动势 E_f 及主磁通 Φ_f 的影响也是如此。所不同的是，在变压器中，当一次侧负载不变时，电动势 E_1 和 E_2 是不变的；但在旋转变压器中，由于二次电流及其所产生的直轴磁场不仅与负载有关，而且还与转角 θ 有关，因此旋转变压器中直轴磁通对 E_f 的影响也随转角 θ 的变化而变化。但由于直轴磁通对 E_f 的影响本身就很小，所以直轴磁通对输出电压畸变的影响也很小，可以忽略不计。因此，仍可认为直轴脉振磁通与空载时近似相等，它在各输出绕组中的感应电动势 E_s 和 E_c 仍如式（7-4）所示。

然而，交轴分量 B_{sq} 则不同，由于一次电流不能产生交轴磁动势以抵消转子负载电流磁动势中的交轴分量，所以 B_{sq} 将存在于气隙磁场中。交轴磁通 Φ_{sq} 与励磁绕组正交，不发生匝链关系，也就不会在励磁绕组中感应电动势，而 Φ_{sq} 与正弦输出绕组的轴线夹角为 θ，因此 Φ_{sq} 将在其中感应电动势

$$
\begin{aligned}
E_{sqs} &= 4.44fN_2k_{W2}\Phi_{sq}cos\theta \\
&= 4.44fN_2k_{W2}\Phi_s cos^2\theta \\
&= 4.44fN_2k_{W2}\Lambda F_s cos^2\theta \\
&= 2\pi f(N_2k_{W2})^2\Lambda I_s cos^2\theta \\
&= I_s x_m cos^2\theta
\end{aligned}
\tag{7-5}
$$

式中，x_m 为绕组电抗，$x_m = 2\pi f(N_2k_{W2})^2\Lambda$；$\Lambda$ 为磁路的磁导。

感应电动势 E_{sqs} 落后于 $\Phi_{sq}90°$，而 Φ_{sq} 与 I_s 同相，因此 E_{sqs} 写成相量形式为

$$
\dot{E}_{sqs} = -j\dot{I}_s x_m cos^2\theta
\tag{7-6}
$$

由此得出正弦输出回路的电压平衡方程式为

$$
\dot{E}_s + \dot{E}_{sqs} = \dot{U}_{Ls} + \dot{I}_s Z_s
\tag{7-7}
$$

式中，$\dot{U}_{Ls}$ 为正弦输出绕组负载时的输出电压，$\dot{U}_{Ls} = \dot{I}_s Z_L$；$Z_s$ 为正弦绕组的漏阻抗。将式(7-6)和 $\dot{U}_{Ls} = \dot{I}_s Z_L$ 代入(7-7)得

$$
\dot{I}_s = \frac{\dot{E}_s}{Z_L + Z_s + jx_m cos^2\theta}
\tag{7-8}
$$

而 $E_s = K_u U_f sin\theta$，得到正弦输出绕组负载时的输出电压为

$$
\dot{U}_{Ls} = \frac{K_u U_f sin\theta}{1 + \dfrac{Z_s}{Z_L} + j\dfrac{x_m}{Z_L}cos^2\theta} \approx \frac{K_u U_f sin\theta}{1 + j\dfrac{x_m}{Z_L}cos^2\theta}
\tag{7-9}
$$

可以看出，负载时由于交轴磁场的存在，在输出电压中多出 $j\dfrac{x_m}{Z_L}cos^2\theta$ 项，使旋转变压器的输出特性不再是转角的正弦函数，而是发生了畸变，并且负载阻抗 Z_L 越小，畸变越严重。

7.2.2　输出特性的补偿

旋转变压器负载时输出特性畸变的原因，主要是由交轴磁通引起的。为了消除畸变，就必须设法消除交轴磁通的影响。消除畸变的方法，称之为输出特性的补偿。补偿的方法有二次侧补偿、一次侧补偿及一、二次侧同时补偿。

1. 二次侧补偿的正余弦旋转变压器

当正余弦旋转变压器的一个输出绕组工作，另一个输出绕组做补偿时，称为二次侧补偿。为了补偿因正弦输出绕组中负载电流所产生的交轴磁通，可在余弦输出绕组上接一适当的负载阻抗 Z'，使余弦输出绕组中也有电流 I_c 流过，利用其产生磁场的交轴分量 B_{cq} 来抵消正弦输出绕组产生的交轴磁场 B_{sq}。其接线如图 7-5 所示。当励磁绕组 S_1－S_2 接励磁电压 U_f 后，S_3－S_4 开路，此时正余弦输出绕组中分别产生感应电动势 E_s 和 E_c，并且产生电流 I_s 和 I_c，电流 I_s 和 I_c 分别产生磁场 B_s 和 B_c。为分析方便，把 B_s 和 B_c 分别分解成直轴和交轴分量，如图 7-5 所示。

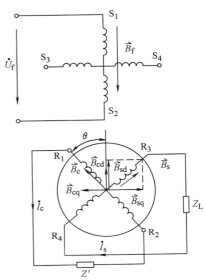

图 7-5　二次侧补偿的正余弦旋转变压器接线

若 B_s 和 B_c 所产生的交轴分量互相抵消，则旋转变压器中就不存在交轴磁通，也就消除了由交轴磁通引起的输出特性的畸变。

下面讨论当转子两相所产生的交轴分量互相抵消达到完全补偿时，余弦输出绕组应满足的条件。

当接入励磁电压 U_f 后，要达到完全补偿，正弦、余弦输出绕组中感应电动势的大小和相位应与空载时一样，即

$$\left.\begin{array}{l} E_s = K_u U_f \sin\theta \\ E_c = K_u U_f \cos\theta \end{array}\right\} \tag{7-10}$$

此时，转子绕组中的电流 I_s 和 I_c 分别为

$$\left.\begin{array}{l} I_s = \dfrac{E_s}{Z_s + Z_L} = \dfrac{K_u U_f \sin\theta}{Z_s + Z_L} \\[3mm] I_c = \dfrac{E_c}{Z_c + Z'} = \dfrac{K_u U_f \sin\theta}{Z_c + Z'} \end{array}\right\} \tag{7-11}$$

式中，Z_s 和 Z_c 分别为正弦、余弦绕组的漏阻抗；Z_L 和 Z' 分别为负载阻抗和补偿阻抗。

由 I_c 在余弦绕组中产生的磁场 $B_c = KI_c$，其交轴分量为

$$B_{cq} = B_c \sin\theta = K \dfrac{K_u U_f \cos\theta}{Z_c + Z'} \sin\theta \tag{7-12}$$

同理由 I_s 在正弦绕组中产生的磁场 $B_s = KI_s$，其交轴分量为

$$B_{sq} = B_s \cos\theta = K \dfrac{K_u U_f \sin\theta}{Z_s + Z_L} \cos\theta \tag{7-13}$$

要获得完全补偿，应该使 B_{cq} 与 B_{sq} 大小相等方向相反。由图 7-5 可知二者方向相反，所以只要 B_{cq} 与 B_{sq} 相等即可，即

$$K\frac{K_u U_f \cos\theta}{Z_c + Z'}\sin\theta = K\frac{K_u U_f \sin\theta}{Z_s + Z_L}\cos\theta \tag{7-14}$$

由此得到 $Z_c + Z' = Z_s + Z_L$，而正弦、余弦绕组是两相对称绕组，即 $Z_c = Z_s$，则有 $Z' = Z_L$。

上述分析表明，在负载情况下，只要使 $Z' = Z_L$，则 B_s 和 B_c 所产生的交轴分量互相抵消，旋转变压器中就不存在交轴磁通，也就消除了由交轴磁通引起的输出特性的畸变。

采用二次侧补偿的方法，若要达到完全补偿，必须保证在任何条件下两输出绕组的负载阻抗总是相等。当负载阻抗 Z_L 变化时，补偿阻抗 Z' 也应跟着做相应的变化，这在实际使用中存在一定难度。这是二次侧补偿存在的缺点，对于变化的负载阻抗最好采用一次侧补偿的方法。

2. 一次侧补偿的正余弦旋转变压器

除采取二次侧补偿方法来消除交轴磁通的影响以外，还可以用一次侧补偿的方法，其旋转变压器的接线如图 7-6 所示。励磁绕组 $S_1 - S_2$ 加交流励磁电压 U_f，$S_3 - S_4$ 绕组接阻抗 Z，转子绕组 $R_3 - R_4$ 接负载 Z_L，绕组 $R_1 - R_2$ 开路。由图 7-6 可以看出，定子交轴绕组 $S_3 - S_4$ 对交轴磁通来说是一个阻尼线圈。因为交轴磁通在绕组 $S_3 - S_4$ 中要产生感应电流，根据楞次定律，该电流所产生的磁通是反对交轴磁通变化的，因而对交轴磁通起去磁作用，从而达到补偿的目的。可以证明，当 Z 等于励磁电源内阻抗 Z_{in} 时，由转子电流所引起的特性畸变可以得到完全的补偿。因一般电源内阻抗 Z_{in} 很小，所以常把交轴绕组直接短路。

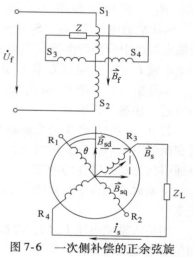

图 7-6　一次侧补偿的正余弦旋转变压器接线

比较两种补偿方法可以看出，采用二次侧补偿时，补偿用的阻抗 Z' 的数值和旋转变压器所带的负载 Z_L 的大小有关，且只有随负载阻抗 Z_L 的变化而变化才能做到完全补偿。而采用一次侧补偿时，交轴绕组短路而与负载阻抗无关，因此一次侧补偿易于实现。

3. 一、二次侧同时补偿的正余弦旋转变压器

在实际应用过程中，正余弦旋转变压器为了得到更好的补偿，常常采用一次侧和二次侧同时补偿的方法，其原理接线图如图 7-7 所示。在正弦、余弦输出绕组中分别接入负载 Z_L 和 Z'，一次侧交轴绕组直接短接，采用一、二次侧同时补偿，二次侧接不变的阻抗 Z'，负载变动时二次侧未补偿的部分由一次侧补偿，从而达到全补偿的目的。

7.2.3　旋转变压器的应用

旋转变压器被广泛应用于高精度随动系统中作为角度信号传输元件，在解算装置中作为解算元件，在计算机或数字装置中作为轴角编码等。

1. 用一对旋转变压器测量角差

将一对旋转变压器按图 7-8 方式连接。左边为发送机 XFS，右边为接收机 XBS，与发送

轴耦合的旋转变压器称为旋变发送机，与接收轴耦合的旋转变压器称为旋变接收机或旋变变压器。如前所述，旋转变压器中定子、转子绕组都是两相对称绕组。当用一对旋转变压器测量角差时，为了减少由于电刷接触不良而造成的不可靠性，常常把定子、转子绕组互换使用，即旋变发送机转子绕组 $R_1 - R_2$ 加交流励磁电压 U_f，绕组 $R_3 - R_4$ 短路，用作补偿交轴磁通，旋变发送机和旋变变压器的定子绕组相互连接。这样，在旋变变压器的转子绕组 $R_3' - R_4'$ 两端输出一个与两转轴角差 $\delta = \theta_1 - \theta_2$ 的正弦函数成正比的电动势，当角差较小时，该输出电动势近似正比于角差。因此，一对旋转变压器可以用来测量角差。

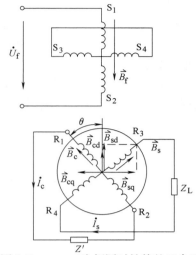

图 7-7　一、二次侧同时补偿的正余弦
旋转变压器接线

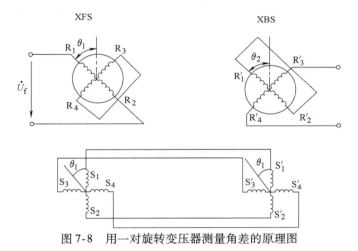

图 7-8　用一对旋转变压器测量角差的原理图

　　用一对旋转变压器测量角差的工作原理和一对自整角机测量角差的工作原理相同。因为这两种电机的气隙磁场都是脉振磁场，虽然定子绕组的相数不同，但都属于对称绕组，因此两者内部的电磁关系是相同的。完全可仿照分析控制式自整角机工作原理的方法加以证明。

　　由于一对旋转变压器测角原理和控制式自整角机完全相同，所以有时把这种工作方式的旋转变压器叫作四线自整角机。一般说来，旋转变压器的精度要比自整角机高。这是由于旋转变压器要满足输出电压和转角之间的正弦、余弦关系而对绕组进行特殊的设计，加之旋变发送机一次侧有短路补偿绕组，可以消除由于工艺上造成的两相整步绕组不对称所引起的交轴磁动势。但旋转变压器用来测量角差时，发送机和接收机的整步绕组要有 4 根连接线，比自整角机多，而且旋转变压器价格比自整角机高。因此，一般控制系统是用自整角机测量角差，只有高精度的随动系统才采用旋转变压器进行角差测量。

2. 用旋转变压器检测转子位置

　　在要求较高的速度和位置控制系统中，由矢量控制的永磁交流同步伺服电动机构成的伺服系统得到广泛应用。为了实现电动机的矢量控制，精确的转子位置检测是首要的，可采用旋转变压器完成这一功能。图7-9是永磁交流同步伺服电动机速度控制系统框图。

可以看出，旋转变压器在该系统中的作用：一是检测转子位置，以产生相应的三相对称的三角函数；二是提供转角信号并由 $n = \mathrm{d}\theta/\mathrm{d}t$ 得到转速，实现速度负反馈。其中产生角度信号的轴角转换电路多采用专用的旋转变压器数字变换器 RDC（Resolver Digital Converter）等大规模集成电路实现，详见第7.5节。

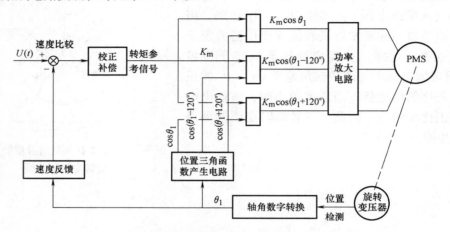

图7-9 永磁交流同步伺服电动机速度控制系统框图

7.3 线性旋转变压器

将正余弦旋转变压器的定子和转子绕组进行改接，就可变成线性旋转变压器。线性旋转变压器输出绕组的输出电压与转子转角呈线性关系，所以称为线性旋转变压器。

对于图7-6所示的一次侧补偿的正余弦旋转变压器，将定子绕组 $S_1 - S_2$ 与转子绕组 $R_1 - R_2$ 串联后施加励磁电压 U_f，转子绕组 $R_3 - R_4$ 仍为输出绕组接输出负载 Z_L，就构成一台线性旋转变压器，如图7-10所示。下面分析它的工作原理。

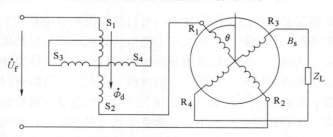

图7-10 线性旋转变压器原理图

若转子逆时针转过 θ 角，由于定子绕组的补偿作用，使得定子绕组 $S_1 - S_2$ 及转子绕组 $R_1 - R_2$ 合成磁动势所产生的磁通仅存在直轴分量，交轴磁通被完全抵消，则直轴磁通 $\varPhi_d$ 将在绕组 $S_1 - S_2$、$R_1 - R_2$ 和 $R_3 - R_4$ 中分别感应电动势，如式(7-3)所示。若不计绕组 $S_1 - S_2$ 和 $R_1 - R_2$ 的漏抗压降，根据电动势平衡关系可得

184

$$U_f = E_f + K_u E_f \cos\theta = E_f(1 + K_u \cos\theta) \tag{7-15}$$

因输出绕组的电压为 $U_L = E_s = K_u E_f \sin\theta$，则

$$\frac{U_L}{U_f} = \frac{K_u E_f \sin\theta}{E_f(1 + K_u \cos\theta)} = \frac{K_u \sin\theta}{1 + K_u \cos\theta} \tag{7-16}$$

所以旋转变压器输出绕组的电压为

$$U_L = \frac{K_u \sin\theta}{1 + K_u \cos\theta} U_f \tag{7-17}$$

根据式(7-17)，可绘制出输出电压与转子转角 θ 的关系曲线如图 7-11 所示。

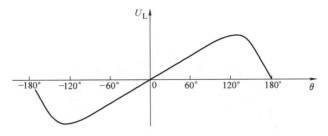

图 7-11　线性旋转变压器输出特性曲线

由上图可见，在转角很小时，即在 $\theta = \pm 60°$ 范围内其输出电压可以看成是转角 θ 的线性函数，将这种线性关系与理想直线关系进行比较，其误差在 0.1% 范围内。根据计算，满足线性关系时变压比 K_u 的最佳值是 0.55，通常设计的变压比 K_u 选在 0.54 ~ 0.57 之间。当要求在更大的角度范围内得到与转角呈线性关系的输出电压时，直接使用线性旋转变压器就不能满足要求了。

7.4　磁阻式旋转变压器

7.4.1　概述

传统的旋转变压器转子为绕线式，虽然精度很高，但有刷旋转变压器存在电刷与集电环之间的滑动接触，使其可靠性、运行速度以及寿命等受到影响，应用日益减少；环形变压器式无刷旋转变压器由于增加了耦合变压器，使其体积、成本增加，结构复杂。为了克服上述缺点，近年来提出了一种新型磁阻式旋转变压器，其励磁绕组和输出绕组均放置在定子上，转子上没有任何绕组，因此也不需要电刷。这种磁阻式旋转变压器不仅结构简单、紧凑，并且具有高精度、耐高温高湿、高可靠性、防水防尘以及较强的抗干扰能力等优点，因此适用范围非常广泛，特别是在航空航天、汽车、电力、机器人系统等工作环境恶劣或需要高可靠性的领域（这些领域中绕线式旋转变压器和光电编码器等通常无法满足工作需求）。

磁阻式旋转变压器是一种利用磁阻变化使输出绕组电压随转子位置角按正弦、余弦规律变化的旋转变压器。根据其磁阻变化原理的不同，又可以分成两种：一种是通过改变定子、转子之间的气隙长度达到改变磁路磁阻的目的，称为径向磁阻式旋转变压器；另一种则是通过改变轴向气隙磁通路径的横截面积来改变磁阻的，称为轴向磁阻式旋转变压器。磁阻式旋转变压器的结构形式多种多样，其中以具有凸极转子的径向磁阻式旋转变压器技术最为成

熟。本节将以此为例，介绍磁阻式旋转变压器的结构和工作原理。

7.4.2 磁阻式旋转变压器的结构

一台转子有 6 个凸极的径向磁阻式旋转变压器的结构示意图如图 7-12 所示。其定子为半闭口槽结构，以同时容纳励磁绕组和正弦、余弦输出绕组。励磁绕组和输出绕组均为各槽等匝数的集中绕组，其中励磁绕组采用逐齿反向串接的形式，形成 $Z/2$ 对磁极（Z 为定子齿数）；而两相输出绕组的每一相绕组均为隔齿反向绕制，即由 1、3、5、…奇数齿上的线圈依次反向串联构成余弦绕组，2、4、6、…偶数齿上的线圈依次反向串联构成正弦绕组，如图 7-13 所示。

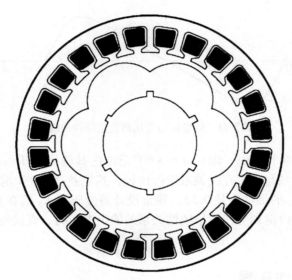

图 7-12 磁阻式旋转变压器结构示意图

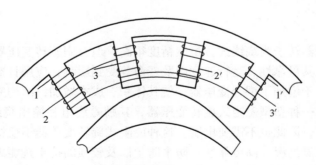

图 7-13 绕组连接示意图

1，1′—励磁绕组 2，2′—余弦绕组 3，3′—正弦绕组

转子为没有任何绕组的凸极铁心，磁极的形状需进行特殊设计，以使气隙磁导随转子位置的变化只包含恒定分量和基波分量，从而使输出绕组的感应电动势随转子位置按正弦、余弦规律变化。

7.4.3　磁阻式旋转变压器的工作原理

磁阻式旋转变压器的基本工作原理是：利用转子的凸极效应，使励磁绕组和两相输出绕组之间的耦合关系随转子位置变化，从而在两相输出绕组中感应出具有转子位置信息的变压器电动势。当转子转动时，转子的凸极效应使各定子齿下的气隙磁导相应地变化，转子每转过一个转子凸极，气隙磁导变化一个周期，转子转过一个圆周时，气隙磁导的变化周期数与转子凸极数 p 相等，因此转子凸极数就是磁阻式旋转变压器的极对数。

前已述及，气隙磁导应设计成只包含恒定分量和基波分量，则理想情况下第 i 个定子齿下的磁导 Λ_i 随转子位置的变化规律可表示为

$$\Lambda_i = \Lambda_0 + \Lambda_1 \cos\left[p\theta + (i-1)\frac{2p\pi}{2}\right] \tag{7-18}$$

式中，θ 为用机械角度表示的转子位置角；Λ_0 为磁导的恒定分量；Λ_1 为磁导基波分量的幅值。

若励磁绕组每齿匝数为 N_f，当励磁绕组电流为 I 时，每个齿的励磁磁动势为 $N_f I$，此时励磁绕组匝链的气隙磁链 Ψ_f 为

$$\Psi_f = \sum_{i=1}^{Z} N_f^2 I \Lambda_i = N_f^2 I \sum_{i=1}^{Z} \Lambda_i = N_f^2 I \Lambda \tag{7-19}$$

式中，Λ 为气隙合成磁导

$$\Lambda = \sum_{i=1}^{Z} \Lambda_i$$

将式（7-18）代入上式，可得

$$\Lambda = Z\Lambda_0 + \Lambda_1 \sum_{i=1}^{Z} \cos\left[p\theta + (i-1)\frac{2p\pi}{Z}\right] = Z\Lambda_0 \tag{7-20}$$

则励磁绕组的励磁电感 L_{fm} 为

$$L_{fm} = \frac{\Psi_f}{I} = N_f^2 \Lambda = Z N_f^2 \Lambda_0 \tag{7-21}$$

由上述分析可见，由于各定子齿下气隙磁导的基波分量之和等于零，使得气隙合成磁导 Λ 为恒值，因此励磁绕组的励磁电感与转子位置无关，当励磁绕组施加大小恒定的正弦励磁电压时，励磁电流也不随转子位置变化，故总励磁磁动势及所有齿下的气隙磁通之和均保持不变。由于励磁磁动势不变，各定子齿下的励磁磁通随转子位置的变化规律与其磁导一致，因此第 i 个定子齿下的励磁磁通 Φ_i 可以表示为

$$\Phi_i = \Phi_0 + \Phi_1 \cos\left[p\theta + (i-1)\frac{2p\pi}{Z}\right] \tag{7-22}$$

式中，Φ_0 为一个定子齿磁通的恒定分量；Φ_1 为一个定子齿磁通的基波幅值。

根据正弦、余弦绕组的连接规律，两相输出绕组匝链的磁链应为

$$\begin{cases} \Psi_c = \sum_{i=1,3,5,\cdots} N_s (-1)^{\frac{i-1}{2}} \Phi_i \\ \Psi_s = \sum_{i=2,4,6,\cdots} N_s (-1)^{\frac{i}{2}} \Phi_i \end{cases} \tag{7-23}$$

式中，Ψ_c 和 Ψ_s 分别为余弦绕组和正弦绕组的磁链；N_s 为输出绕组每齿匝数。

将式（7-22）代入式（7-23），并化简后可得

$$\begin{cases} \Psi_c = \dfrac{1}{2}ZN_s\Phi_1\cos(p\theta) \\ \Psi_s = \dfrac{1}{2}ZN_s\Phi_1\sin(p\theta) \end{cases} \tag{7-24}$$

由此，在正弦、余弦绕组中产生的感应电动势为

$$\begin{cases} E_c = 4.44f\Psi_c = 2.22fZN_s\Phi_1\cos(p\theta) = E_m\cos(p\theta) \\ E_s = 4.44f\Psi_s = 2.22fZN_s\Phi_1\sin(p\theta) = E_m\sin(p\theta) \end{cases} \tag{7-25}$$

式中，f 为励磁电源的频率；E_m 为输出绕组感应电动势的最大有效值，$E_m = 2.22fZN_s\Phi_1$。

需要指出的是，以上分析是在理想条件下进行的，实际磁阻式旋转变压器的转子凸极形状很难为理想状态，因此气隙磁导中除了恒定分量的基波分量之外，往往还不可避免地含有高次谐波分量，因此输出绕组感应电动势中也会包含某些高次谐波。

磁阻式旋转变压器特有的结构特点决定了其具有不同于传统绕线式旋转变压器的一些特有误差，这些误差主要来源于实际磁极形状与理想值的偏差，以及定子开槽的分度误差等，导致其精度与绕线式旋转变压器相比要略差一些。

7.5 数字式旋转变压器

7.5.1 概述

旋转变压器应用于计算机控制的数字伺服系统中，需要一定的接口电路，通常把应用数字芯片接口电路的旋转变压器称为数字式旋转变压器。

随着微电子技术的进步和现代工业技术的发展，现代伺服系统已经迅速地从模拟控制转向数字控制，对转角传感器提出了数字化、高分辨率的要求。

常用的转角传感器有光电编码器和旋转变压器。光电编码器分增量式和绝对式两种。增量式光电编码器结构简单，但无法输出绝对位置信息。绝对式编码器虽能得到绝对转角，但结构复杂，成本高。光电编码器内含有电子线路和光栅，对使用环境有一定要求。旋转变压器是利用电磁感应原理的一种模拟器件，其特点是坚固耐用、抗冲击性能好、抗干扰能力强、成本低，因而广泛应用于许多自动控制系统中。

旋转变压器的接口电路，或者称为分解器数字变换器（Resolver – to – Digital Converter，RDC），实现了模拟信号到控制系统数字信号的转换。分解器是旋转变压器的另一种叫法，因为旋转变压器输出正弦信号和余弦信号，其实就是一种信号正交分解的形式。目前，RDC单片集成电路已有多种，如 AD2S83、AD2S90 等。由旋转变压器和 RDC 单片集成电路就可以构成高精度的转角位置检测系统，直接输出数字化的转角位置信息，配合主控芯片使用十分方便。下面以比较常用的美国 AD 公司的 AD2S83 为例，来说明它的引脚功能、特点、典型外围电路配置和工作过程。

7.5.2 AD2S83 芯片

1. AD2S83 芯片的引脚功能及特点

AD2S83 芯片的引脚功能如表 7-1 所示。

表 7-1　AD2S83 芯片引脚功能

引脚号	名称	功能
1	DEMOD　O/P	解调器输出
2	REFERENCE　I/P	参考信号输入，输入范围 +12 ～ -12V
3	AC ERROR　O/P	比率乘法器输出
4	COS	余弦信号输入，输入范围 +12 ～ -12V
5	ANALOG GND	电源地
6	SIGNAL GND	旋转信号地
7	SIN	正弦信号输入，输入范围 +12 ～ -12V
8	+Vs	正电源，+12V
10 ～ 25	DB1 ～ DB16	并行数据输出
26	+V_L	逻辑电源，+5V
27	$\overline{\text{ENABLE}}$	逻辑高：数据输出脚呈高阻状态 逻辑低：数据脚输出有效数据
28	BYTE SELECT	逻辑高：最高有效位送 DB1 ～ DB8 逻辑低：最低有效位送 DB1 ～ DB8
30	$\overline{\text{INHIBIT}}$	逻辑低禁止向输出锁存器送数据
31	DIGITAL GND	数字地
32 ～ 33	SC2 ～ SC1	选择转换器的分辨率
34	$\overline{\text{DATA LOAD}}$	逻辑低：DB1 ～ DB16 为输入 逻辑高：DB1 ～ DB16 为输出
35	$\overline{\text{COMPLEMENT}}$	低电平有效
36	BUSY	转换忙信号，高电平时数据无效
37	DIRECTION	表示输入信号旋转方向的逻辑值
38	RIPPLE CLOCK	正脉冲表示输出数据从全"1"变到全"0"或相反
39	-Vs	负电源，-12V
40	VCO　I/P	压控振荡器输入
41	VCO　O/P	压控振荡器输出
42	INTEGRATOR　O/P	积分器输出
43	INTEGRATOR　I/P	积分器输入
44	DEMOD　I/P	解调器输入

AD2S83 芯片具有以下特点：

1）提供 10、12、14 和 16 位的分辨率，允许用户通过外围器件的不同连接选用适合的分辨率。

2）通过三态输出引脚输出并行二进制数，因而很容易与 DSP 或单片机等控制芯片接口。

3）采用跟踪比率转换方式，使之能连续输出数据而没有转换延迟，并具有较强的抗干扰和远距离传输能力。

4）用户可以通过外围阻容元件的选择来改变带宽、最大跟踪速度等动态性能。

5）具有很高的跟踪速度，10 位分辨率时，最大跟踪速度可达 1040r/s。

6）能产生与转速成正比的模拟信号，输出范围为 DC ±8V，通常线性度可达 ±0.1%，回差小于 ±0.3%，可代替传统的测速发电机，提供高精度的速度信号。

7）具有过零标志信号和旋转方向信号。

8）正常工作的参考频率为 0 ~ 20kHz。

2. AD2S83 芯片的典型外围电路配置

图 7-14 所示为当采用 12 位分辨率时，AD2S83 芯片外围电路的典型配置。输出数据的分辨率由控制引脚 SC1 和 SC2 的逻辑状态决定，取值为 00 ~ 11 时，分别选择 10、12、14 和 16 位分辨率。图中各电阻和电容的值是在参考频率为 5kHz，带宽为 520Hz，最大跟踪速度为 260r/s 情况下算出的。在实际应用中，需要根据具体情况选取合适的值。

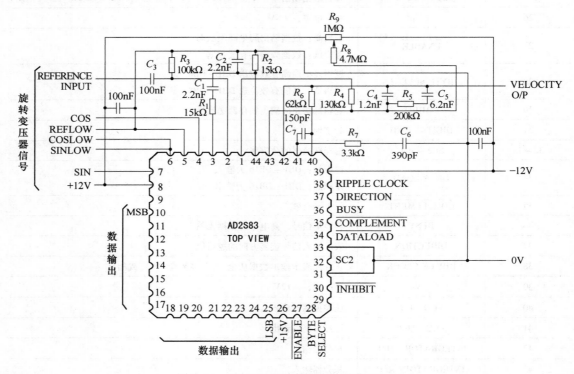

图 7-14　AD2S83 芯片外围电路的典型配置

3. AD2S83 的工作过程

旋转变压器正弦绕组的电压信号接入 SIN 引脚 7，余弦绕组电压信号接入 COS 引脚 4，励磁绕组的电压信号接入 REFERENCE I/P 引脚 2。旋转变压器的两个接地端均接入 SIGANAL GND 引脚 6，以减少正、余弦信号间的耦合。另外，旋转变压器的正弦、余弦信号以及参考信号最好分别使用双绞屏蔽线。变换器的数据输出 DB1 ~ DB16 通过外部锁存器接单片机的数据总线或预留的 IO 口，输出数字信号为 5V 电平。

单片机对 AD2S83 读取数据时，首先对 INHIBIT 施加低电平信号，阻止内部的输出数据锁存器刷新，当 INHIBIT 被置为低电平并延迟 600ns 后才能读取有效数据。若 ENABLE 信号已置为低电平，即可读取数据至引脚。读完数据后，应立即释放INHIBIT信号，把它置为高电平，以使输出数据锁存器能被刷新。若要快速读取数据，可以将INHIBIT信号始终置为高电平，不再阻止内部的输出数据锁存器刷新，允许即时刷新。若ENABLE信号始终置为低电平，则始终允许读出数据。

AD2S83 在接入旋转变压器后即自动开始转换，转换结束后会将 BUSY 引脚置为低电平。单片机需要读取转角位置数据时，可以不断地查询 BUSY 引脚信号，当 BUSY 信号变为低电平时，触发外部锁存器锁存转角位置数据。此时，单片机读取的数据即为最新的转角位置数据。这种读取方法，单片机只需等待 BUSY 信号的改变，大大提高了读取速度。理论上估算，查询 BUSY 信号的最大等待时间只有 200ns。

7.6　旋转变压器的误差分析及主要技术指标

7.6.1　旋转变压器的误差分析

前面讲述旋转变压器工作原理时，认为任一绕组通入电流时，在气隙中产生的磁场都是按正弦规律分布。所以采用适当的接线方式时，其旋转变压器输出电压的大小与转子转角呈某种函数关系。实际上，会有一些因素影响这种严格的函数关系，从而引起输出电压的误差。产生误差的原因主要有以下几点。

1）当绕组中流过电流时，由于磁路饱和的影响，它所产生的磁场在空间为非正弦分布，所以在绕组中要感应谐波电动势。

2）因定子、转子铁心的齿槽影响，要在绕组中产生齿谐波电动势。

3）材料和制造工艺的影响造成定子、转子偏心，引起电机中气隙不均匀，造成两套绕组的不对称。

4）实际使用中由于未能达到完全补偿的条件，使电机中存在交轴磁场，造成输出电压的误差。

在上述误差中，属于制造工艺的误差，应在电机制造过程中保证严格的工艺要求。电路上的误差根据要求采用恰当的补偿方法来消除。属于定子、转子铁心的齿槽影响及磁路饱和引起的谐波，应在电机设计中加以考虑。

7.6.2　旋转变压器的主要技术指标

旋转变压器的主要技术指标见表 7-2。

表 7-2　旋转变压器的主要技术指标

名　称	含　义	范　围	备　注
额定电压 U_N	励磁绕组应加的电压值	20V、26V、36V 等	
额定频率 f	励磁电压的频率	50Hz、400Hz	工频使用起来比较方便，但性能会差一些；400Hz 性能好，但成本高，选择时注意性价比

（续）

名 称	含 义	范 围	备 注
开路输入阻抗 Z_{ci}	输出端开路时，励磁端的阻抗	$200 \sim 10000\Omega$，共 9 种	在一定的励磁电压下，开路输入阻抗越大，励磁电流越小，所需电源容量也越小
短路输出阻抗 Z_{so}	输入端短路时，输出端的阻抗	数十至数百欧姆	应与负载阻抗匹配，负载阻抗应为短路输出阻抗的数百倍，越高越好
变压比 K_u	在规定励磁条件下，最大空载输出电压的基波分量与励磁电压的基波分量之比	$0.15 \sim 2$ 共 7 种	应根据所要求的输出电压选择变压比
正弦、余弦函数误差 δ_{sc}	正余弦旋转变压器一相励磁绕组额定励磁，另一相短接。在不同转角下，两相输出电压的实际值与理论值之差，对最大理论输出电压之比	$0.05\% \sim 0.2\%$	产生误差的主要原因是加工不良，齿槽影响，磁性材料非线性。作计算元件用时，影响解算精度
交轴误差 $\Delta\theta_q$	正余弦旋转变压器一相励磁绕组额定励磁，另一相短接，所有的定子和转子绕组在转子转角为 0°、90°、180°、270° 时的零位组合的角度偏差	$3' \sim 16'$	磁路不对称，定、转子铁心同轴度及圆柱度差，铁心片间短路，绕组分布不对称及匝间短路等，都会产生交轴误差，它影响计算和数据传输系统的精度
线性误差 δ_l	线性旋转变压器在工作转角范围内，不同转角时，与最大输出电压同相的输出电压的基波分量与理论值之差，对最大理论输出电压之比	$0.06\% \sim 0.22\%$	产生原因除加工不良，磁性材料非线性外，还有设计原理误差。最大线性转角范围一般为 $\pm 60°$
电气误差 $\Delta\gamma_e$	旋变发送机、旋变差动发送机、旋转变压器在不同转角位置下，两个输出绕组的电压比所对应的正切或余切角度与实际转角之差	$3' \sim 12'$	它是旋转变压器的函数误差、交轴误差、变压比误差及阻抗不对称等的综合误差。电气误差大，使数据传输系统的精度下降
零位电压 U_0	转子处于电气零位时的输出电压（由与励磁电压频率相同，但相位相差 90° 的基波分量和励磁频率奇数倍的谐波分量组成）	额定输出电压的 $0.05\% \sim 0.3\%$	由磁性材料非线性、磁路不对称、气隙不均匀及绕组分布、铁心错位等因素所引起。零位电压过高，使放大器饱和
相位移 φ	在规定励磁条件下，输出电压基波分量与输入电压基波分量之间的相位差	$3° \sim 12°$	由铁损耗及励磁绕组电阻所产生

注：正余弦旋转变压器精度等级由函数误差和交轴误差两者中较低的精度等级来决定。

7.6.3 产品的选择及使用注意事项

旋转变压器在自动控制系统中具有检测和解算功能，是一种高精度的检测解算元件。目前主要用于三角运算、坐标变换、移相器、角度数据传输和角度数据转换等方面，并可进行远距离的数据传输和角位测量。在选择产品时根据系统的使用场合和精度要求确定其主要技术数据，如电压、频率、变压比和开路输入阻抗等。

在使用中主要应注意以下几点：

1）因旋转变压器要求在接近空载的状态下工作，故负载阻抗应远大于旋转变压器的输出阻抗。两者的比值越大，输出特性的畸变就越小。

2）使用前首先应准确地调整零位，否则误差将加大，精度降低。

3）只接一相励磁绕组时，另一相要短接或接一与励磁电源内阻相等的阻抗。

4）当采用两相绕组同时励磁时，因只能采用副方补偿的方法，两相输出绕组的阻抗应尽可能相等。

7.7　多极旋转变压器和感应同步器

7.7.1　多极旋转变压器

在角差测量中，用一对旋转变压器测量，比用一对自整角机测量可获得更高的精度，但也只能达到几个角分。随着对系统精度要求越来越高，单靠一组高精度的旋转变压器已无法满足要求。多极的旋转变压器与一对极的旋转变压器相比，由于输出电压周期不同，而具有更高的角度测量精度。为了提高系统对检测的精度要求，同时保证角度测量的范围不变，常采用两极旋转变压器和多极旋转变压器组成的双通道同步随动系统。

1. 多极旋转变压器的工作原理

多极旋转变压器与两极旋转变压器的工作原理是相同的，只是气隙中产生一个多极的磁场，使输出电压的周期不同。当多极旋转变压器为 p 对极，且定子一相接电源励磁时，沿定子内圆的气隙中形成 p 对极的磁场，每对极磁场在空间占有 $360°/p$ 的机械角度，如图 7-15 所示。图 a、b 分别为两极和多极旋转变压器的磁场分布图。显然，旋转变压器旋转一周，一对极者转过一个正弦波磁场，即转过 360° 电角度，p 对极者则旋转 p 个正弦波磁场，即转过 $p×360°$ 电角度。

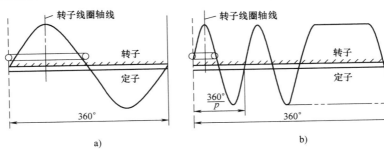

图 7-15　旋转变压器的磁场展开图

a）一对极　b）p 对极

由于旋转变压器每转过一对极，即一个正弦波磁场，转子绕组中感应电动势变化一个周期。所以，当转子转过 θ 角时，一对极旋转变压器的转子输出电压为

$$U_{2(1)} = U_{m(1)}\sin\theta \tag{7-26}$$

而 p 对极的输出电压为

$$U_{2(p)} = U_{m(p)}\sin(p\theta) \tag{7-27}$$

式中，$U_{m(1)}$ 和 $U_{m(p)}$ 分别为一对极和 p 对极输出电压的最大值。

输出电压的波形如图 7-16 所示。

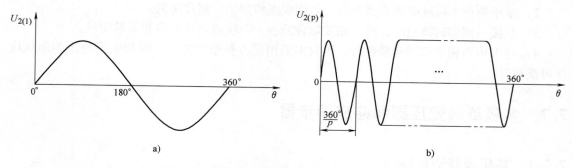

图 7-16　旋转变压器输出电压与转子转角的关系

a）一对极　b）p 对极

2. 多极旋转变压器的应用

图 7-17 为由多极旋转变压器和两极旋转变压器共同组成的电气变速双通道同步随动系统原理图。

图中 XFS 和 XBS 是两个一对极的旋转变压器，它们组成粗测通道；XFD 和 XBD 是两个 p 对极的旋转变压器，它们组成精测通道。两个通道的旋转变压器发送机 XFS、XFD 与两个通道的旋转变压器接收机 XBS、XBD 分别直接耦合，图中虚线表示机械连接，即直流伺服电动机 M 与两个通道的旋转变压器接收机 XBS、XBD 的转子同轴连接。两个通道的输出端通过粗精转换电路接至放大解调器，经放大后的电压控制直流伺服电动机，带动负载及 XBS、XBD 的转子转动。

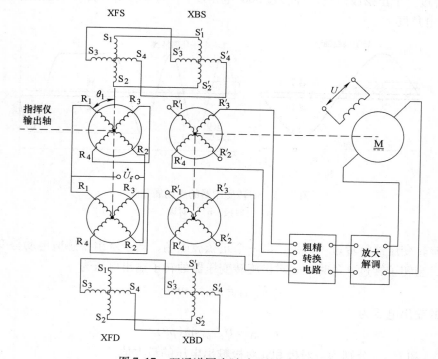

图 7-17　双通道同步随动系统原理图

粗测通道和精测通道的工作原理都与图 7-8 所示用一对旋转变压器测量角差相似。当发送轴转角为 θ_1、接收轴转角为 θ_2 时，粗测通道的角度差为 $\theta_1 - \theta_2$，而精测通道的角度差则为 $p(\theta_1 - \theta_2)$，它们的输出电压有效值分别是这两个转角差的正弦函数，即

粗测通道输出电压为　　　　$U_{2(1)} = U_{m(1)} \sin(\theta_1 - \theta_2) = U_{m(1)} \sin\delta$

精测通道输出电压为　　　　$U_{2(p)} = U_{m(p)} \sin(p\theta_1 - p\theta_2) = U_{m(p)} \sin(p\delta)$

图 7-18 中的曲线 1 和 2 分别表示一对极和 p 对极旋转变压器在较小失调角时的输出电压有效值波形。假定角差为 δ_0 时，两极旋转变压器的输出电压为 U_0，如曲线 1 上的 B 点，经过解调放大后，刚好不能驱动直流伺服电动机转动，造成系统误差 δ_0。若改用多极旋转变压器，在同样的 δ_0 时，其输出电压 $U_{2(p)} = U_{m(p)} \sin(p\delta_0)$，如曲线 2 上 A 点，输出电压较高，经解调放大后能驱动直流伺服电动机继续转动，直到 $U_{2(p)} = U_0$ 时伺服电动机停止转动，在曲线 2 上对应的电气角差为 δ_0'。由图可以看出，

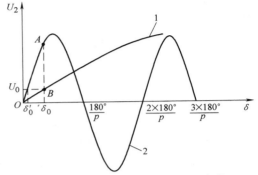

图 7-18　粗精通道的输出电压波形

δ_0' 比 δ_0 小得多，因而系统的精度获得较大的提高。一般来说，多极旋转变压器的极数越多，系统的精度就越高，但相应的制造难度就越大。

但是应该注意，只用精测通道的多极旋转变压器是不行的，这会使系统失去协调能力，造成错误。参照图 7-18，失调角 δ 在 $0° \sim 360°$ 范围内，两极旋转变压器只有一个稳定平衡点 0，而对精测通道的多极旋转变压器而言，却有 p 个稳定平衡点，即每个 $k \times 360°/p$（$k = 0，1，2，3，\cdots，p-1$）的位置都是稳定平衡点。当考虑执行电动机的死区电压时，问题就更为严重了，电动机可能在角差为 $k \times 360°/p$（$k = 1，2，3，\cdots，2p$）的 $2p$ 个虚假协调位置上稳定，实际上是丧失了协调能力。因此，在角差稍大时，仅用一对多极旋转变压器是不行的，应采用图 7-17 所示的双通道随动系统。其工作过程如下：当发送轴和接收轴处在大失调角时，粗精转换器使系统只在粗测信号下工作，由粗测通道的 XBS 输出电压来控制伺服电动机转动，将负载与接收机带入小失调角度范围后，使系统转入在精测信号下工作，由精测通道的 XBD 输出电压来控制伺服电动机转动，使系统的误差 δ_0' 比单通道误差 δ_0 小得多。该测角系统既充分利用了多极旋转变压器的优点，又避免了错误同步的缺点。

这种粗精双通道同步随动系统具有较高的精度，可实现系统精度小于 $1'$。一般两极旋转变压器的精度只能做到几到几十角分，而多极旋转变压器的精度可以达到 $20''$，甚至 $3'' \sim 7''$。

多极旋转变压器的结构一般为单独精机结构和粗精机组合在一起的组合结构两种。在电气变速双通道同步随动系统中，粗机和精机总是连接在一起的，所以组合式结构对用户安装使用都比较方便。

多极旋转变压器除了在角度数据传输的同步随动系统中得到广泛应用之外，它还可以应用于解算装置和数/模转换装置中。目前，在高精度永磁交流同步伺服电动机系统中，就多采用多极旋转变压器完成转子位置检测功能以实现矢量控制。

7.7.2　感应同步器

感应同步器是一种高精度的位置（角度或位移）检测元件，其工作原理与多极旋转变压器完全一样，只是结构上采用了印制绕组，具有一些独有的特征。它具有结构简单、制造方便、环境适应性强、工作可靠、精度高等优点，因而在机床数显系统、数控机床闭环伺服系统、精密测量系统（如三坐标测量机）以及高精度跟踪系统（如导弹制导、雷达天线定位等）中得到了广泛应用。

1. 感应同步器的结构特点

感应同步器基本结构形式有直线式和圆盘式两种，前者用于测量直线位移，后者用来测量转角。

（1）直线式感应同步器

直线式感应同步器的结构类型较多，如标准式、窄式、带式、多速式和组合式，但基本结构都是由定尺和滑尺两部分组成。图 7-19 是国产 GZ_H^D 型直线式感应同步器的外形示意图。定尺和滑尺都是平板形，互相平行，其间有 0.25mm 的间隙，在两尺相对的表面上有印制绕组。定尺上的印制绕组是由印制导片均匀排列的连续绕组，相邻两导片的间距称极距 τ，极对数（导片对数）可达数百对，甚至数千对。滑尺上是分段绕组，同一段内的导片间距也是 τ。而相邻两段的间距则错开一个半极距。各段绕组分为正弦绕组 S 和余弦绕组 C 相间排列，同类绕组正向串联，最后构成正弦、余弦两相绕组。如图 7-20 所示。

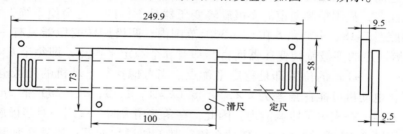

249.9　73　58　100　9.5　9.5　滑尺　定尺

图 7-19　GZ_H^D 型直线式感应同步器的外形示意图

（2）圆盘式感应同步器

圆盘式感应同步器的定子和转子皆为圆盘形，转子上是连续绕组，定子上为分段绕组。绕组的连接方式与直线式一样，只是导片径向排列，极距则用角度表示，分段绕组分布在整个圆盘内，如图 7-21 所示。例如一个外径 300mm、720 根导片的圆盘式感应同步器，为 720 个极，极距角为 0.5°，转子绕组通过集电环和电刷引出，该同步器的精度可达 $\pm(1'' \sim 2'')$。

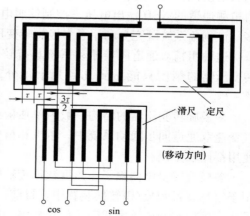

τ　τ　$\dfrac{3\tau}{2}$　滑尺　定尺　（移动方向）　cos　sin

2. 感应同步器的基本工作原理

就基本工作原理而言，直线式和圆盘式是一样的，都与旋转变压器相同，只是结构与运动形

图 7-20　直线式感应同步器的印制绕组示意图

式不同。下面仅以直线式为例来说明感应同步器的
工作原理。

直线感应同步器的励磁可加到定尺的连续绕组
上，也可加到滑尺的分段绕组上。这里将交流正弦
电压 U_f 加到定尺绕组上进行励磁，每根导片中电流
的方向如图 7-22a 所示，图 7-22b 为滑尺断面图，
图 7-22a、b 为在垂直于定、滑尺导片做一剖面所
得。由于相邻两根导片构成一个线圈，所以相邻导

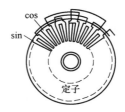

图 7-21　圆盘式感应同步器的绕组分布图

片中电流总是反方向的，而该两根导片的中分线是绕组的轴线，也是一个极的轴线。这样，
由定尺励磁电流产生的励磁磁场为幅值大小不变、位置在磁极轴线上的脉振磁场，其磁力线
的分布如图 7-22a 和 b 所示。磁通密度 B_1 在空间沿定尺长度方向上做余弦分布（以磁极轴
线为基准），其变化周期为一对极距 2τ，即 2π 电弧度，如图 7-22c 所示。对应于空间位移
为 x 处，其对应的电弧度为

$$\theta = \frac{2\pi}{2\tau}x = \frac{\pi}{\tau}x$$

磁通密度的表达式为

$$B_1 = B_{1m}\cos\theta = B_{1m}\cos\frac{\pi}{\tau}x \tag{7-28}$$

滑尺上导片在励磁磁场作用下感应出变压器电动势，这个电动势的大小正比于其所在空间处
的磁通密度 B_1。由于 B_1 沿定尺长度上按余弦规律分布，因此，滑尺导片感应电动势沿定尺
长度不同位置上也必定按余弦规律变化。若滑尺的初始位置如图 7-22b 所示，左端两根导片
与定子导片对齐，磁场耦合最紧密，滑尺导片电动势最大有效值为 E_{2m}。由该两根导片构成
一个线圈的轴线与定尺绕组轴线重合，导片感应电动势沿定尺长度位置上也做余弦变化，其
感应电动势的有效值为

$$E_c = E_{2m}\cos\frac{\pi x}{\tau} = E_{2m}\cos\theta$$

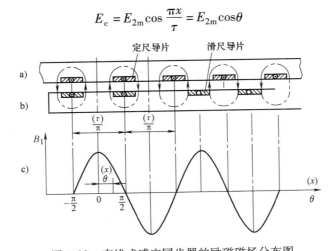

图 7-22　直线式感应同步器的励磁磁场分布图

a）定尺断面及励磁电流的方向　b）滑尺断面及感应电动势方向　c）励磁磁场波形

观察滑尺右端的两根导片，此时该两导片恰好与定尺导片错开 $\tau/2$，即相当于错开 90° 电角

度。磁通不匝链滑尺导片，其感应电动势为零。导片感应电动势沿定尺长度位置上将做正弦变化，其感应电动势的有效值为

$$E_s = E_{2m}\cos\left(\frac{\pi x}{\tau} + 90°\right) = -E_{2m}\sin\theta$$

可见，左端导片构成的线圈属于余弦绕组，右端导片构成的线圈属于正弦绕组，两套绕组各由 N 根导片串联而成，因而输出绕组的余弦绕组和正弦绕组中的总电动势分别为

$$\left.\begin{array}{l} E_c = NE_{2m}\cos\theta = E_m\cos\theta \\ E_s = -NE_{2m}\sin\theta = -E_m\sin\theta \end{array}\right\} \qquad (7\text{-}29)$$

式中，E_m 为正弦（余弦）绕组感应电动势的最大有效值，$E_m = NE_{2m}$。

式（7-29）所表达的是输出绕组中感应电动势沿定尺空间位置而变化的规律。由于磁场本身在定尺绕组轴线上随时间正弦交变，这样，在空间任意位置上感应电动势又同时随时间做正弦规律变化，所以各感应电动势为正弦量的有效值。

3. 感应同步器的信号处理

由感应同步器组成的测量元件，可以采用两种不同的励磁方式：一种是以滑尺两相励磁，由定尺取出电动势信号；另一种是给定尺单相励磁，由滑尺取出电动势信号。目前实用中多采用两相励磁方式。根据供给滑尺两相绕组励磁信号的不同，感应同步器有不同的信号处理方式，主要有鉴相型和鉴幅型两种。

（1）鉴相型

鉴相型是根据输出电动势的相位来鉴别位移量。在滑尺的正弦绕组和余弦绕组上分别施加同频等幅、相位差 90° 的两相电压，即

$$\left.\begin{array}{l} u_a = U_m\cos\omega t \\ u_b = U_m\sin\omega t \end{array}\right\} \qquad (7\text{-}30)$$

式中，U_m 为励磁电压最大值。

当励磁电压 u_a 和 u_b 分别单独作用时，定子连续绕组的感应电动势分别为

$$\left.\begin{array}{l} e_c = K_u u_b\cos\theta = K_u U_m\cos\theta\sin\omega t \\ e_s = -K_u u_a\sin\theta = -K_u U_m\sin\theta\cos\omega t \end{array}\right\} \qquad (7\text{-}31)$$

式中，K_u 为绕组变比。

若励磁电压 u_a 和 u_b 同时作用，在连续绕组中感应电动势为二者之和，即

$$e = e_c + e_s = K_u U_m(\cos\theta\sin\omega t - \sin\theta\cos\omega t) = K_u U_m\sin(\omega t - \theta) \qquad (7\text{-}32)$$

由式（7-32）看出，连续绕组输出电动势 e 的幅值为恒值，与位移量无关，而其相位则取决于直线感应同步器定、滑尺的相对位移量 $\theta = \frac{\pi}{\tau}x$，因此在一个周期内可以根据输出电动势的相位来鉴别位移量的大小。

（2）鉴幅型

将同频同相但不等幅的电压 u_a 和 u_b 分别加到滑尺的正弦、余弦绕组上励磁，设稳定的交流电源电压 $u_1 = U_m\sin\omega t$，励磁电压 u_a 和 u_b 分别与 u_1 呈以下关系：

$$\left.\begin{array}{l} u_a = u_1\cos\theta_1 = U_m\cos\theta_1\sin\omega t \\ u_b = u_1\sin\theta_1 = U_m\sin\theta_1\sin\omega t \end{array}\right\} \qquad (7\text{-}33)$$

式中，θ_1 为指令位移角。

若两励磁电压 u_a 和 u_b 分别单独作用，在连续绕组中分别感应电动势为

$$\left.\begin{array}{l} e_c = K_u u_b \cos\theta = K_u U_m \cos\theta \sin\theta_1 \sin\omega t \\ e_s = -K_u u_a \sin\theta = -K_u U_m \sin\theta \cos\theta_1 \sin\omega t \end{array}\right\} \tag{7-34}$$

当 u_a 和 u_b 同时作用时，连续绕组的输出电动势为

$$e = e_c + e_s = K_u U_m [(\sin\theta_1\cos\theta - \cos\theta_1\sin\theta)\sin\omega t]$$

$$= K_u U_m \sin(\theta_1 - \theta)\sin\omega t \tag{7-35}$$

由式（7-35）可见，连续绕组输出电动势 e 的相位（指时间）与空间位移无关，而其幅值正比于指令位移角和滑尺位移角之差（$\theta_1 - \theta$）的正弦函数。如果用直线感应同步器的输出电动势去控制伺服电动机，带动滑尺移动，那么只有当 $\theta = \theta_1$ 或 $x = \dfrac{\tau}{\pi}\theta_1$ 时，$e = 0$，电动机才停转，从而使工作台严格按照指令移动。这种系统是同步器用输出电动势幅值是否为零来进行控制，从而达到鉴别位移量的目的。

4. 感应同步器的应用举例

鉴幅型系统用于数控机床闭环控制系统的原理框图如图 7-23 所示。当工作台位移量 x 未达到指令要求值 x_1 时，即 $\theta \ne \theta_1$ 时，定尺上感应电动势 $e \ne 0$，该电动势经检波放大控制伺服驱动机构带动工作台移动。当工作台移动至 $x = x_1(\theta = \theta_1)$ 时，定尺上的感应电动势 $e = 0$，误差信号消失，工作台停止移动。

定尺上的感应电动势 e 还同时输出至相敏放大器，与来自相位补偿的标准正弦信号进行比较，以控制工作台的运动方向。

与多极旋转变压器一样，直线感应同步器也有许多零位，为了避免在假零位上协调，也必须采用双通道系统。

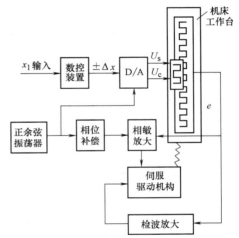

图 7-23　鉴幅型感应同步器用于数控机床闭环控制系统原理框图

思考题与习题

1. 正余弦旋转变压器负载时输出电压为什么会发生畸变？
2. 正余弦旋转变压器采用二次补偿和一次补偿各有哪些特点？
3. 多极旋转变压器提高精度的原理何在？
4. 如何构成双通道同步随动系统并简述其工作原理。
5. 感应同步器信号处理方式有哪两种？其原理如何？
6. 请用脉振磁场感应产生变压器电动势的原理，阐明正余弦旋转变压器的工作原理。
7. 线性旋转变压器是怎样从正余弦旋转变压器演变而来的？若要求输出电压的线性误差小于 0.1%，其转角的角度范围是多少？
8. 简述数字式旋转变压器的组成及应用。

第8章　超声波电机

8.1　概述

超声波电机是 20 世纪 60 年代以后发展起来的在国内外日益受到重视的一种新型驱动电机。它与传统的电磁式电机不同，没有磁极和绕组，不依靠电磁介质来传递能量，而是利用压电材料（压电陶瓷）的逆压电效应，把电能转换为弹性体的超声振动，并通过摩擦传动的方式转换为运动体的回转或直线运动。这种新型电机驱动电源的频率一般高于 20kHz，已超出人耳所能采集到的声波范围，因此被称为超声波电机。

1. 超声波电机的特点

与传统的电磁式电机相比，超声波电机具有以下特点：

1）低速大转矩。超声波电机振动体的振动速度和摩擦传动机制决定了它是一种低速电机，它的转矩密度一般是电磁电机的 10 倍以上。因此，超声波电机可直接带动执行机构。由于系统省去了减速机构，因此，不仅体积小、重量轻，而且还能提高系统的控制精度、响应速度和刚度。

2）无电磁噪声，电磁兼容性好。超声波电机依靠摩擦驱动，无磁极和绕组，无电磁场产生，工作时也不受外界电磁场及其他辐射源的影响，非常适合在光学系统或超精密仪器中使用。

3）响应快、控制特性好。超声波电机具有直流伺服电动机类似的机械特性，但起动响应时间短，能够以高达 1kHz 的频率进行定位调整，而且制动响应更快。

4）断电自锁。超声波电机断电时，由于定、转子间静摩擦力的作用，使电机具有较大的静态保持转矩，实现自锁，可省去制动闸，简化定位控制。

5）运行噪声小。由于超声波电机振动体的机械振动是人耳听不到的超声振动，低速时产生大转距，无齿轮减速机构，运行非常安静。

6）结构形式多样。由于驱动机理的不同，超声波电机形成了多种多样的结构形式，可方便地设计成旋转、直线或多自由度的超声波电机。即使同一种驱动原理的超声波电机，也可以设计成不同的安装形式，以适应不同的应用场合。

7）摩擦损耗大，效率低。目前效率只有 10% ~40% 。

8）寿命短。只有 1000 ~5000h，不适合连续工作。

2. 超声波电机的分类

超声波电机的种类和分类方法有很多。按照所利用波的传播方式分类，即按照产生转子运动的机理，超声波电机可以分成行波型超声波电机和驻波型超声波电机。按照结构和转子的运动形式划分，超声波电机又可以分成旋转型电机和直线型电机。按照转子运动的自由度划分，超声波电机则可以分成单自由度电机和多自由度电机。按照弹性体和移动体的接触情况，超声波电机又可以分成接触式和非接触式两种。本章主要对旋转行波型超声波电机进行介绍。

超声波电机是典型的机电一体化产品,它涉及电机学、振动学、摩擦学、功能材料、电子技术、自动控制理论和检测技术等多门学科,虽然它的发明和发展仅有 50 多年的历史,但在航空航天、机器人、精密仪器、医疗设备等诸多领域得到了越来越广泛的应用,目前仍是国内外开发研究的热点。

8.2　超声波电机的运动形成机理

8.2.1　压电效应简介

压电效应是由法国的居里兄弟在 1880 年首先发现的。对于晶体构造中不存在对称中心的异极晶体,加在晶体上的应力,除了产生相应的应变以外,还在晶体中诱发出介质极化或电场,这一现象称为正压电效应;反之,若在晶体上施加电场,从而使该晶体产生电极化,则晶体也将同时出现应变和应力,这就是逆压电效应。两者统称为压电效应。超声波电机就是利用逆压电效应进行工作的。

在自然界中大多数晶体具有压电效应,但压电效应十分微弱。通常把明显呈现压电效应的敏感功能材料叫压电材料,压电材料可以分成两大类,压电晶体和压电陶瓷,其中压电陶瓷是制造超声波电动机的重要功能材料。

在图 8-1 中,压电材料的极化方向如空心箭头所示,当压电材料的上下表面施加正向电压,即在材料表面形成上正下负的电场,则压电材料在长度方面伸张、厚度方面收缩;反之,若在该压电材料上下表面施加反向电场,则会在长度方向收缩、厚度方向伸张。

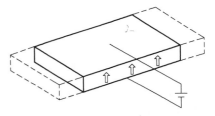

当在压电体表面施加交变电场时,压电体中就会激发出某种模态的弹性振动。当外加电场的交变频率与压电体的机械谐振频率相同时,压电体就进入谐振状态,称为压电振子。当振动频率高于 20kHz 时,就属于超声振动。

图 8-1　逆压电效应示意图

8.2.2　椭圆运动及其作用

超声振动是超声波电机工作的基本条件,起驱动源的作用。但是,并不是任意超声波振动都具有驱动作用,必须具备一定的形态,即振动位移的轨迹是一个椭圆时,才具有连续的定向驱动作用。

以图 8-2 所示的情况为例,设定子(振子)在静止状态下与转子表面有一微小间隙。当定子产生超声振动时,其上的接触摩擦点(质点)A 做周期运动,其轨迹为一椭圆。当 A 点运动到椭圆的上半圆时,将与转子表面接触,并通过摩擦作用拨动转子旋转;当 A 点运动到椭圆的下半周时,将与转子表面脱离,并反向回程。如果这种椭圆运动连续不断地进行下去,则对转子就具有连续定向的拨动,从而使转子连续不断地旋转。因此,超声波电机定子的任务就是采用合理的结构,通过各种振动的组合来形成椭圆运动。

如何才能形成椭圆运动? 若在空间有两个相互垂直的振动位移 u_x 和 u_y,均由简谐运动形成,振动的角频率为 ω,振幅分别为 ξ_x 和 ξ_y,时间相位差为 φ,即有

$$u_x = \xi_x \sin(\omega t) \\ u_y = \xi_y \sin(\omega t + \varphi) \Bigg\} \tag{8-1}$$

从式(8-1)中消去时间 t，则有

$$\frac{u_x^2}{\xi_x^2} - \frac{2u_x u_y}{\xi_x \xi_y}\cos\varphi + \frac{u_y^2}{\xi_y^2} = \sin^2\varphi \tag{8-2}$$

式(8-2)中，当 $\varphi = n\pi(n = 0, \pm1, \pm2, \cdots)$ 时，两个位移为同相运动，合成轨迹为一直线；$\varphi \neq n\pi$ 时，其轨迹为一椭圆，并且 $\varphi = n\pi \pm \pi/2$ 时，轨迹为规则椭圆。不同相位差时的椭圆形态如图8-3所示。

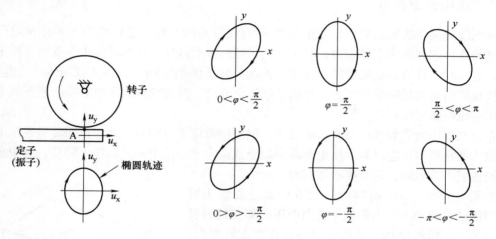

图8-2 质点运动的轨迹   图8-3 椭圆的形态

由此可见，相位差 φ 的取值决定了椭圆运动的旋转方向，当 $\varphi > 0$ 时，椭圆运动为顺时针方向；当 $\varphi < 0$ 时，椭圆运动为逆时针方向。其转向的规律与电磁式交流电动机中旋转磁动势的转向规律相同，即由相位超前相转向相位滞后相。由于椭圆运动的旋转方向决定了定子对转子的拨动方向，因此也就决定了超声波电机的转向。

8.3 环形行波型超声波电机

环形行波型超声波电机是目前技术最为成熟、实际应用较多的超声波电机。本节将以该类超声波电机为例阐述其结构、工作原理和运行特性。

8.3.1 电机结构

环形行波型超声波电机由定子和转子两大部分组成。其中，定子由环状的弹性体和压电陶瓷构成，弹性体上刻有一圈梳状槽，压电陶瓷通过黏结剂粘在其反面。转子由转动环和摩擦材料组成，如图8-4所示。摩擦材料是为了增加转子转动环和定子弹性体之间的摩擦力，其材料一般为高聚物，如环氧树脂与芳香族聚酰胺纤维胶合制成的片状塑料板。装配后依靠碟簧变形产生的轴向压力将转子与定子紧紧地压在一起，如图8-5所示。

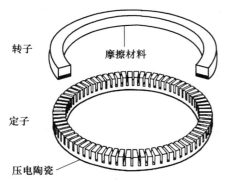

图 8-4 环形超声波电机的定子和转子

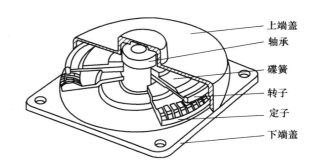

图 8-5 环形超声波电机装配图

图 8-6 为粘贴在定子振动体背面压电陶瓷环的电极分布图。图中的阴影区域为未敷银或对应部分的敷银层已经被磨去的小分区，它把压电陶瓷的上下极板分隔成不同的区域。图 8-6a 中相邻两个压电分区的极化方向相反，分别以"＋"和"－"表示，在电压激励下，一段收缩，另一段伸长，构成一个波长的弹性波。图 8-6 所示的极化分区可组成 3 个电极，其中 A 区和 B 区表示驱动环形超声波电机的两相电极，它们利用压电陶瓷的逆压电效应产生振动；而 S 区是传感器区，它利用压电陶瓷的正压电效应产生反馈电压，该电压可实时反映定子的振动情况，其反馈信号可用于控制驱动电源的输出频率。图中，压电陶瓷环的周长为行波波长 λ 的 n 倍（图中 $n=9$），A 区和 B 区各分区所占的宽度为 $\lambda/2$，S 区宽度为 $\lambda/4$，A、B 区中间留有 $3\lambda/4$ 的区域作为 A 区和 B 区的公共区域。

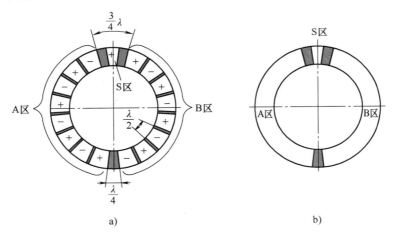

a)   b)

图 8-6 压电陶瓷电极布置图
a）正面 b）反面

8.3.2 电机的工作原理

1. 定子行波的产生

由于压电陶瓷相邻分区的极化方向相反，在共振频率的交流电压激励下，相邻极化区将会分别伸张和收缩，从而在定子弹性体中激励出弯曲振动，如图 8-7 所示。由于压电体在一个激励信号作用下，一般只能获得驻波振动，即使用单相交流电压激励压电陶瓷环的 A 区和 B 区，也只能在定子环中激发出单一的驻波振动；而使用两相交流电压同时激励 A 区和 B 区，在一定条件下就可以在定子环中激发出行波振动。

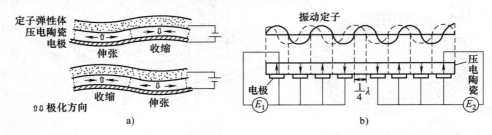

图 8-7　定子行波的产生

a）定子弯曲振动激励　b）驻波合成行波机理

设 A 区和 B 区的驻波振动分别为

$$w_A = \xi_A \cos kx \cos \omega t \tag{8-3}$$

$$w_B = \xi_B \cos(kx - \alpha) \cos(\omega t - \beta) \tag{8-4}$$

式中，k 为弹性振动波的波数，$k = 2\pi/\lambda$；α 为 A 区振子与 B 区振子的空间相位差，对应于图 8-6 的结构，$\alpha = \pi/2$；β 为 A、B 两相激励电压的时间相位差；ξ_A、ξ_B 分别为 A 振子和 B 振子的振幅。

两列驻波叠加可得

$$w = w_A + w_B = \xi_A \cos kx \cos \omega t + \xi_B \cos(kx - \alpha) \cos(\omega t - \beta) \tag{8-5}$$

若 $\xi_A = \xi_B = \xi_0$、$\alpha = \pi/2$、$\beta = \pi/2$，则有

$$w = \xi_0 \cos(kx - \omega t) \tag{8-6}$$

此为沿 x 方向行进的行波。

若 $\xi_A = \xi_B = \xi_0$、$\alpha = \pi/2$，但 $\beta = -\pi/2$，则有

$$w = \xi_0 \cos(kx + \omega t) \tag{8-7}$$

由此可知，改变激励电压的相序，可以改变行波的运动方向，即改变转子的转向。

2. 定子表面质点的运动轨迹

在定子的 A 区和 B 区施加对称激励电压时，在定子圆环表面的圆周上形成行波，如图 8-8 所示。

设弹性体的厚度为 h，取 $h_0 = h/2$。若弹性体表面任一点 P 在弹性体未挠曲时的位置为 P_0，则从 P_0 到 P 在 z 方向的位移为

$$\xi = w - h_0(1 - \cos\varphi) \tag{8-8}$$

由于弯曲角 φ 很小，式（8-8）可近似为 $\xi = w$。

当满足式（8-6）对应的条件时

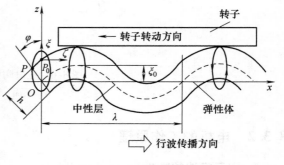

图 8-8　定子振动机理

$$\xi \approx \xi_0 \cos(kx - \omega t) \tag{8-9}$$

从 P_0 到 P 在 x 方向的位移为

$$\zeta = -h_0 \sin\varphi \approx -h_0 \varphi = -h_0 \frac{\partial \xi}{\partial x} = kh_0 \xi_0 \sin(kx - \omega t) \tag{8-10}$$

由式(8-9)和式(8-10)可得，弹性体表面任一质点 P 的运动方程

$$\frac{\xi^2}{\xi_0^2} + \frac{\zeta^2}{(kh_0\xi_0)^2} = 1 \tag{8-11}$$

式(8-11)表明，弹性体表面任意一点 P 按照椭圆轨迹运动，这种运动使弹性体表面质点对移动体产生一种驱动力，且移动体的运动方向与行波方向相反，如图 8-8 所示。

如果把弹性体制成环形结构，当弹性体受到压电陶瓷振动激励产生逆时针转向的弯曲行波时，它表面的质点呈现顺时针方向的椭圆旋转运动。当把转子压紧在弹性体表面时，在摩擦力的作用下，转子就会转动起来。定子表面开槽，是为了加大定子接触部位的振动速度，提高超声波电机的转换效率，改善电机的性能。

8.3.3　转子的运动速度

由式(8-10)可知，在弹性体表面质点沿 x 方向的运动速度为

$$v_x = \frac{\partial \zeta}{\partial t} = -kh_0 \xi_0 \omega \cos(kx - \omega t) \tag{8-12}$$

在椭圆的最高点，z 轴方向的位移 ξ 最大，x 轴方向的位移 $\zeta = 0$，由式(8-10)可得 $\sin(kx - \omega t) = 0$，由此可得椭圆顶点 x 方向的最大速度为

$$v_{xmax} = = -kh_0 \xi_0 \omega \tag{8-13}$$

式中，负号" $-$ "表示弹性体表面质点运动方向与行波行进方向相反。

若定子、转子之间没有滑动，且转子表面与定子振动波形相切，则转子速度就等于椭圆最高点的运动速度。实际上，定子与转子表面的滑动总是存在的，因此电机转子的实际速度总是小于 v_{xmax}。

8.3.4　电机的运行特性

超声波电机的运行特性主要是指转速、效率、输出功率等与输出转矩之间的关系。这些特性与电机的类型、控制方式等有关。一般而言，超声波电机的机械特性与直流电动机类似，但电机的转速随着转矩的增大下降更快，并且呈现明显的非线性；超声波电机的效率特性与直流电动机明显不同，最大效率出现在低速、大转矩区域，因此适合低速运行。总体而言，超声波电机的效率较低，目前环形行波型超声波电机的效率一般不超过45%。图 8-9 为超声波电机典型的转速、效率特性曲线。

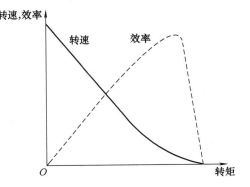

图 8-9　超声波电机典型的运行特性

205

8.4 行波型超声波电机的驱动与控制

8.4.1 速度控制方法

式（8-13）给出了电机定子和压电陶瓷完全对称，两相激励电压幅值相等、相位差为 $\pi/2$ 时，转子运动速度的最大值。在一般情况下，考虑电机定子和压电陶瓷对称，仅有激励电压不对称时，经过类似的推导，可得到转子运动速度的最大值为

$$v_{xmax} = -\frac{kh_0\omega\xi_A\xi_B\sin\beta}{\sqrt{\xi_A^2\cos^2\omega t + \xi_B^2\cos^2(\omega t - \beta)}} \qquad (8\text{-}14)$$

当 $\xi_A = \xi_B = \xi_0$、$\beta = \pi/2$ 时，式（8-14）便演变为式（8-13），因此式（8-13）是式（8-14）的特殊形式。

由此可见，对于给定的超声波电机，转子速度与激励电源的角频率 ω、电压幅值 U（对应于驻波振幅 ξ）和两相电源的相位差 β 有关。因此，改变这 3 个变量中的任一个变量，都可以调节超声波电机的转速。

1. 电压控制

改变电压幅值可以直接改变行波的振幅，但是在实际应用中一般不采用调压调速方案。因为如果电压过低，压电元件有可能不起振，而电压过高又会接近压电元件的工作极限，而且在实际应用中也不希望采用高电压，毕竟较低的工作电压是比较容易获得的。

2. 频率控制

通过调节谐振点附近的频率可以调节电机的速度和转矩，频率控制对超声波电动机最为合适。由于电机工作点在谐振点附近，因此调频具有响应快的特点。另外，由于工作时谐振频率的漂移，要求有自动跟踪频率变化的反馈回路。

3. 相位控制

改变两相电压的相位差，可以改变定子表面质点的椭圆运动轨迹，从而改变电机的转速。用这种控制方法的缺点是低速起动困难，驱动电源设计较复杂。

4. 正、反转脉宽调幅控制

调节电动机正反转脉宽比例即占空比，即可实现速度控制。

在以上 4 种控制方式中，由于频率控制响应快、易于实现低速起动，应用得最多。

8.4.2 驱动控制电路

图 8-10 为超声波电机常用的驱动控制电路框图，它由信号发生电路、移相电路、功率放大电路、频率自动跟踪电路等组成。驱动控制电路的功能是为超声波电机提供具有一定电压幅值、相位差为 $\pi/2$ 的高频激励电压。

信号发生电路是驱动电路的核心，用来产生超声频率的信号。超声频率的信号可以有多种方法产生，如谐振电路、计算机控制的定时计数器、压控振荡电路等。谐振电路的频率调节范围不够宽，而且在实现超声波电机的闭环控制时，只能将反馈信号通过 A/D 变换后输入计算机，由计算机调节信号的脉冲宽度，以此控制超声波电机。采用计算机控制的定时计数器，虽然有较宽的频率调节范围，但频率调节的分辨率不能令人满意。利用压控振荡器产

生超声频率的信号，具有频率调节范围宽、分辨率高等优点。而且压控振荡器的频率由输入电压控制，因此不用 A/D 变换和计算机就可以实现闭环控制，比较常用。

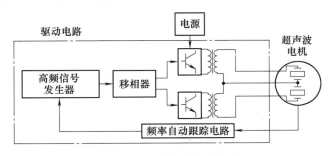

图 8-10　驱动控制电路框图

为了获得较大的输出转矩，超声波电机驱动电路需要工作在某个最佳频率上，这个频率取决于超声波电机定子的谐振频率。

无论采用哪一种方法产生超声频率信号，其电路必然包含阻容等元件，而在谐振电路中，通常阻容元件的充放电决定工作频率。因此阻容元件的稳定性将对驱动电源的稳定性产生较大影响，从而严重影响超声波电机转速的稳定性。另外，由于超声波电机的摩擦传动机制，定子与转子间能量损耗严重，伴随电机温度的升高，以及电机运行条件的改变，压电陶瓷的工作参数如介电系数、电容值及漏阻抗都会随之改变，进而引起振荡频率发生飘移（$1 \sim 2\text{kHz}$）。为保证电机始终在较佳的驱动频率下，驱动电源应具有对漂移谐振频率自动跟踪的功能，因此在超声波电机驱动电源中一般都设置自动频率跟踪电路。

自动频率跟踪电路主要由电压采样器和积分器两部分组成。反馈电压采样器的主要功能是将超声波内部的传感器（一块被极化的孤立压电元件，图 8-6 中的 S 区）产生的反馈电压 u_f 直接采集进来，并把它转化为直流电压 U_{fD}，积分器的主要功能是对给定的电压信号 U_i 及反馈信号 U_{fD} 做出反应，输出信号加到压控振荡器的输入端，从而实现变频和自动频率跟踪的功能。

超声波电机的控制方法、应用场合不同，对驱动控制电路的要求也不尽相同。对驱动控制电路的基本要求是稳定可靠、价格低廉、维护方便，性能满足系统要求。

8.5　其他类型的超声波电机

8.5.1　驻波超声波电机

对于驻波超声波电机，在定子中激励的是单纯驻波振动，质点做往复直线运动，通过转换装置或与其他运动组合，把往复直线运动转换为椭圆运动，最后驱动转子旋转。

1. 楔形超声波电机

楔形超声波电机的结构如图 8-11 所示，它主要由兰杰文（Langevin）振子（其结构是两片压电陶瓷元件由两块金属夹持，并用螺栓紧固在一起）、振子前端的楔形振动片和转子三部分组成。振子的端面沿长度方向振动，楔形结构振动片的前端面与转子表面稍微倾斜接触，诱发振动片前端向上运动的分量，形成横向共振。纵、横向振动合成的结果，使振动片前端质点的运动轨迹近似为椭圆，满足超声波电机运动的形成机理。因此，楔形超声波电机以纵振动为驱动力，前端振动片在驱动力作用下横向弯曲振动，从而拨动转子旋转。由于转子转动惯量的作用，旋转速度基本无波动。这种电机结构简单，但存在两个缺点：在振动片与转子接触处摩擦严重；电机仅能单方向旋转，且转速调节困难。

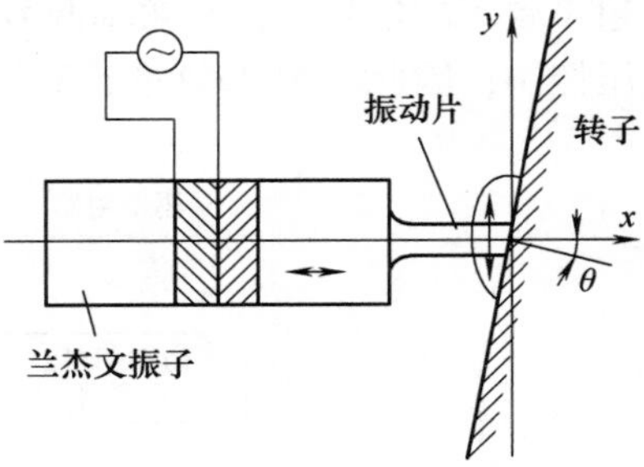

2. 扭－纵复合型超声波电机

图 8-12 为一种典型的扭－纵复合型超声波电机结构，其定子由两个独立的振子组成。纵振子控制定子与转子之间的摩擦力，扭振子控制输出转矩。扭转振动和纵向振动在定子弹性体合成为质点的椭圆运动。在定子的一个振动周期中，当定子做伸长的纵向运动时，定子与转子接触，抽取扭转振子某一方向的运动通过摩擦力传递给转子，以输出转矩；当定子做缩短的纵向运动时，定子与转子脱离，定子相反方向的扭转运动不传递给转子，保证转子单方向旋转。由于两种复合运动可以独立控制，所以电机输出转矩大、工作稳定、可双向旋转，并且为设计者提供了较大的设计空间。

图 8-11 楔形超声波电机结构

8.5.2 直线型超声波电机

直线型超声波电机也有多种类型，现以直线行波型超声波电机为例来说明其工作原理。从理论上讲，只有在无限长的直梁上才能形成纯行波，实际应用于有限长直梁时，可采用如图 8-13 的方法，利用两个兰杰文振子，分别作为激振器和吸振器。激振器上外加激励电压产生逆压电效应，使梁振动。此时吸振器受到梁的振动产生正压电效应，所产生的能量消耗在与之相连的负载上。当吸振器能很好地吸收激振器传来的振动波时，有限长直梁就好像变成了半无限长直梁，这时直梁中就形成单向行波。与前述的环形行波型超声波电机工作原理相同，梁表面的质点做椭圆运动，从而驱动移动体做直线运动。这里吸振器负载电路的匹配是很重要的，若匹配不好，则不能完全吸收振动，余下的残留部分会产生反射波，从而影响行波的质量。当激振器和吸收器调换位置时，就形成反向行波，实现反向运动。

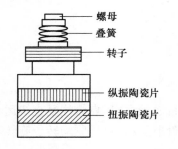

图 8-12 扭－纵复合型超声波电机结构

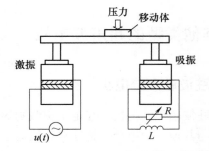

图 8-13 行波型直线超声波电机结构

8.5.3 多自由度超声波电机

大多数电动机为旋转运动或直线运动，只有一个自由度。在某些应用场合，如全方位仿生运动的球形关节、高性能机器人的柔性关节和拟人机器人的髋关节等，都要求输出轴能全方位运动，即要求有多个自由度的电动机驱动。为此，国内外自 20 世纪 90 年代开始开发多自由度超声波电机。

1. 两自由度球形超声波电机

图 8-14 为两自由度球形超声波电机结构原理图，它主要由一个球形转子和两个定子组成。定子与行波型超声波电机类似，但端面加工成内球面，以便与球形转子保持良好接触。定子位于空间的不同位置，每一个定子可以驱动球形转子绕相应的轴线旋转，因此电机有两个自由度。

2. 三自由度超声波电机

图 8-15 所示为一种三自由度圆柱 - 球体超声波电机。电机定子为圆柱体，转子为球体。定子采用螺杆把金属弹性体和 3 组 6 片压电陶瓷元件及电极片夹在一起。这样的设计使得压电陶瓷不需要粘结，具有激振效率高、工艺简单的优点，且转子直径越小，弯曲摇摆振幅越大。压电陶瓷元件利用纵压电效应来激发定子的振动模态，使用的压电陶瓷为环状。纵压电陶瓷沿厚度方向极化，弯曲振动压电陶瓷分割为两部分，并且相互反向极化。6 片压电陶瓷按极性相反两两叠合成一组。为了激发两个正交的弯曲振动模态，两弯曲振动陶瓷环空间相位差为 $\pi/2$，即 A、B 两组压电陶瓷元件激发弯曲振动，C 组压电陶瓷元件激发纵向振动。质点的弯曲振动与纵向振动合成为椭圆运动，两个弯曲振动合成行波，因此任意两组压电陶瓷通电都可以驱动球形转子沿相应的轴线转动，电机的运动为两两正交的三自由度。

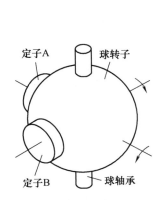

图 8-14　两自由度球形超声波电机

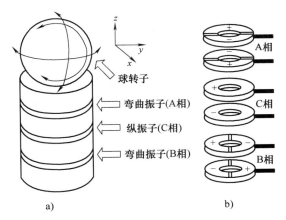

图 8-15　圆柱 - 球体三自由度超声波电机

a) 结构图　b) 压电陶瓷极化图

需要说明的是，目前多自由度超声波电机大多处于实验研究阶段，要付诸实际应用，还有许多技术性的问题需要解决。

8.5.4　非接触型超声波电机

接触型超声波电机存在一系列问题，如摩擦驱动带来的发热严重、起动不平稳、材料磨损难以控制和效率低、寿命短等。于是人们研制了无接触型超声波电机。

图 8-16 为一种非接触型超声波电机的结构示意图，它采用了两个兰杰文振子，在电机的定子、转子之间留有间隙，其中填充气体或液体介质。当兰杰文振子上分别施加相位差为

π/2 的激励电压时，便在定子上激励出一个行波。
在定子中传播的行波使间隙中的介质上产生声场，
转子表面在声场中受到两个力的作用，一个是与声
场辐射同向的辐射力，另一个是转子表面由于声流
坡度产生声场分界层从而产生的粘滞力，前者浮起
转子，后者驱动转子随声场同向旋转。

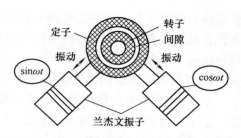

图 8-16　非接触型超声波电机结构

　　这种电机结构简单、转速高、寿命长，是很有
特色的一类超声波电机，在诸如集成电路、半导体
晶片、商业卡传送系统以及液体传送系统等非接触领域，应用前景广阔。

8.6　超声波电机的应用

　　由于超声波电机新颖的工作原理和独有的性能特点，引起了工业界的广泛关注，并显示
出了良好的应用前景。其应用领域涉及航空航天、汽车制造、生物工程、医学、机器人、仪
器仪表等领域。

8.6.1　在航空航天领域的应用

　　超声波电机自身不产生磁场，亦不受磁场干扰，电磁兼容性好，因此受到了各国航天局
的关注，致力于将其应用到各种太空探测器上，以应对恶劣的工作环境。与传统电磁式电机
相比，超声波电机可以轻松地胜任昼夜温差大、太阳磁暴、大量太空辐射等环境，而且功率
密度远胜于相同尺寸的电磁电机。此外，超声波电机结构紧凑且灵活，易于集成化与微型
化，从而可减轻探测器的体积与质量，是未来飞行器的理想驱动器。

　　美国国家航空航天局（NASA）属下的喷气推进实验室和麻省理工学院联合研制了特种
超声波电机，并将其应用于火星探测器的微着陆器。该特种电机正常工作时的峰值输出转矩
达到 2.78N·m，可以在最低温度达 -100℃ 甚至更低环境中使用，而且总重量比传统电磁
式电机减轻 30% 以上。

8.6.2　在照相机自动调焦中的应用

　　利用超声波电机具有结构特殊、起动和制动速度
快、断电自锁的特点，日本佳能公司于 1987 年开始在
照相机产品的中高档调焦镜头中采用环形超声波电机。
如图 8-17 所示，电机做成中空结构，具有重量轻、结
构简单、低速大转矩且控制性能好的特点，是用作照相
机镜头驱动的理想结构。目前其他照相机生产商也有类
似的产品设计。

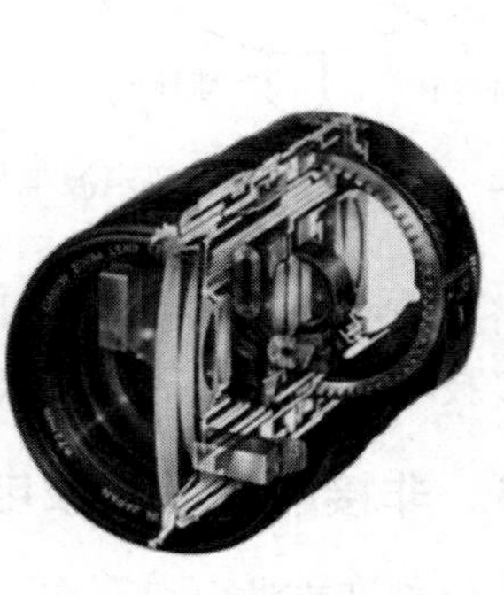

图 8-17　超声波电机驱动的调焦镜头

8.6.3　在医疗设备中的应用

　　超声波电机具有体积小、速度快、响应灵敏等特性，在纳米微量注射泵、微监测、手术
设备、微剂量配药、三维成像、药物输送装置等医疗设备中已获得应用，其中比较典型的是

核磁共振成像设备。

　　核磁共振成像是将人体置于特殊的磁场中，用无线电射频脉冲激发人体内的氢原子核，引起氢原子核的共振，并吸收能量。停止射频脉冲后，氢原子核按特定频率发射出射频信号，并将吸收的能量释放出来，被体外的接收器收录，经计算机处理获得人体内部的图像。因为成像过程需要较强的磁场，电磁式电动机在这种强磁场中无法正常运行，不能作为执行电机。超声波电机具有自身不产生磁场、不受磁场干扰的特性，其结构部件可以采用非导磁材料，因此非常适合作为执行电机。例如设备线圈调整装置中的驱动电机。

8.6.4　在机器人中的应用

　　随着人工智能开始进入人们的生活，机器人的关节要求采用小型轻量、多自由度的电机驱动。机器人的手臂也日益向低刚度、柔性化、轻量化方向发展。具有低速、大转矩、多自由度的超声波电机，非常适合作为机器人的关节驱动。

　　韩国的 B. H. Choi、H. R. Choi 和日本的 Ikuo Yaman 等人已成功地将超声波电机应用到机械手的手指关节上。

8.6.5　在平面绘图仪中的应用

　　在平面绘图仪中应用超声波电机，主要是利用了超声波电机的定子、转子间具有较大的压紧力，具有断电自锁功能，以及响应快的特点。在图 8-18 所示的平面绘图仪中，在 x 轴和 y 轴各有一台超声波电机直接驱动，不需要减速传动装置，伺服机构简单。当位置传感器检测到目标信号的瞬间，只要切断电源，因定子、转子间的摩擦力远大于转子的惯性力，电机立刻停止运转，所以响应很快。

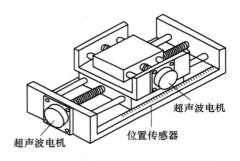

图 8-18　平面绘图仪中的超声波电机

　　随着超声波电机研究和产品开发的不断深入，其应用领域也会进一步扩大，关键是要充分发挥超声波电机的优点，利用其结构灵活多变，转子自由度大的特点，将电机与应用系统融为一体，进行装置的最佳设计，简化系统结构，降低成本，提高寿命，增加工作可靠性和运行性能。

思考题与习题

1. 简述环形行波型超声波电机的工作原理。
2. 超声波电机的转速和转向是如何确定的？
3. 行波型超声波电机的调速方法有几种？各有什么特点？
4. 与电磁式电机相比，超声波电机有哪些特点？
5. 超声波电机主要有哪些类型？

附　录

附录 A　坐 标 变 换

从数学的角度看，坐标变换就是将方程式中原来的变量用一组新的变量代替。如果新旧变量之间存在线性关系，则称为线性变换。电机分析与控制中用到的坐标变换均为线性变换。

1. 电机中坐标变换的一般规律

对于线性电路，其电压方程一般可表示为

$$\left. \begin{aligned} u_1 &= Z_{11}i_1 + Z_{12}i_2 + \cdots + Z_{1n}i_n \\ u_2 &= Z_{21}i_1 + Z_{22}i_2 + \cdots + Z_{2n}i_n \\ &\quad\vdots \\ u_n &= Z_{n1}i_1 + Z_{n2}i_2 + \cdots + Z_{nn}i_n \end{aligned} \right\} \tag{A-1}$$

这里，各个阻抗 Z_{ij} 均与电流无关。

上式的矩阵形式为

$$\begin{pmatrix} u_1 \\ u_2 \\ \vdots \\ u_n \end{pmatrix} = \begin{pmatrix} Z_{11} & Z_{12} & \cdots & Z_{1n} \\ Z_{21} & Z_{22} & \cdots & Z_{2n} \\ \vdots & \vdots & \vdots & \vdots \\ Z_{n1} & Z_{n2} & \cdots & Z_{nn} \end{pmatrix} \begin{pmatrix} i_1 \\ i_2 \\ \vdots \\ i_n \end{pmatrix} \tag{A-2}$$

或写成

$$u = Zi \tag{A-3}$$

式中，u、i、Z 分别为电压向量、电流向量和阻抗矩阵。

现进行坐标变换，将原有的电压 u 和电流 i 变换为新的电压 u' 和电流 i'，设电压和电流的变换矩阵相同，均为 C，则

$$\left. \begin{aligned} u &= Cu' \\ i &= Ci' \end{aligned} \right\} \tag{A-4}$$

为使原变量与新变量之间存在单值对应关系，变换矩阵 C 必须是方阵，且其行列式的值不等于零，以保证逆矩阵 C^{-1} 存在。

由式（A-4）和式（A-3），可得

$$u' = C^{-1}u = (C^{-1}ZC)i' = Z'i' \tag{A-5}$$

式中，Z' 为变换后的阻抗矩阵

$$Z' = C^{-1}ZC \tag{A-6}$$

可见，变换前后电压方程的形式保持不变，但阻抗矩阵需按式（A-6）变化。

在电机的坐标变换中，通常希望变换前后的各种功率保持不变，为此，对变换矩阵 C

必须加以约束。

变换前输入（输出）电路的瞬时功率为

$$i^{\mathrm{T}}u = \sum_{i=1}^{n} u_i i_i \tag{A-7}$$

而变换后输入（输出）电路的瞬时功率为

$$i'^{\mathrm{T}}u' = \sum_{i=1}^{n} u'_i i'_i \tag{A-8}$$

将式（A-4）代入式（A-7），有

$$i^{\mathrm{T}}u = (Ci')^{\mathrm{T}}(Cu') = i'^{\mathrm{T}}(C^{\mathrm{T}}C)u' \tag{A-9}$$

欲使变换前后功率不变，则应有

$$i^{\mathrm{T}}u = i'^{\mathrm{T}}u' \tag{A-10}$$

这就要求

$$C^{\mathrm{T}}C = I \tag{A-11}$$

式中，I 为单位矩阵。即应有

$$C^{\mathrm{T}} = C^{-1} \tag{A-12}$$

由此可得如下结论：当电压和电流选取相同的变换矩阵时，为了满足功率不变约束，变换阵的转置应与其逆矩阵相等，即变换矩阵 C 应为正交矩阵，这样的坐标变换称为正交变换。

2. 三相静止坐标系和两相坐标系之间的坐标变换关系

三相静止坐标系 ABC（对应于交流电机的定子三相对称静止绕组）和两相旋转正交坐标系 dq 如图 A-1 所示，图示时刻 dq 坐标系的 d 轴领先 A 轴 θ 电角度，q 轴沿旋转方向领先 d 轴 90° 电角度，假设三相绕组的匝数 $N_A = N_B = N_C = N_3$，两相旋转绕组 d、q 的匝数 $N_d = N_q = N_2$。

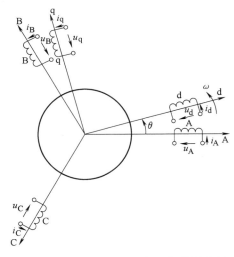

为了使变换前后电机的物理本质保持不变，应使变换前后的合成磁动势保持不变。设磁动势在空间按正弦分布（即只考虑其空间基波分量），当三相绕组合成磁动势与两相绕组合成磁动势相等时，两套绕组的磁动势在 d、q 轴上的投影应分别相等，因此有

图 A-1　三相静止坐标系 ABC 与两相旋转坐标系 dq

$$\left.\begin{array}{l} N_d i_d = N_A i_A \cos\theta + N_B i_B \cos(\theta - 120°) + N_C i_C \cos(\theta + 120°) \\ N_q i_q = -\left[N_A i_A \sin\theta + N_B i_B \sin(\theta - 120°) + N_C i_C \sin(\theta + 120°)\right] \end{array}\right\} \tag{A-13}$$

写成矩阵形式，得

$$\begin{pmatrix} i_{\mathrm{d}} \\ i_{\mathrm{q}} \end{pmatrix} = \frac{N_3}{N_2} \begin{pmatrix} \cos\theta & \cos(\theta - 120°) & \cos(\theta + 120°) \\ -\sin\theta & -\sin(\theta - 120°) & -\sin(\theta + 120°) \end{pmatrix} \begin{pmatrix} i_{\mathrm{A}} \\ i_{\mathrm{B}} \\ i_{\mathrm{C}} \end{pmatrix} \tag{A-14}$$

由上述过程不难看到，若是定子三相电流相互独立，则在原变量 i_{A}、i_{B}、i_{C} 与新变量 i_{d}、i_{q} 之间无法建立——对应的坐标变换关系，由 ABC 坐标系中的量可以唯一确定 dq 坐标系中的量，但由于式(A-14)中的变换矩阵不是方阵，无法求逆，因此无法由 dq 坐标系中的量唯一确定 ABC 坐标系中的量。为解决这一问题，需引入一个独立于 i_{d}、i_{q} 的新变量 i_0，称为零轴分量，并定义为

$$i_0 = k'(i_{\mathrm{A}} + i_{\mathrm{B}} + i_{\mathrm{C}}) \tag{A-15}$$

式中，k' 为待定系数。计及零轴分量的 dq 坐标系也常称为 dq0 坐标系。

结合式(A-14)和式(A-15)可得

$$\begin{pmatrix} i_{\mathrm{d}} \\ i_{\mathrm{q}} \\ i_0 \end{pmatrix} = \frac{N_3}{N_2} \begin{pmatrix} \cos\theta & \cos(\theta - 120°) & \cos(\theta + 120°) \\ -\sin\theta & -\sin(\theta - 120°) & -\sin(\theta + 120°) \\ k & k & k \end{pmatrix} \begin{pmatrix} i_{\mathrm{A}} \\ i_{\mathrm{B}} \\ i_{\mathrm{C}} \end{pmatrix} \tag{A-16}$$

式中

$$k = \frac{N_2}{N_3}k' \tag{A-17}$$

式(A-16)可简写成

$$\boldsymbol{i}_{\mathrm{dq0}} = \boldsymbol{C}_{\mathrm{ABC}}^{\mathrm{dq0}} \boldsymbol{i}_{\mathrm{ABC}} \tag{A-18}$$

则其逆变换的变换矩阵为

$$\boldsymbol{C}_{\mathrm{dq0}}^{\mathrm{ABC}} = (\boldsymbol{C}_{\mathrm{ABC}}^{\mathrm{dq0}})^{-1} = \frac{2}{3} \frac{N_2}{N_3} \begin{pmatrix} \cos\theta & -\sin\theta & \frac{1}{2k} \\ \cos(\theta - 120°) & -\sin(\theta - 120°) & \frac{1}{2k} \\ \cos(\theta + 120°) & -\sin(\theta + 120°) & \frac{1}{2k} \end{pmatrix} \tag{A-19}$$

为满足功率不变约束，应有 $(\boldsymbol{C}_{\mathrm{ABC}}^{\mathrm{dq0}})^{-1} = (\boldsymbol{C}_{\mathrm{ABC}}^{\mathrm{dq0}})^{\mathrm{T}}$，据此可得 $N_3/N_2 = \sqrt{2/3}$，$k = 1/\sqrt{2}$。则有

$$\begin{pmatrix} i_{\mathrm{d}} \\ i_{\mathrm{q}} \\ i_0 \end{pmatrix} = \sqrt{\frac{2}{3}} \begin{pmatrix} \cos\theta & \cos(\theta - 120°) & \cos(\theta + 120°) \\ -\sin\theta & -\sin(\theta - 120°) & -\sin(\theta + 120°) \\ \frac{1}{\sqrt{2}} & \frac{1}{\sqrt{2}} & \frac{1}{\sqrt{2}} \end{pmatrix} \begin{pmatrix} i_{\mathrm{A}} \\ i_{\mathrm{B}} \\ i_{\mathrm{C}} \end{pmatrix} \tag{A-20}$$

$$\begin{pmatrix} i_{\mathrm{A}} \\ i_{\mathrm{B}} \\ i_{\mathrm{C}} \end{pmatrix} = \sqrt{\frac{2}{3}} \begin{pmatrix} \cos\theta & -\sin\theta & \frac{1}{\sqrt{2}} \\ \cos(\theta - 120°) & -\sin(\theta - 120°) & \frac{1}{\sqrt{2}} \\ \cos(\theta + 120°) & -\sin(\theta + 120°) & \frac{1}{\sqrt{2}} \end{pmatrix} \begin{pmatrix} i_{\mathrm{d}} \\ i_{\mathrm{q}} \\ i_0 \end{pmatrix} \tag{A-21}$$

式(A-20)和式(A-21)即为三相静止坐标系 ABC 和两相旋转坐标系 dq（或 dq0）之间的坐标变换关系。

除了两相旋转坐标系之外，电机分析与控制中还常用到两相静止坐标系 αβ。αβ 坐标系与 ABC 坐标系的关系如图 A-2 所示，其 α 轴与 A 轴重合，β 轴领先 α 轴 90°电角度。不难看出，αβ 坐标系是两相旋转坐标系 dq 在 ω 和 θ 均保持为 0 时的特例，这意味着在式（A-20）和式（A-21）中，令 $\theta=0$，即可得三相静止坐标系 ABC 与两相静止坐标系 αβ（计及零轴分量时也称为 αβ0 坐标系）之间的坐标变换关系。因此有

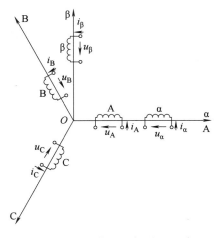

图 A-2　三相静止坐标系 ABC 与
两相静止坐标系 αβ

$$\boldsymbol{i}_{\alpha\beta0} = \boldsymbol{C}_{\mathrm{ABC}}^{\alpha\beta0}\boldsymbol{i}_{\mathrm{ABC}} \qquad （A\text{-}22）$$

式中　　　　$$\boldsymbol{C}_{\mathrm{ABC}}^{\alpha\beta0} = \sqrt{\frac{2}{3}}\begin{pmatrix} 1 & -\dfrac{1}{2} & -\dfrac{1}{2} \\ 0 & \dfrac{\sqrt{3}}{2} & -\dfrac{\sqrt{3}}{2} \\ \dfrac{1}{\sqrt{2}} & \dfrac{1}{\sqrt{2}} & \dfrac{1}{\sqrt{2}} \end{pmatrix} \qquad （A\text{-}23）$$

其逆变换的变换矩阵

$$\boldsymbol{C}_{\alpha\beta0}^{\mathrm{ABC}} = (\boldsymbol{C}_{\mathrm{ABC}}^{\alpha\beta0})^{-1} = (\boldsymbol{C}_{\mathrm{ABC}}^{\alpha\beta0})^{\mathrm{T}} = \sqrt{\frac{2}{3}}\begin{pmatrix} 1 & 0 & \dfrac{1}{\sqrt{2}} \\ -\dfrac{1}{2} & \dfrac{\sqrt{3}}{2} & \dfrac{1}{\sqrt{2}} \\ -\dfrac{1}{2} & -\dfrac{\sqrt{3}}{2} & \dfrac{1}{\sqrt{2}} \end{pmatrix} \qquad （A\text{-}24）$$

以上讨论的是满足功率不变约束的坐标变换，常简称功率不变变换。在功率不变变换中，两相坐标系和三相坐标系中的功率守恒，但两相坐标系中绕组电压、电流、磁链等物理量的幅值是三相坐标系中的 $\sqrt{3/2}$ 倍。例如：将频率为 ω_1、幅值为 I_m 的三相对称正弦电流 i_A、i_B、i_C，经三相静止坐标系到两相静止坐标系的坐标变换式（A-22）变换到 αβ 坐标系后，其两相电流 i_α、i_β 是频率为 ω_1、幅值为 $\sqrt{3/2}I_\mathrm{m}$ 的两相对称正弦电流。为了使坐标变换前后各物理量的幅值保持不变，也可以采用幅值不变的坐标变换，简称幅值不变变换，此时三相静止坐标系 ABC 和两相旋转坐标系 dq0 之间的坐标变换关系如式（A-25）和式（A-26）所示，ABC 坐标系和 αβ0 坐标系之间的坐标变换关系如式（A-27）和式（A-28）所示。

$$\begin{pmatrix} i_\mathrm{d} \\ i_\mathrm{q} \\ i_0 \end{pmatrix} = \frac{2}{3}\begin{pmatrix} \cos\theta & \cos(\theta-120°) & \cos(\theta+120°) \\ -\sin\theta & -\sin(\theta-120°) & -\sin(\theta+120°) \\ \dfrac{1}{2} & \dfrac{1}{2} & \dfrac{1}{2} \end{pmatrix}\begin{pmatrix} i_\mathrm{A} \\ i_\mathrm{B} \\ i_\mathrm{C} \end{pmatrix} \qquad （A\text{-}25）$$

$$\begin{pmatrix} i_\mathrm{A} \\ i_\mathrm{B} \\ i_\mathrm{C} \end{pmatrix} = \begin{pmatrix} \cos\theta & -\sin\theta & 1 \\ \cos(\theta-120°) & -\sin(\theta-120°) & 1 \\ \cos(\theta+120°) & -\sin(\theta+120°) & 1 \end{pmatrix}\begin{pmatrix} i_\mathrm{d} \\ i_\mathrm{q} \\ i_0 \end{pmatrix} \qquad （A\text{-}26）$$

$$\begin{pmatrix} i_{\alpha} \\ i_{\beta} \\ i_{0} \end{pmatrix} = \frac{2}{3} \begin{pmatrix} 1 & -\dfrac{1}{2} & -\dfrac{1}{2} \\ 0 & \dfrac{\sqrt{3}}{2} & -\dfrac{\sqrt{3}}{2} \\ \dfrac{1}{2} & \dfrac{1}{2} & \dfrac{1}{2} \end{pmatrix} \begin{pmatrix} i_{A} \\ i_{B} \\ i_{C} \end{pmatrix} \qquad (A-27)$$

$$\begin{pmatrix} i_{A} \\ i_{B} \\ i_{C} \end{pmatrix} = \begin{pmatrix} 1 & 0 & 1 \\ -\dfrac{1}{2} & \dfrac{\sqrt{3}}{2} & 1 \\ -\dfrac{1}{2} & -\dfrac{\sqrt{3}}{2} & 1 \end{pmatrix} \begin{pmatrix} i_{\alpha} \\ i_{\beta} \\ i_{0} \end{pmatrix} \qquad (A-28)$$

值得注意的是，在幅值不变变换中，两相坐标系和三相坐标系中的功率是不守恒的，两相坐标系中直接由各绕组电压、电流计算出的功率仅为三相坐标系的 2/3，因此在两相坐标系中计算功率和转矩时，需乘以 3/2 的系数。

需要说明的是，实际应用中由逆变器供电的三相交流电机定子绕组通常采用无中线的 Y 联结，因此有 $i_A + i_B + i_C = 0$，由式（A-15）可知，此时 $i_0 = 0$，这意味着三相定子电流中只有两相独立，不需零轴分量 i_0 亦可建立 ABC 与 dq 或 αβ 坐标系间的坐标变换关系。

3. 两相静止坐标系与两相旋转坐标系的坐标变换关系

两相坐标系之间进行坐标变换时，绕组匝数不变，设某时刻两相旋转坐标系 dq 的 d 轴领先两相静止坐标系 αβ 的 α 轴 θ 电角度。按前述磁动势相等的原则，由图 A-3 可得两个坐标系中电流之间的关系应为

$$\left. \begin{aligned} i_{d} &= i_{\alpha}\cos\theta + i_{\beta}\sin\theta \\ i_{q} &= -i_{\alpha}\sin\theta + i_{\beta}\cos\theta \end{aligned} \right\} \qquad (A-29)$$

写成矩阵形式，有

$$\begin{pmatrix} i_{d} \\ i_{q} \end{pmatrix} = \begin{pmatrix} \cos\theta & \sin\theta \\ -\sin\theta & \cos\theta \end{pmatrix} \begin{pmatrix} i_{\alpha} \\ i_{\beta} \end{pmatrix} \qquad (A-30)$$

其逆变换为 $\begin{pmatrix} i_{\alpha} \\ i_{\beta} \end{pmatrix} = \begin{pmatrix} \cos\theta & -\sin\theta \\ \sin\theta & \cos\theta \end{pmatrix} \begin{pmatrix} i_{d} \\ i_{q} \end{pmatrix} \quad (A-31)$

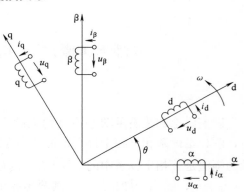

图 A-3　两相静止坐标系 αβ 与两相旋转坐标系 dq

附录 B　三相感应电动机的动态数学模型

三相感应电动机的物理模型如图 B-1 所示。定子三相对称绕组轴线 ABC 在空间静止，转子三相对称绕组的轴线 abc 随转子一道以电角速度 ω_r 旋转，如果转子为笼型绕组，应先对转子进行绕组归算，将其等效为三相绕组。

若某时刻 a 轴领先 A 轴 θ_r 电角度，由图 B-1 可写出三相感应电动机的磁链方程为

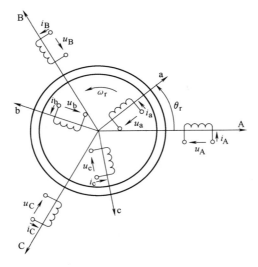

图 B-1　三相感应电动机的物理模型

$$\begin{pmatrix} \psi_A \\ \psi_B \\ \psi_C \\ \psi_a \\ \psi_b \\ \psi_c \end{pmatrix} = \begin{pmatrix} L_A & L_{AB} & L_{AC} & L_{Aa} & L_{Ab} & L_{Ac} \\ L_{BA} & L_B & L_{BC} & L_{Ba} & L_{Bb} & L_{Bc} \\ L_{CA} & L_{CB} & L_C & L_{Ca} & L_{Cb} & L_{Cc} \\ L_{aA} & L_{aB} & L_{aC} & L_a & L_{ab} & L_{ac} \\ L_{bA} & L_{bB} & L_{bC} & L_{ba} & L_b & L_{bc} \\ L_{cA} & L_{cB} & L_{cC} & L_{ca} & L_{cb} & L_c \end{pmatrix} \begin{pmatrix} i_A \\ i_B \\ i_C \\ i_a \\ i_b \\ i_c \end{pmatrix} \tag{B-1}$$

式（B-1）可简写成

$$\psi = Li \tag{B-2}$$

式中，ψ 为磁链向量；i 为电流向量；L 为电感矩阵。

　　考虑到绕组间的对称关系，定子绕组的自感 $L_A = L_B = L_C = L_s$，转子绕组的自感 $L_a = L_b = L_c = L_r$，定子绕组间的互感为

$$L_{AB} = L_{BC} = L_{CA} = L_{BA} = L_{CB} = L_{AC} = -\frac{1}{2}M_1$$

转子绕组间的互感为

$$L_{ab} = L_{bc} = L_{ca} = L_{ba} = L_{cb} = L_{ac} = -\frac{1}{2}M_2$$

定子绕组和转子绕组间的互感为

$$L_{Aa} = L_{aA} = L_{Bb} = L_{bB} = L_{Cc} = L_{cC} = M_{12}\cos\theta_r$$
$$L_{Ac} = L_{cA} = L_{Ba} = L_{aB} = L_{Cb} = L_{bC} = M_{12}\cos(\theta_r - 120°)$$
$$L_{Ab} = L_{bA} = L_{Bc} = L_{cB} = L_{Ca} = L_{aC} = M_{12}\cos(\theta_r + 120°)$$

式中，M_1、M_2 分别为定子、转子每相绕组的励磁电感，即与互感磁通对应的电感；M_{12} 为轴线重合时定子绕组和转子绕组间的互感。

　　将上述电感关系代入式（B-1）可得其电感矩阵为

$$L = \begin{pmatrix} L_{ss} & M_{sr} \\ M_{rs} & L_{rr} \end{pmatrix} \tag{B-3}$$

其中

$$L_{ss} = \begin{pmatrix} L_s & -\dfrac{1}{2}M_1 & -\dfrac{1}{2}M_1 \\[2mm] -\dfrac{1}{2}M_1 & L_s & -\dfrac{1}{2}M_1 \\[2mm] -\dfrac{1}{2}M_1 & -\dfrac{1}{2}M_1 & L_s \end{pmatrix} \tag{B-4}$$

$$L_{rr} = \begin{pmatrix} L_r & -\dfrac{1}{2}M_2 & -\dfrac{1}{2}M_2 \\[2mm] -\dfrac{1}{2}M_2 & L_r & -\dfrac{1}{2}M_2 \\[2mm] -\dfrac{1}{2}M_2 & -\dfrac{1}{2}M_2 & L_r \end{pmatrix} \tag{B-5}$$

$$M_{sr} = M_{12} \begin{pmatrix} \cos\theta_r & \cos(\theta_r + 120°) & \cos(\theta_r - 120°) \\ \cos(\theta_r - 120°) & \cos\theta_r & \cos(\theta_r + 120°) \\ \cos(\theta_r + 120°) & \cos(\theta_r - 120°) & \cos\theta_r \end{pmatrix} \tag{B-6}$$

$$M_{rs} = M_{sr}{}^T \tag{B-7}$$

若各量的正方向符合电动机惯例，在图 B-1 所示三相原始坐标系中三相感应电动机电压方程的矩阵形式应为

$$u = Ri + p\psi = Ri + p(Li) \tag{B-8}$$

式中，p 为微分算子，$p = \dfrac{\mathrm{d}}{\mathrm{d}t}$。

$$u = \begin{pmatrix} u_s \\ u_r \end{pmatrix}, \qquad i = \begin{pmatrix} i_s \\ i_r \end{pmatrix}, \qquad R = \begin{pmatrix} R_s & 0 \\ 0 & R_r \end{pmatrix} \tag{B-9}$$

式中，u_s、u_r 分别为定子绕组和转子绕组的电压向量

$$u_s = (u_A \quad u_B \quad u_C)^T, \quad u_r = (u_a \quad u_b \quad u_c)^T \tag{B-10}$$

i_s、i_r 分别为定子绕组和转子绕组的电流向量

$$i_s = (i_A \quad i_B \quad i_C)^T, \quad i_r = (i_a \quad i_b \quad i_c)^T \tag{B-11}$$

R_s、R_r 分别为定子绕组和转子绕组的电阻矩阵，若定子绕组每相电阻为 R_s，转子绕组每相电阻为 R_r，则

$$R_s = \begin{pmatrix} R_s & 0 & 0 \\ 0 & R_s & 0 \\ 0 & 0 & R_s \end{pmatrix}, \quad R_r = \begin{pmatrix} R_r & 0 & 0 \\ 0 & R_r & 0 \\ 0 & 0 & R_r \end{pmatrix} \tag{B-12}$$

由式（B-8）得

$$u = Ri + (pL)i + Lpi = (R + pL + Lp)i = Zi \tag{B-13}$$

其中

$$Z = R + pL + Lp \tag{B-14}$$

由式（B-3）~式（B-7）可得

$$pL = \begin{pmatrix} 0 & p\boldsymbol{M}_{sr} \\ p\boldsymbol{M}_{rs} & 0 \end{pmatrix} \tag{B-15}$$

对式（B-6）、式（B-7）中矩阵的各元素求导，得

$$\left. \begin{array}{l} p\boldsymbol{M}_{sr} = \omega_r \boldsymbol{M}'_{sr} \\ p\boldsymbol{M}_{rs} = \omega_r \boldsymbol{M}'_{rs} \end{array} \right\} \tag{B-16}$$

其中

$$\boldsymbol{M}'_{sr} = -M_{12} \begin{pmatrix} \sin\theta_r & \sin(\theta_r + 120°) & \sin(\theta_r - 120°) \\ \sin(\theta_r - 120°) & \sin\theta_r & \sin(\theta_r + 120°) \\ \sin(\theta_r + 120°) & \sin(\theta_r - 120°) & \sin\theta_r \end{pmatrix} \tag{B-17}$$

$$\boldsymbol{M}'_{rs} = (\boldsymbol{M}'_{sr})^T \tag{B-18}$$

将式（B-3）、式（B-9）、式（B-15）代入式（B-14），得阻抗矩阵

$$Z = \begin{pmatrix} \boldsymbol{R}_s + \boldsymbol{L}_{ss}p & \omega_r \boldsymbol{M}'_{sr} + \boldsymbol{M}_{sr}p \\ \omega_r \boldsymbol{M}'_{rs} + \boldsymbol{M}_{rs}p & \boldsymbol{R}_r + \boldsymbol{L}_{rr}p \end{pmatrix} \tag{B-19}$$

则以矩阵形式表示的电压方程为

$$\begin{pmatrix} \boldsymbol{u}_s \\ \boldsymbol{u}_r \end{pmatrix} = \begin{pmatrix} \boldsymbol{R}_s + \boldsymbol{L}_{ss}p & \omega_r \boldsymbol{M}'_{sr} + \boldsymbol{M}_{sr}p \\ \omega_r \boldsymbol{M}'_{rs} + \boldsymbol{M}_{rs}p & \boldsymbol{R}_r + \boldsymbol{L}_{rr}p \end{pmatrix} \begin{pmatrix} \boldsymbol{i}_s \\ \boldsymbol{i}_r \end{pmatrix} \tag{B-20}$$

不难看出，感应电动机在三相原始坐标系中的动态方程非常复杂，往往难以直接应用。为了简化，在感应电动机的分析与控制中，常需通过坐标变换将其变换到两相坐标系中。以变换到两相静止坐标系 αβ 为例，是指将实际感应电动机的定子三相静止绕组 ABC 和转子三相旋转绕组 abc 分别等效变换成 αβ 坐标系中的两相静止绕组 $α_s β_s$ 和 $α_r β_r$，变换后感应电动机的物理模型如图 B-2 所示。为此，对定子绕组需进行三相静止坐标系 ABC 到两相静止坐标系 αβ 的变换，对转子绕组则需进行三相旋转坐标系 abc 到两相静止坐标系 αβ 的坐标变换。

已知三相静止坐标系 ABC 与两相静止坐标系 αβ 的坐标变换关系如式（A-23）和式（A-24）所

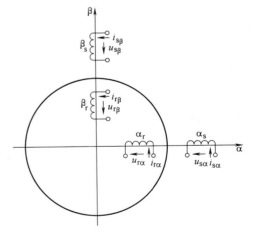

图 B-2　αβ 坐标系中感应电动机的物理模型

示，下面讨论三相旋转坐标系 abc 与两相静止坐标系 αβ 的变换。参见图 B-1，鉴于三相转子坐标系 abc 在空间以电角速度 ω_r 旋转，从相对运动的角度，若由 abc 坐标系看固定在定子

上的 αβ 坐标系，则 αβ 坐标系是一个以 ω_r 反向旋转的两相旋转坐标系，因此 abc 坐标系与 αβ 坐标系的坐标变换关系可以由三相静止坐标系 ABC 与两相旋转坐标系 dq 的坐标变换关系导出。考虑到 α 轴与 A 轴重合，当转子 a 轴领先定子 A 轴 θ_r 电角度时，α 轴领先 a 轴的电角度为 $-\theta_r$，因此只要令式（A-21）中的 $\theta = -\theta_r$，就可以得到三相转子坐标系 abc 与两相静止坐标系 αβ0 之间的坐标变换关系，因此有

$$i_{abc} = C^{abc}_{\alpha\beta0} i_{\alpha\beta0} \tag{B-21}$$

$$C^{abc}_{\alpha\beta0} = \sqrt{\frac{2}{3}} \begin{pmatrix} \cos\theta_r & \sin\theta_r & \dfrac{1}{\sqrt{2}} \\ \cos(\theta_r + 120°) & \sin(\theta_r + 120°) & \dfrac{1}{\sqrt{2}} \\ \cos(\theta_r - 120°) & \sin(\theta_r - 120°) & \dfrac{1}{\sqrt{2}} \end{pmatrix} \tag{B-22}$$

将三相静止坐标系 ABC 和三相旋转坐标系 abc 与两相静止坐标系 αβ0 的坐标变换关系式（A-24）、式（B-22）结合起来，感应电动机定、转子三相原始坐标系与 αβ0 坐标系的总变换矩阵为

$$C^{ABC(abc)}_{\alpha\beta0} = \begin{pmatrix} C^{ABC}_{\alpha\beta0} & 0 \\ 0 & C^{abc}_{\alpha\beta0} \end{pmatrix} \tag{B-23}$$

由式（A-6），变换后的阻抗矩阵为

$$Z_{\alpha\beta0} = (C^{ABC(abc)}_{\alpha\beta0})^{-1} Z C^{ABC(abc)}_{\alpha\beta0} \tag{B-24}$$

将式（B-19）、式（B-23）代入式（B-24），并假定电机绕组为 Y 联结无中线，零轴分量为 0，从而去掉零轴分量，将 $Z_{\alpha\beta0}$ 简化为 $Z_{\alpha\beta}$ 后，得

$$Z_{\alpha\beta} = \begin{pmatrix} R_s + L_{11}p & 0 & L_{12}p & 0 \\ 0 & R_s + L_{11}p & 0 & L_{12}p \\ L_{12}p & \omega_r L_{12} & R_r + L_{22}p & \omega_r L_{22} \\ -\omega_r L_{12} & L_{12}p & -\omega_r L_{22} & R_r + L_{22}p \end{pmatrix} \tag{B-25}$$

式中，L_{11}、L_{22}、L_{12} 分别为变换后两相坐标系中的定子绕组自感、转子绕组自感和定子、转子绕组间的互感，有

$$L_{11} = L_s + \frac{1}{2}M_1, L_{22} = L_r + \frac{1}{2}M_2, L_{12} = \frac{3}{2}M_{12} \tag{B-26}$$

变换前后绕组电阻不变。

变换后的电压方程为

$$u_{\alpha\beta} = Z_{\alpha\beta} i_{\alpha\beta} \tag{B-27}$$

其中

$$u_{\alpha\beta} = (u_{s\alpha} \quad u_{s\beta} \quad u_{r\alpha} \quad u_{r\beta})^T, \quad i_{\alpha\beta} = (i_{s\alpha} \quad i_{s\beta} \quad i_{r\alpha} \quad i_{r\beta})^T$$

根据式（B-25）和式（B-27），若将式（B-27）的电压方程用磁链表达，则为

$$\left. \begin{aligned} u_{s\alpha} &= R_s i_{s\alpha} + p\psi_{s\alpha} \\ u_{s\beta} &= R_s i_{s\beta} + p\psi_{s\beta} \\ u_{r\alpha} &= R_r i_{r\alpha} + p\psi_{r\alpha} + \omega_r \psi_{r\beta} \\ u_{r\beta} &= R_r i_{r\beta} + p\psi_{r\beta} - \omega_r \psi_{r\alpha} \end{aligned} \right\} \tag{B-28}$$

$$\left.\begin{array}{l}\psi_{s\alpha} = L_{11}i_{s\alpha} + L_{12}i_{r\alpha}\\\psi_{s\beta} = L_{11}i_{s\beta} + L_{12}i_{r\beta}\\\psi_{r\alpha} = L_{12}i_{s\alpha} + L_{22}i_{r\alpha}\\\psi_{r\beta} = L_{12}i_{s\beta} + L_{22}i_{r\beta}\end{array}\right\} \tag{B-29}$$

值得注意的是：由式（B-28）可见，在 $\alpha\beta$ 坐标系的转子电压方程中，除了变压器电动势 $p\psi_{r\alpha}$、$p\psi_{r\beta}$ 之外，还出现了与转速成正比的速度电动势项 $\omega_r\psi_{r\beta}$、$-\omega_r\psi_{r\alpha}$。这意味着图 B-2 中的转子绕组 $\alpha_r\beta_r$ 不同于真正的静止绕组，而是具有静止和旋转双重属性。一方面，从产生磁场的角度看，它们相当于静止绕组，绕组电流产生的磁动势轴线在空间静止不动；但另一方面，从产生感应电动势的角度看，绕组又具有旋转的属性，即除了因磁场变化在绕组中产生变压器电动势之外，还会因绕组导体旋转而产生速度电动势，这样的绕组称为"伪静止绕组"。当我们通过坐标变换把一个原来相对某坐标系旋转的绕组等效变换成该坐标系中的静止绕组时，电压方程中都会出现速度电动势项，即等效后的绕组都是"伪静止绕组"。

以上是 $\alpha\beta$ 坐标系中感应电动机的电压方程和磁链方程，下面来推导感应电动机的转矩公式，为此将式（B-27）改写成如下形式：

$$\boldsymbol{u} = \boldsymbol{R}\boldsymbol{i} + \boldsymbol{L}p\boldsymbol{i} + \omega_r\boldsymbol{G}\boldsymbol{i} \tag{B-30}$$

式中，$\boldsymbol{u}$、$\boldsymbol{i}$ 为 $\boldsymbol{u}_{\alpha\beta}$、$\boldsymbol{i}_{\alpha\beta}$ 的简化形式；

$$\boldsymbol{R} = \begin{pmatrix} R_s & 0 & 0 & 0 \\ 0 & R_s & 0 & 0 \\ 0 & 0 & R_r & 0 \\ 0 & 0 & 0 & R_r \end{pmatrix}, \quad \boldsymbol{L} = \begin{pmatrix} L_{11} & 0 & L_{12} & 0 \\ 0 & L_{11} & 0 & L_{12} \\ L_{12} & 0 & L_{22} & 0 \\ 0 & L_{12} & 0 & L_{22} \end{pmatrix} \tag{B-31}$$

$$\boldsymbol{G} = \begin{pmatrix} 0 & 0 & 0 & 0 \\ 0 & 0 & 0 & 0 \\ 0 & L_{12} & 0 & L_{22} \\ -L_{12} & 0 & -L_{22} & 0 \end{pmatrix} \tag{B-32}$$

由定子绕组输入电机的瞬时功率为

$$\boldsymbol{i}^{\mathrm{T}}\boldsymbol{u} = \boldsymbol{i}^{\mathrm{T}}\boldsymbol{R}\boldsymbol{i} + \boldsymbol{i}^{\mathrm{T}}\boldsymbol{L}p\boldsymbol{i} + \omega_r\,\boldsymbol{i}^{\mathrm{T}}\boldsymbol{G}\boldsymbol{i} \tag{B-33}$$

鉴于式（B-30）中，等号右边第一项对应于电阻压降，第二项对应于变压器电动势，第三项对应于速度电动势，由此不难理解：式（B-33）等号右边第一项为电阻损耗，第二项对应于磁场储能的增长率，而第三项则应是转化为机械功率的部分，因此有机械功率

$$P_m = \omega_r\boldsymbol{i}^{\mathrm{T}}\boldsymbol{G}\boldsymbol{i} \tag{B-34}$$

将 $\boldsymbol{i}$、$\boldsymbol{G}$ 代入式（B-34），整理得

$$P_m = \omega_r(\psi_{r\beta}i_{r\alpha} - \psi_{r\alpha}i_{r\beta}) \tag{B-35}$$

则电磁转矩为

$$T_e = \frac{P_m}{\Omega_r} = \frac{P_m}{\omega_r/p_n} = p_n(\psi_{r\beta}i_{r\alpha} - \psi_{r\alpha}i_{r\beta}) \tag{B-36}$$

式中，Ω_r 为机械角速度；p_n 为电机的极对数。

感应电动机的机械运动方程为

$$T_e = T_L + R_\Omega \Omega_r + J \frac{\mathrm{d}\Omega_r}{\mathrm{d}t} \tag{B-37}$$

式中，T_L 为负载转矩；R_Ω 为旋转阻力系数；J 为转动惯量。

上述电压方程式（B-28）、磁链方程式（B-29）、转矩公式（B-36）结合机械运动方程式（B-37）构成了两相静止坐标系 αβ 中的感应电动机动态数学模型。

若采用幅值不变变换，转矩公式应为式（B-38），即需在式（B-36）的基础上乘以 3/2 的系数，其他方程不变。

$$T_e = \frac{3}{2} p_n (\psi_{r\beta} i_{r\alpha} - \psi_{r\alpha} i_{r\beta}) \tag{B-38}$$

参 考 文 献

[1] 张平慧. 控制电机及其应用 [M]. 东营：石油大学出版社，1999.

[2] 杨渝钦. 控制电机 [M]. 2 版. 北京：机械工业出版社，2007.

[3] 程明. 微特电机及系统 [M]. 2 版. 北京：中国电力出版社，2016.

[4] 陈隆昌，阎治安，刘新正. 控制电机 [M]. 3 版. 西安：西安电子科技大学出版社，2000.

[5] 陈伯时. 电力拖动自动控制系统 [M]. 3 版. 北京：机械工业出版社，2003.

[6] 王成元，周美文，郭庆鼎. 矢量控制交流伺服驱动电动机 [M]. 北京：机械工业出版社，1994.

[7] 阮毅，陈维钧. 运动控制系统 [M]. 北京：清华大学出版社，2006.

[8] 王成元，夏加宽，杨俊友，等. 电机现代控制技术 [M]. 北京：机械工业出版社，2006.

[9] 唐任远. 现代永磁电机 [M]. 北京：机械工业出版社，1997.

[10] 徐邦荃，李浚源，詹琼华. 直流调速系统与交流调速系统 [M]. 武汉：华中科技大学出版社，2000.

[11] 孙建忠，白凤仙. 特种电机及其控制 [M]. 北京：中国水利水电出版社，2005.

[12] 郭庆鼎，孙宜标，王丽梅. 现代永磁电动机交流伺服系统 [M]. 北京：中国电力出版社，2006.

[13] 刘锦波，张承慧. 电机与拖动 [M]. 北京：清华大学出版社，2006.

[14] 唐任远. 特种电机原理及应用 [M]. 2 版. 北京：机械工业出版社，2010.

[15] 张琛. 直流无刷电动机原理及应用 [M]. 北京：机械工业出版社，1996.

[16] 李宁，陈桂. 运动控制系统 [M]. 北京：高等教育出版社，2004.

[17] 王秀和. 永磁电机 [M]. 2 版. 北京：中国电力出版社，2011.

[18] 郭庆鼎，王成元. 交流伺服系统 [M]. 北京：机械工业出版社，1994.

[19] 张崇巍，李汉强. 运动控制系统 [M]. 武汉：武汉理工大学出版社，2002.

[20] 赵君有，张爱军. 控制电机 [M]. 北京：中国水利水电出版社，2006.

[21] BOSE B K. 现代电力电子学与交流传动（影印版） [M]. 北京：机械工业出版社，2005.

[22] 李志民，张遇杰. 同步电动机调速系统 [M]. 北京：机械工业出版社，1996.

[23] 王季秩，曲家骐. 执行电动机 [M]. 北京：机械工业出版社，1997.

[24] 李华德. 交流调速控制系统 [M]. 北京：电子工业出版社，2003.

[25] 汤蕴璆，史乃. 电机学 [M]. 北京：机械工业出版社，1999.

[26] 王秀和，孙雨萍，李光友，等. 电机学 [M]. 3 版. 北京：机械工业出版社，2019.

[27] 阮毅，杨影，陈伯时. 电力拖动自动控制系统 [M]. 5 版. 北京：机械工业出版社，2016.

[28] 张志涌，杨祖樱，等. MATLAB 教程 R2010a [M]. 北京：北京航空航天大学出版社，2010.

[29] HENDERSHOT J R，MILLER T J E. Design of Brushless Permanent - Magnet Motors [M]. Oxford：Magan Physics Publishing and Clarendon Press，1994.

[30] 孙立志，陆永平. 适于一体化电机系统的新结构磁阻旋转变压器的研究 [J]. 电工技术学报，1999，14（1）：35 - 39.

[31] 尚静，王昊，刘承军，等. 粗精耦合共磁路磁阻式旋转变压器的电磁原理与设计研究 [J]. 中国电机工程学报，2017，37（13）：3938 - 3944.